JN320362

環境社会学

舩橋晴俊 編

弘文堂

環境社会学　目次

はしがき　舩橋晴俊　　1

第1章　現代の環境問題と環境社会学の課題
舩橋晴俊…………4

1．現代社会における環境問題の意義
1-1．環境問題の重要性の二つの意味
1-2．現代社会にとっての環境問題の意義と特質

2．社会学の可能性と環境社会学の諸理論
2-1．環境社会学の課題
2-2．日本における環境社会学の展開と実績
　［1］日本における環境問題研究への先駆的取り組み
　［2］日本における環境社会学の制度化
2-3．日本の環境社会学が生み出してきた理論的視点
　［1］環境社会学の出発点としての被害論
　［2］加害論・原因論
　［3］解決論

3．結び
● column　方法としての年表　舩橋晴俊　　21
● column　「中範囲の理論」と「T字型の研究戦略」　舩橋晴俊　　22

第2章　公害問題の解決条件──水俣病事件の教訓
舩橋晴俊…………23

1．環境ガバナンスに関する二つの基本的論点

2．熊本水俣病の初期段階における対処の失敗
2-1．重要な歴史的事実
2-2．適切な解決を妨げた諸要因の分析
　2-2-1．効果的な対策の完全な欠如
　2-2-2．科学的研究に対する不適切な条件
　2-2-3．社会過程における悪循環──組織社会学の視点から

3. 新潟水俣病の発生と反公害運動の高揚
4. 環境正義を回復した重要な要因は何であったか
　4-1. 1970年代初頭における肯定的成果
　4-2. 環境ガバナンスの促進要因
　　4-2-1. 強力な公害反対運動の組織化と成功
　　4-2-2. 被害者を支援する社会的雰囲気と世論
　　4-2-3. 法廷での判決
5. 1970年代初頭の解決策の限界と、未解決の諸問題
6. 環境ガバナンスについての教訓
　6-1. 実効的で公正な司法システム
　6-2. 民主主義の一般的基盤としての公共圏
　6-3. 一般的条件としての個人の資質
　6-4. 公害反対運動組織
● column　基地公害　朝井志歩　　41
● column　普天間基地移設問題　熊本博之　　42

第3章　労災・職業病と公害
堀畑まなみ……………43

1. はじめに
2. アスベスト問題
　2-1. アスベスト問題の特徴
　2-2. アスベストの被害
　　（1）大阪府泉南地域の石綿紡織業
　　（2）尼崎市クボタ旧神崎工場
　2-3. アスベスト問題における加害
　　（1）アスベスト産業の発展と国の政策的関与
　　（2）危険を認識していながら続けた放置
　2-4. 解決のために
3. 被害放置と危険社会
4. まとめ
● column　カネミ油症　宇田和子　　57

第4章 廃棄物問題
土屋雄一郎……………58

1. 廃棄物問題とはどのような問題なのか
2. 廃棄物問題に対する環境社会学の視点
3. 公論形成の場における討議
    - 3-1. 長野県中信地区廃棄物処理検討委員会が設置されるまで
    - 3-2. 公論形成の場における討議の可能性
    - 3-3. 宙に浮いた討議——応答責任の行方
4. めぐりめぐった討議の帰結
    - 4-1. 一通の手紙
    - 4-2. 頑なな意思のなかに込められた問い
5. 廃棄物問題が問いかけるもの
- ●column　廃棄物処理をめぐる PPP と EPR　土屋雄一郎　　75

第5章 100年前の公共事業が引き起こす環境破壊——濁流問題と海の"カナリア"
金菱　清……………76

1. 公共事業による開発と環境破壊
2. 海の危機と濁流問題
    - 2-1. 政治化された濁流問題
    - 2-2. 河川の「流域社会」化
    - 2-3. 地域の生き残りをかけた養殖業
3. 流域社会を支える存在問題——「海のカナリア」
- ●column　福山市・鞆の浦——歴史的環境保存運動の蓄積がもたらした画期的判決　森久　聡　　92
- ●column　川辺川ダム　森　明香　　93

第6章 自然保護問題
茅野恒秀……………94

1. 自然保護問題とは何か
   - 1-1. 自然保護とはどのような考え方か
   - 1-2. 自然保護をめぐる環境政策と環境運動
   - 1-3. 自然保護のイメージと自然環境の現状
2. 自然保護問題の発生と多元的な「解決」──「赤谷の森」を例に
   - 2-1. 「赤谷の森」における人と自然とのかかわり
   - 2-2. 「赤谷の森」における自然保護問題の発生と経過
   - 2-3. 赤谷プロジェクトの発足
3. 自然保護の論理と環境ガバナンスの可能性

● column 但馬のコウノトリ（コウノトリの野生復帰）　菊地直樹　　110

第7章 農業と食料
桝潟俊子……………111

1. 見えない農業・農村
2. 美食・飽食の裏側で
   - 2-1. 日本型食生活から欧米型食生活へ
   - 2-2. 肉食・過剰栄養をめぐる問題
3. 農業の工業化──農と食の分断
   - 3-1. 農村と都市の分断
   - 3-2. 日本農業の兼業的性格の喪失
   - 3-3. 人体被害・食べ物の汚染と環境への負荷の拡大
   - 3-4. 土壌の疲弊と食べ物の質の低下
   - 3-5. 環境ホルモン、O157の脅威
4. 世界市場システム（WTO体制）に組み込まれた農と食
   - 4-1. GATTからWTOへ──食料生産の国際分業と農業の「産業化」の進行
   - 4-2. 日本の食料自給率の低下
   - 4-3. 世界規模で進行する生命と環境の危機
5. 農と食をつなぐ

5-1. 山形県長井市のレインボープランの事業展開
5-2. 地域自給と自治の試み
5-3. 有機農業が拓きつつある世界
5-4. 都市生活の問い直しから帰農へ
● column 棚田保全　堀田恭子　　130

第8章　生物多様性問題への環境社会学的視座——森林との関わりを中心に

平野悠一郎……131

1. はじめに
2. 「生物多様性の維持」をめぐる議論
   2-1. 「生物多様性」とは何か？
   2-2. 生物多様性はなぜ「まもらねばならない」のか？
   2-3. 生物多様性の維持における森林の重要性
   2-4. 「生態系サービス」と森林の多面的機能
3. 「生物多様性の維持」をめぐる問題点——人文・社会科学の視座から
   3-1. 科学的な「不確実性」に伴う政治性
   3-2. 人文・社会科学の立場から見た生物多様性問題
   3-3. 「生物多様性の維持」をめぐる社会的問題の具体例
4. 人間側の価値・便益からの生物多様性問題再考
   4-1. 新たな価値体系の再編・創造
   4-2. 異なる立場・価値・便益を踏まえた問題解決の必要性
5. おわりに
● column 近くの山の木で家をつくる運動　大倉季久　　147

第9章　地球環境・温暖化問題とグローバル世界の展望

古沢広祐……148

1. はじめに
2. グローバリゼーションの諸相
    2-1. 歴史的転換点——グローバリゼーションの動向
    2-2. グローバリゼーションと経済危機の諸相
    2-3. マネー（金融資本）の肥大化という問題
3. 気候変動問題にみるカーボン・レジームの形成
    3-1. 気候変動にみる世界体制の変化——カーボン・レジームの出現
    3-2. 気候変動枠組み条約会議（COP15）にみるカーボン・レジーム形成
    3-3. NGOフォーラムの根元的問いかけ
4. 脱成長・グローバル持続可能社会の展望
    4-1. 社会経済システムの環境的適正からの乖離
    4-2. 脱成長と地域循環をめざす変革方向
    4-3. 社会経済システムの転換——3つの社会経済セクター
- column　ヒートアイランド現象　小田切大輔　　166

第10章　エネルギー政策の選択
平林祐子……………167

1. エネルギーの基礎知識
    1-1. エネルギーとは
    1-2. エネルギーフローとエネルギー消費
    1-3. 戦後日本のエネルギー政策
2. エネルギーをめぐる問題
    2-1. 資源の有限性
    2-2. エネルギーの使用が引き起こす問題
    2-3. 「ファウストの取引」——原子力の魅力とリスク
3. 日本のエネルギー政策と策定過程
4. これからのエネルギー政策
- column　JCO臨界事故　平林祐子　　182

第11章 科学技術と環境問題
立石裕二…………183

1. 化学物質過敏症・シックハウス症候群とリスク社会
2. 科学技術の専門家とその役割
3. 専門家ネットワークの形成
   - 3-1. 環境問題の社会的構築とアクターネットワーク
   - 3-2. フレーミングをめぐる対立と専門家の位置づけ
4. 専門家とどう向きあうか
   - 4-1. 予防原則と政策決定における科学の役割
   - 4-2. エコロジー的近代化と「科学技術と社会の相互作用」
   - 4-3. テクノクラシーと市民参加型の意思決定

第12章 環境自治体
中澤秀雄…………199

1. 公害環境問題と自治体
2. 概念の誕生と自治体連合
   - 2-1. 自治体連合の形成とネットワーク化
   - 2-2. 環境自治体の代表的な実践
3. サステナブル・シティ、まちづくり、そして環境自治体
   - 3-1. 欧州の「サステナブル・シティ」
   - 3-2. 日本の農山村における「まちづくり」
   - 3-3. 「環境自治体」概念再考
4. 「ぶかぶかの外套」を再構築するために
   - ●column 再生可能エネルギーと地域間連携　大門信也　216

第13章 環境NPOと環境運動
──北の国から考えるエネルギー問題

西城戸誠……………217

1. 環境「NPO」と環境「運動」
2. 北の国における2つのエネルギー問題と運動、NPO
3. 幌延問題に関わる人々──環境運動の持続性
   - 3-1. 幌延問題およびその舞台の概要
   - 3-2. 反対運動の経緯とその変化
4. 「市民風車」の挑戦──「個」の時代における「運動」の可能性
   - 4-1. 市民風車運動・事業の概要──経緯と展開
   - 4-2. 出資者と市民風車へのかかわり
5. 「複雑な環境問題」に対応する持続可能な運動／NPOのために

- column 政策提言型のNPO　舩橋晴俊　233
- column 環境民主主義とオーフス条約3原則　安田利枝　234

第14章 環境問題の解決のための社会変革の方向

舩橋晴俊……………235

1. 環境制御システム論
   - 1-1. 環境制御システムの意味
   - 1-2. 環境制御システムの介入の諸段階の含意
2. 持続可能な社会の実現条件
   - 2-1. 循環と環境調和型蓄積
   - 2-2. 環境制御システムの介入深化の諸回路
3. 「経営システムと支配システムの両義性論」から見た環境問題の解決
   - 3-1. 持続可能性のための規範的な公準

    3-2. 経営システムと支配システムの両義性
    3-3. 環境問題の定義の二つの文脈
    3-4. 「被支配問題としての環境問題」は「経営問題としての環境問題」へ転換できるか
    3-5. 逆連動型技術の回避と正連動型技術の選択
  4. 公共圏と主体形成
    4-1. 公共圏の豊富化の必要性
    4-2. 環境問題に取り組む主体の形成
  5. 結び
  ● column　環境金融　水谷衣里　254
  ● column　戦略分析　舩橋晴俊　255

付録1　環境社会学参考文献リスト　256
付録2　環境に関する資料検索方法やデータベース　260
索引　266
著者紹介　272

はしがき

　現代の社会において、環境問題は社会問題の一つの領域であることにとどまらず、その解決いかんが人類社会の長期的存続の基盤を左右することになるという重大な問題になりつつある。学問的に見るならば、環境問題は自然科学的問題であると同時に、社会科学や人文科学がとりくまなければならない問題である。なぜなら、環境の悪化や破壊を生み出しているのは、他ならぬ人間社会の生産や消費なのであるが、それらは現代の社会制度や社会構造、あるいは、経済政策の在り方に大きく影響されているし、人々の抱く価値意識や思想も人々の行為を方向づけているからである。

　人文・社会諸科学の中にあっても、社会学は、環境問題の解明と解決の道の探究に固有の可能性を持ち、独自の貢献のポテンシャリティを有している。その理由として、第1に、社会学は人々の行為や小集団に注目するミクロ的視点、組織や一つの社会制度にアプローチするメゾレベルの視点、社会構造や社会変動を対象とするマクロレベルの視点を備えており、環境問題に対して、これらの三重の視点を共用して重層的にアプローチできる。第2に、社会学は、そのつどの社会現象、社会問題に対して、社会諸科学の中でももっとも豊富な実証的調査方法のレパートリーを有している。そして、実証を通して把握された現実の個性に即応して、柔軟に新しい概念群や理論枠組みを創出することができる。第3に、社会学はその根底において、人間そのものへの関心を有し、各人の生活や人生の在り方を人々の内面世界に注目しつつ把握しようとする志向を持っている。このことは社会の現状や社会問題に対する批判的関心を根拠づけると同時に、それを通して、豊富な「意味の発見」を可能にするものでもある。環境社会学とは、このような社会学の特質を、環境問題の研究に即して展開し開花させようとする努力であるとも言えよう。

　日本の環境社会学の源流は1950年代、60年代にさかのぼることができるが、1970年代、80年代には、先駆的な実証的かつ理論的研究が蓄積されるようになり、1990年代には、学会組織が確立し、世界で最初の環境社会学の学会誌『環境社会学研究』の刊行に至った。日本は先進諸国の中でもとりわけ深刻な公害

問題を経験してきたこと、また、さまざまな環境運動や環境訴訟が活発に展開されてきたことも背景要因になって、日本の環境社会学は社会学全体の中でも、若手研究者の参入が盛んで、活発な研究活動が繰り広げられている領域の一つとなっている。そして、日本の環境社会学は、「実証を通しての理論形成」という志向を強く示してきており、国際的に見ても、独自性のある理論枠組みをいくつも創りだしてきた。

　1990年代以降の日本の環境社会学の活発化を背景に、それぞれに個性的な環境社会学の教科書がすでに数冊刊行されている。その中で、本書はこれまでの学的蓄積を生かすと共に、2010年代の時代状況に対応すべく、若手研究者の新鮮な視点を極力取り入れつつ、次のようなねらいをもって企画された。

1．環境問題として現時点で視野におさめるべき代表的な問題群を、バランスよく包括的に取り上げるようにすること。
2．日本の環境社会学の代表的な理論的諸潮流について、一定の展望が得られるようにすること。
3．各章の配列は、ゆるやかにではあるが、歴史的展開・推移に対応させること。
4．各章においては、各主題についての基礎的一般的知識とともに、少数の具体的事例について、ある程度掘り下げた検討を試み、それにリンクして理論的視点や理論概念を説明するようにしたこと。
5．社会学を学ぶ学生に限らず、文系・理系を問わず多様な専門を学ぶ学生に対して、環境社会学の基礎的知見を教科書として提供することを目指し、意欲ある者が発展的な学習や研究に取り組むための手がかり情報を提供すること。

　このようなねらいに立って、本書の第1章は、環境社会学の問題群に対して、全体的な展望を与えることを試みており、第2章から第13章は、それぞれ個別の問題や事例を扱っている。それぞれの問題についての検討をふまえて、第14章は、環境社会学の基礎理論形成を目指す環境制御システム論によって、さまざまな環境問題群を総括的に把握し位置づけることを試みている。

　また、本書は教科書という性格づけをしているので、そのために以下の工夫をした。①本文の中に出てくる鍵概念、あるいは、本文の論議に関係の深い論点で、やや掘り下げた説明が必要なものについては、「コラム」を設けて説明した。②発展的学習の手がかりとして、各章末に「討議・研究のための問題」を数題ずつ提示した。③巻末に付録として、「環境社会学参考文献リスト」および

「環境に関する資料検索方法やデータベース」を収めて、より進んだ研究や関連情報収集のための手がかりを提供するようにした。

　本書を手がかりとして、読者各位が「環境社会学」の面白さと大切さに気づき、より進んだ段階の学習や研究に取り組んでいただければ、まことに幸いである。

　最後に、本書の企画と刊行が可能になったのは、各章、各コラムの執筆者の方々にそれぞれの学問的蓄積を生かした密度のある論考を執筆していただいたことと、弘文堂編集部の中村憲生氏の熱意と積極的な協力のおかげであることを銘記し、深甚なる謝意を表したい。

　　　　2011年1月10日

　　　　　　　　　　　　　　　　　　　　　　　　　　　　　　舩橋晴俊

第1章
現代の環境問題と環境社会学の課題

●舩橋晴俊

1. ……現代社会における環境問題の意義
1-1. 環境問題の重要性の二つの意味

　現代社会における環境問題の意義を把握するためには、現代社会における社会問題群の中で環境問題がどのような位置を占めているのか、また人類史の中で現代社会がどのような位置をしめているのかについて検討することが必要である。

　ここで**環境問題**とは、個人の生存・生活と社会の存続の基盤となっている物質的条件の総体である環境が、生産活動や消費活動という人為的原因によって、人間にとって悪化し、個人の生存・生活や、社会の存続に対する打撃や困難やそれらの可能性がもたらされるという事態である。

　第二次大戦後の日本において環境問題が社会問題の一つの領域として社会的注目を集め、環境問題の解決を求める世論が全国的に高揚した最初の時期は、1960年代の公害問題の激化の時期である。日本においては、1967年に制定された公害対策基本法によって、大気汚染、水質汚濁、土壌汚染、騒音、震動、悪臭、地盤沈下という七種類の公害が**典型7公害**として法規制の対象とされた。これにとどまらず、1960-70年代にかけて環境問題として、意識された社会的問題群としては、さらに、食品公害、原子力災害、日照被害、電波受信障害、自然破壊、景観破壊などの諸問題がある。

　このような環境問題は、現代社会の他の社会問題と密接にからみあったり、連続している面がある。まず、代表的には、職業病、労働災害、薬害などは、その発生の背景となる社会状況や制度的欠陥や要因連関に関して、上記の環境問題と同根であったり類似の特徴が見られる。アスベスト問題やカネミ油症にこのことは典型的に現れている（第3章参照）。また、一見したところ、洪水や土砂崩れなどのような自然災害とみられるものも、乱開発や防災対策の欠陥

というような人為的な要因が介在している場合には、環境問題と重なり合ってくる。さらに、貧困や社会階層的な格差、地域格差ということも、環境問題の発生や被害の経験に、頻繁に絡まり合っている。それゆえ、現代社会の社会問題群全体の中で、多種多様な深刻な環境問題が存在するという点に加えて、さらに、環境問題が他のさまざまな社会問題とも絡まり合って発現することも頻発しており、そのような意味でも環境問題は非常に重要な位置を占めている。

さらに、21世紀の人類社会にとっては、環境問題は社会問題の一つの領域であるのみならず、その解決の成否が、人類社会の存続と繁栄を左右するような重大な課題になりつつある（第9章参照）。視野を広くとって世界史を見渡せば、環境問題の解決の成否と文明の興亡が深く関係していたということが、近年の研究によって次第に明らかになってきている。**環境と文明の関係**を注目してみれば、ギリシア文明、メソポタミア文明、インダス文明などの繁栄はそれぞれの地理的条件と自然環境の条件に基盤を置いていたが、文明の繁栄そのものがもたらした自然環境条件の変質と貧弱化が、その衰退の根底的要因になっているといえる（ポンティング，C.1994；湯浅 1993）。

自然環境のあり方が**文明社会の存立基盤**を提供しているのであり、それが人為的活動によって破壊され、貧弱化することは、当該社会自身の衰退さらには滅亡を招く。この点で現代社会も例外ではありえない。現代社会は人口の爆発的な増大、科学技術の高度の発展、急激な経済成長という基本的な特徴を有するが、これらはいずれも、人類社会の存続基盤である資源の枯渇と環境汚染・危険の発生という点で困難な問題を生み出している。世界人口は、1927年に20億人、1960年に30億人であったものが、1999年には60億人に達し、わずか40年間で倍増している。原油換算のエネルギー使用量は、1975年に61億トンであったものが、2002年には100億トンを超えた（環境総合年表編集委員会編 2010, pp.409-410）。これらの要因を見つめるならば、現代社会は、先行する諸文明以上に深刻な形で、自らの存続を左右するものとしての環境問題に直面しているのである。

このような危機感を背景に、1992年にブラジルのリオデジャネイロで開催された「地球サミット」においては、**「持続可能な開発」**（sustainable development）の考え方が、人類社会の進むべき方向性を示す理念として提唱された。持続可能な開発とは、「将来世代が彼ら自身の必要を満たす能力を、危うくすることなしに、現在の必要を満たすような開発」（The World Commission on

Environment and Development, 1987, Chap.2) として定式化されているが、これからの人類社会、各国社会、地域社会のいずれにおいても、社会のあるべき姿を考える際に、不可欠な視点となっている。

　このように、それぞれの個人や社会集団や地域社会が被る個々の環境問題という意味でも、人類社会の存続可能性という意味でも、環境問題は現代社会の現在及び今後の在り方と、各人の人生に重い意味を持つようになってきている。

1-2. 現代社会にとっての環境問題の意義と特質

　現代社会において特に重視しなければならない環境問題は歴史的に変遷してきた。歴史的な変化を把握するための時代区分は、さまざまに可能であるが、ここでは、環境問題の質的変化に注目することによって、「**公害・開発問題期**」と「**環境問題の普遍化期**」という大きく二つの時代区分を採用することにしよう。第二次大戦後の日本に注目した場合、公害・開発問題期から環境問題の普遍化期への移行の境目は、1980年代半ばである。

　戦後の日本においては、1945年から1954年の戦後復興期における経済活動の活発化とともに、パルプ産業による水系汚染や、都市部における大気汚染な

表　高度経済成長期の公害・環境問題の事例

産業公害	イタイイタイ病：大正・昭和初期から被害発生。1968, 被害者が提訴。 熊本水俣病：1956, 患者の公式発見。1969, 被害者が第一次訴訟提訴。 四日市公害：1960, コンビナート稼働による被害。1967, 被害者が提訴。 新潟水俣病：1965, 患者の発見と公表。1967, 被害者が提訴。 群馬県安中鉱害（カドミウム汚染など）。宮崎県土呂久地区の砒素中毒。 大阪府西淀川区、川崎市、千葉市、尼崎市、岡山県水島地区等で大気汚染。 富士市、高知市等で、パルプ廃水公害。東京都江戸川区のクロム汚染。
交通公害	大阪国際空港公害：1964, ジェット機乗入れ。1969, 損害賠償と差止めを求め提訴。 名古屋新幹線公害：1964, 東海道新幹線開業。1974, 損害賠償と差止めを求め提訴。 国道43号線公害(神戸市、尼崎市)：1963, 供用開始、1976, 損害賠償と差止めを求め提訴。
薬害・ 食品公害	森永砒素ミルク中毒：1955, 西日本各地で被害。1973, 刑事裁判で社員に有罪判決 カネミ油症の被害：1968, PCBとダイオキシンがライスオイルに混入。 スモン病：キノホルムにより1960年代に多数の被害発生。1971, 最初の提訴。
自然保護問題	尾瀬・只見スカイライン建設問題（群馬県）、諫早湾干拓問題（長崎県） 中海・宍道湖干拓問題（島根県）、志布志湾埋立問題（鹿児島県）
都市・ 生活型公害	ゴミ問題：1971, 東京でゴミ戦争宣言、1975, 沼津市で分別収集の本格実施。 光化学スモッグ：1970夏、千葉県、東京都などで発生。 生活排水による河川湖沼の汚染：1960年代に、琵琶湖や霞ヶ浦で汚染進行。

(出典：飯島伸子編 2007; 環境総合年表編集委員会編 2010)

どの公害が発生するようになる。1955年から1973年にかけての高度経済成長期においては、公害が次第に頻発するようになり、1960年代の半ば以降は、空前の激化を示すようになった（川名1987-96）。表は、そのような代表的な公害問題やそれに関係する自然破壊問題の代表的事例を示したものである。すなわち、まず顕在化したのは、民間企業を加害者とする水俣病などの**産業公害**であるが、公共事業も各種の**交通公害**を生み出すとともに、自然破壊によって、**自然保護問題**を先鋭化させた。また、**薬害**や**食品公害**も大量の被害者を生み出した。

　高度経済成長期の日本はもっとも急速な経済成長を成し遂げた国として、一面では高く評価されたが、それは、公害対策を怠り公害防止費用の負担を回避することにより、成し遂げられたという側面がある。

　このような公害の激化に対して、各地の公害反対の**住民運動**や**被害者運動**も、次第に強まり、政策の転換を迫るようになる（星野他1993）。

　1960年代後半を通して激化を続けた公害は1970年の夏には最悪の状況に達した。首都圏でも、1970年5月には新宿区で自動車排気ガスによる住民の鉛汚染が判明し、7月中旬には光化学スモッグの被害が大量に発生した。各新聞は連日のように一面記事で公害問題を報道し、世論は憤激の頂点に達する（橋本1988）。公害反対運動と世論の高揚に押される形で、1970年7月に「**中央公害対策本部**」が首相直属の機関として設置され、1970年12月の国会では公害関連の14法案が一挙に成立する。翌1971年7月には**環境庁**が発足し、さらに、1972年6月には、スウェーデンのストックホルムで、**国連人間環境会議**が開催され、全世界的な政策課題という点でも環境汚染に対する取り組みがなされるようになった（大石1982）。

　以上に見てきたような公害問題の特徴は、次のようにまとめられる。

　第1に、基本的には**加害者**と**被害者**は別の主体であり、加害者の受益を求める行為が加害を生み、被害者は一方的に被害を被ることである（宇井1968）。

　第2に、加害者と被害者の間には、決定権の所在という点で格差があり、支配関係を見いだすことができる。言い換えると、公害問題は、被害者にとっては「**被支配問題**」という特徴を有する。すなわち、受苦性、加害者と被害者の間での相剋性、加害者にたいする被害者の受動性という三つの特徴を有するのである（舩橋2010，第2章）。

　第3に、公害発生の直接的原因が民間企業である場合でも、その背景には、

自治体や政府の推進してきた**地域開発**政策が環境配慮を欠如し公害規制を怠ってきたという事態が頻繁にみられる（宮本 1973）。

　第4に、公害問題の防止のためには、汚染物質の排出に対して環境基準の設定による規制が必要であり、また公害防止費用や公害被害の補償費用は**汚染者負担原則**（PPP）にのっとり加害者が支払わなければならない（第4章のコラム参照）。

　このような公害問題は、日本においては、1970～71年の一連の公害関連法制の整備と環境行政組織の強化を画期として、しだいに抑制されるようになる。1970年代の前半には経済界の公害防止投資も急増し、公害は許されないという社会常識も浸透するようになる。

　だが、その一方で、**都市・生活型公害**ともいうべき新しい形の環境破壊が顕著になってきた。すなわち、生活排水による河川や湖沼の汚染（鳥越・嘉田 1984）、生活系廃棄物の増大によるゴミ問題、乗用車の普及による大気汚染や光化学スモッグなどである。これらの都市・生活型公害は、加害者と被害者が別々の主体ではなく、少なくとも一定程度は重なりあっていること、一人ひとりの出す汚染物質は微少であっても、それが社会的に累積することにより環境破壊が生じていることという特徴が見られる。このような都市生活型公害の特徴は、以下にみる「環境問題の普遍化期」に問題化してきたさまざまな環境問題と共通するものであり、都市・生活型公害とは、「公害・開発問題期」の環境破壊と「環境問題の普遍化期」との間で、両者の中間的な位置にあるという性格を有する。

　1980年代の後半になって、全世界的に**地球環境問題**と総称される新しいタイプの環境問題の深刻化が意識されるようになった（石 1988）。1990年の『環境白書』によれば、地球環境問題とは、「地球温暖化」、「オゾン層の破壊」、「酸性雨」、「森林、特に熱帯林の減少」、「砂漠化、土壌浸食」、「野生生物種の減少」、「海洋及び国際河川の汚染」、「有害廃棄物の越境移動問題」、「開発途上国の公害問題」といった諸問題である（環境庁企画調整局企画調整課編 1990, pp.55-102）。

　これらの問題の登場は、環境問題が1980年代半ばを境として新しい歴史的段階に入ったことを意味している。その歴史的段階を「環境問題の普遍化期」と呼ぶことにしよう。

　その意味は生産と消費のあらゆる過程が、環境負荷の発生という点で問題が

あるかどうかを問い直されるようになったことである。例えば、現代人が日常の生産活動や消費生活でおこなっている電力の消費は温暖化問題との関連が、紙の消費は森林問題との関連が、自動車の使用は石油の枯渇との関連が、問い直されなければならなくなった。この「環境問題の普遍化期」に見られる環境問題には次のような特徴が見られる（舩橋1998）。

第1に、非常に多くの拡散した主体が環境負荷を発生させており、しかも一人ひとりの排出する環境負荷は微少であり、直接的に被害を生み出すわけでもなく、意識するのが困難なほどである（環境負荷発生の拡散性と微少性）。

第2に、しかし、そのような微少な環境負荷が社会的に、また、時間的に累積すると、深刻な環境破壊を生む（累積効果の巨大性）。

第3に、通常の個人の日常的行為が、「環境高負荷を随伴する構造化された選択肢」の中でなされているため、多くの人々が心ならずも環境負荷の増大に加担している（巻き込み構造）。

第4に、それゆえ「我々は、自分で自分の首をしめているのではないか」というかたちで、被害者であると同時に加害者であるという自己認識が広まりつつある。

第5に、しかし同時に、一つの社会・地域での環境負荷の増大を、時間的に将来世代に転嫁したり、空間的に諸外国・他地域に転嫁することによってしのぐという傾向が存在し、そのような意味での「**環境負荷の外部転嫁**」が格差をつくり出している（関口1996）。すなわち、環境の悪化や破壊の発生責任という点でも、それらの帰結としての生活や社会への打撃という点でも、各国間で、また一つの国家の中の各地域間で、さまざまな形の格差が見られる。

第6に、「環境負荷の外部転嫁」と「環境負荷の増大」の相互促進性が存在する。一つの社会・地域での環境負荷の増大を、時間的に将来世代に転嫁したり、空間的に諸外国・他地域に転嫁することによってしのぐという傾向が生ずると同時に、環境負荷の外部転嫁が可能であるから環境負荷の増大が促進されるという傾向も見られる。

第7に、複数の問題が同時に多発しており、一つの問題の解決努力が、別の問題を悪化させるというトレードオフ（択一的競合）の関係が見いだされる（同時多発性）。例えば、資源枯渇に対処するためのリサイクルの積極化は、エネルギー消費の増大を傾向的に伴うから、再生可能エネルギーを使用しない限り、温暖化促進的である。

2. ………社会学の可能性と環境社会学の諸理論

このように深刻化する環境問題に対して、社会学という学問によって取り組むことには、どのような積極的意義があるだろうか。

2-1. 環境社会学の課題

環境問題は自然科学的問題、工学的問題であると同時に、社会科学的問題、人文科学的問題でもある。**環境問題の発生メカニズム**や、人間に対する影響の把握、さらには、環境問題の解決のために、理系の学問が必要とされることは論を待たない。しかし、理系の諸学だけでは、現代の環境問題の発生のメカニズムも、防止と解決の方法の確立も不可能である。なぜなら、汚染や環境負荷の発生は、そのつど特定の社会の中で、特定の制度や文化を背景にしながらなされる人々の行為を通して、引き起こされているからである。また、環境問題の解決のためには、環境負荷の発生を抑制する規範的原則が必要であり、それを具体化するような社会制度や政策が必要である。このように、人文・社会科学の諸分野は環境問題の解明と解決に必要不可欠であるが、その中でも、環境社会学はどのような固有の貢献ができるのだろうか。

「**環境社会学**」とは、自然環境あるいは人為的に形成された生活環境と人間社会の相互作用とその帰結を、環境問題と環境共存を焦点としながら、社会の側に注目して、解明しようとする社会学の一分野である。

すなわち、環境社会学が取り組もうとする基本的な問題群は次のようなものである。どのような社会システムと人間の行為の在り方が、環境問題を生み出しているのか（**加害論・原因論**）、環境の悪化や破壊は、人間の生活と社会にどのような被害や打撃や損失をもたらしているのか（**被害論**）、そのような環境破壊とその帰結を防止したり解決したりするためには、また、人間社会が望ましい環境と共存していくためには、どのような対処が必要なのか（**解決論**）。

これらの問題群は、環境社会学のみならず、環境経済学や環境法学や環境経営学といった環境問題を扱う他の社会諸科学においても、同様の問いとして、あるいは類似した問いとして、共有されうるものである。そのなかにあって、環境社会学の存在意義や長所は、社会学の特徴あるいは個性に基礎づけられている。

まず、実証という側面で見るならば、社会学の長所は、社会諸科学の中でも、**社会調査**についてのもっとも豊富なレパートリーを持っていることである。代

表的には質的データに主要に注目するフィールドワーク型調査と、質問紙を通してえられるデータの統計的分析を中心とする計量的調査とがある。これらの調査方法を持っていることは環境問題の研究において社会学の固有の強みとなりうる。実際、日本の環境社会学においては、現場に深く踏み込んでていねいな情報収集を行った多数の調査が蓄積されてきた。

次に、理論という側面で見るならば、**社会学理論**はその特徴として、ミクロ（行為論など）、メゾ（組織論、制度論など）、マクロ（全体社会、社会変動など）の重層性を有し、それらを併用しうること、注目する変数（あるいは要因）の設定において柔軟で開放的であること、人間の内面性に敏感であり、社会の中の各人の生活、人生という視点から社会諸事象を把握しようとすることを指摘しておきたい。このような社会学の実証面、理論面にわたる特徴をうまく生かすことができれば、環境問題や環境政策や環境運動に関する環境社会学の研究は、他のディシプリンに立脚した諸研究とは異なる独自の貢献が可能である。その意味は、社会の中に生起する一つの環境問題の全体像を把握するにあたって、環境社会学は、人文・社会系の諸科学の中でも、もっとも適したアプローチではないかということである。そのような社会学の有する潜在的可能性を、これまでの日本の環境社会学はどのような形で開花させてきたであろうか。日本における環境社会学の歩みを振り返りながら、検討してみよう。

2-2. 日本における環境社会学の展開と実績
[1] 日本における環境問題研究への先駆的取り組み

日本における環境社会学の形成と発展の経過は、日本および世界における環境問題の歴史的な生起と展開に深くからみあっている。第二次大戦後、戦後復興期を経て、日本社会は、1955 年ごろより**高度経済成長**期に入る。経済成長に伴い、1950 年代には公害問題が各地で発生し、さらに 1960 年代になると公害は空前の激化を示した。

そのような取り組みの中から、社会学に立脚した日本における本格的な公害研究が、**飯島伸子**（飯島 1993）によってなされるようになった。飯島の研究は、地域社会学、保健社会学、技術論の交錯する領域を背景にしているが、1960年代半ばからの果敢な現地調査の積み重ねによって、日本のみならず世界的にみても、環境社会学のパイオニアとも言うべき多数の先駆的研究を生み出してきた。飯島の研究の特徴は、第一に、公害問題を単独で捉えるのではなく企業

活動に伴い企業内部に同時に頻発している労働災害や職業病を視野に入れていることである。第二に、公害問題や労災問題の現場を大切にし、積極的に多数の事例について調査をおこなっている。第三に、そのような実証研究の中から社会学的な理論形成を志向し、日本の環境社会学の初めての有力な理論枠組みと言うべき「**被害構造論**」を水俣病、スモン病、炭塵爆発による一酸化炭素中毒問題という三つの事例研究に立脚して提出した。第四に、公害問題研究に**年表**という手法を本格的に取り入れ、かつ、独力で、包括的な年表を形成した（飯島編 2007）。

[2] 日本における環境社会学の制度化

1990 年代になると、日本における環境社会学の教育と研究の制度化が急速に進んだ。その背景は、各地の大学で、次々に環境社会学の講義科目が設定されたり、環境問題をフィールドとした社会調査が増大してきたことである。

日本における環境社会学研究の本格的な組織的取り組みは、1990 年 5 月に約 50 名の参加で発足した環境社会学研究会に始まる。この研究会は 1992 年には**環境社会学会**へと発展的に改組され、1995 年には、世界で初めての環境社会学の専門的学術雑誌として『**環境社会学研究**』を創刊するに至った。このような学会活動の活発化を背景にして刊行された最初の教科書が飯島伸子編の『**環境社会学**』（1993，有斐閣）である。そして、環境社会学研究会の発足後、約 10 年を経た時点で、続々と多数の研究成果が刊行された。

東京大学出版会からは戦後三回にわたって、社会学の全分野をカバーするような「講座」の刊行が企画されたが、1998 年から刊行が開始された第三次の「講座社会学」全 16 巻において、はじめて「環境」を主題にした独立の巻が設定された（舩橋・飯島編 1998）。また、2001 年には、有斐閣から全 5 巻からなる『**講座環境社会学**』（飯島・鳥越・長谷川・舩橋編）が刊行された。さらに、新曜社からは、2000 年から 2003 年にかけて、『**シリーズ環境社会学**』（鳥越皓之企画編集、全 6 冊）が刊行された。

このようにして発展してきた日本の環境社会学の特徴をまとめて見よう。

第一に、個別問題の実証的研究が豊富であり、手厚いフィールドワークの蓄積が存在してきたことである[1]。

第二に、「実証を通しての理論形成」という方法が広範に採用されてきており、日本の現実の中から、オリジナルな理論を形成してきたという実績がある。社

会学理論はさまざまに分類可能であるが、日本の環境社会学は、特に「**中範囲の理論**」という領域で、着実な成果を積み上げてきたと言えよう（コラム参照）。

　第三に、「**年表作成という方法**」が広範に採用されてきており、総合的な環境年表の作成という点で、他の諸国に例を見ない実績があることも特筆しておきたい（コラム参照）。

2-3. 日本の環境社会学が生み出してきた理論的視点

　以下では、これまでに提示されてきた日本の環境社会学のさまざまな成果から、「被害論」「加害論・原因論」「解決論」という三つの問題領域に即して、代表的な理論的視点を紹介することにしよう。

[1] 環境社会学の出発点としての被害論

　被害論とは、環境破壊の被害がどのような人々や地域社会にどのような苦痛や打撃を与えるのか、人々は、どのように被害を経験しているのかを探究することである。被害論の領域での代表的理論枠組として、飯島伸子によって提出された「被害構造論」がある（飯島伸子 1993）。飯島の被害構造論に示唆を得つつ、他の論者の視点も取り入れて（舩橋 2006；堀田 2002；関 2003）、被害論として理解しておくべきもっとも基本的命題群を示すならば、次のようになる。

　第1に、環境問題の被害は社会関係を通して増幅し、さまざまな**派生的被害**を生み出す。身体的被害は労働能力の低下と職場からの排除を生み出し、**貧困**を帰結する。さらに水俣病においては、被害者が伝染病と誤解され社会的に**差別**されるという事態も起こった（飯島・舩橋編 2006）。

　第2に、環境問題の被害は、地域社会内の特定の階層や社会集団、とりわけ政治的発言力の弱い人々に集中する。

　第3に、被害者は社会的な不利益を回避するために、被害を隠さざるを得ない。このことは、明治期の足尾鉱毒事件や水俣病にも、カネミ油症や薬害エイズ問題にも共通に見られる状況である（**防衛的被害隠し**）。

1　どのような個別事例が注目されてきたかということについては『環境総合年表―日本と世界』の第二部トピック別年表において、とりあげられている162のトピックが一つの参考になるデータである。そこでは、典型7公害以外に、「公共事業と環境破壊」「自然保護」「廃棄物」「原子力」「化学物質」「薬害」「労災・職業病」といった諸分野に属する多数の個別事例がとりあげられている。

第4に、多くの被害者が被害を隠さざるを得ないということは、社会的な問題の潜在化につながり、根本的な問題解決の取り組みにとっては阻害要因になる。この点に関連して、被害者がどのようにして被害に向き合い、個人的・集団的に被害の克服に立ち上がることができるのかという課題が存在する。これは堀田恭子の提起した「受容克服過程論」の課題である（堀田 2002）。
　このように被害構造論は、環境破壊の被害が、身体的な被害、医学的被害にとどまらないものであり、被害の派生的連鎖をも含む被害の総体的特徴を解明しようとするものである。日本における環境社会学の理論形成が被害論から始まっていることは偶然ではなく、日本の公害問題の深刻さと、一人ひとりの生活の在り方に注目する社会学の固有の感受性に根拠をもつものである。

[2] 加害論・原因論
　環境破壊による深刻な被害を見つめるならば、誰しも**加害論・原因論**の問いを発することになるだろう。加害論・原因論の課題とは、加害者としての責任を負わなければならないのは誰なのか、どのよう諸要因の連関によってこのような被害が生じているのかを問うことである。加害論が環境悪化に直接的責任を有する主体に注目するのに対して、原因論は間接的な諸要因も含め、どのような要因連関が、特定の環境破壊・環境悪化を生み出してきたのかを問おうとする。
　どのような理論的視点が、加害論・原因論として適切であるのかということは、「公害・開発問題期」と「環境問題の普遍化期」において、異なっている。本章では、二つの時期に共通に必要な理論的視点として、「**受益圏・受苦圏論**」及びその展開としての「**環境負荷の外部転嫁論**」を、公害・開発問題期に特有に必要となる視点として「**支配システム論**」を、環境負荷の普遍化期の特徴の解明に有効な視点として「**社会的ジレンマ論**」を取り上げることとしたい。
　日本の環境社会学は、被害論も視野に入れた加害論についての社会学的視点として、「受益圏・受苦圏論」を提起してきた。**受益圏**とは、ある事業プロジェクトや社会制度によって、一定の受益を享受できる社会的な圏域のことであり、**受苦圏**とは、主体がその内部にいることによって、一定の被害・苦痛・危険を被らざるを得ない社会的な圏域のことである。「公害・開発問題期」の環境問題は、**受益圏と受苦圏の分離**、受益圏と受苦圏の対立によって、特徴づけられる（舩橋他 1985）。

このような受益圏と受苦圏の関係を検討してみると、そこには、一般に、受益圏の生み出す環境負荷を受苦圏に転嫁しているという「環境負荷の外部転嫁」の関係が見いだされる。例えば、化学産業の工場が汚染物質を周辺地域に排出したり、航空機や新幹線がその周辺に騒音などを押しつけるのは、その例である。

　公害・開発問題期には、このような受益圏と受苦圏の関係は、**支配システム**の一契機としての「**閉鎖的受益圏の階層構造**」という形をとって存在する。支配システムとは、社会システムや組織を「意志決定権の分配」と「正負の財の分配」に関する不平等な構造として把握する時に見いだされる側面である。意志決定権の分配の不平等な構造の中で集合的意志決定をめぐる相互行為の総体が**政治システム**であり、正負の財の分配の不平等な構造が閉鎖的受益圏の階層構造である（舩橋 2010, 第 2 章）。

　公害問題における加害者と被害者の対立関係は、財の分配という点では、閉鎖的受益圏の階層構造における受益圏と受苦圏の対立であり、意志決定権の分配という点では、政治システムにおける支配者と被支配者の対立という性格を有している。

　これに対して、環境問題の普遍化期においては、環境問題の根拠となる環境負荷の発生源が多数の主体に分散しているという性格が、温暖化問題やオゾン層の破壊問題や廃棄物問題などのさまざまな環境問題において見いだされる。そのような状況に根ざして環境破壊が生起するメカニズムを把握するには、「**社会的ジレンマ論**」が有力である。例えば、ギャレット・ハーディンの「**共有地の悲劇**」のモデルは、社会的ジレンマのメカニズムを通して環境破壊が発生する過程を描いている（Hardin 1968）。共有地の悲劇とは、次のような状況を言う。「一定の広さの共有牧草地を共用しながら、各自の家畜を飼育している牧夫の集団があるとする。この状況で、ある個人が自分の家畜を増大させることは、一面でその個人には頭数の増加による大きな利得（P1）をもたらすが、他面で、過剰放牧の段階に進めば、1 頭あたりの肥育状態を悪化させる。だが、後者の形での損失は、全員に分散されるので、当該個人にとっての反射的利益減少（－P2）は、頭数増加による利得に比較して軽微である（P1－P2＞0）。自分の短期的・直接的利益を最大化するという意味で「合理的な」行為は、各人にとって自分の家畜の頭数を増加させ続けることである。しかし、そのような行為の累積的帰結は、過剰放牧による共有地の荒廃であり、共倒れである。

各人が自分の利益を追求しているにもかかわらず、自滅するという悲劇が生じる」（舩橋 1998, pp.196-197）。

一般に、**環境問題における社会的ジレンマ**とは、「複数の行為主体が、相互規制なく自分の利益を追求できるという関係のなかで、私的に合理的に行為しており、彼らの行為の集積結果が環境にかかわる集合財の悪化を引き起こし、各当該行為主体あるいは他の主体にとって、望ましくない帰結を生み出すとき、そのような構造を持つ状況」のことである（舩橋 1995, p.6）。

このような社会的ジレンマ論による環境破壊のメカニズムの解明は、それを克服するためには、総体としての**環境負荷**を**環境容量**の内部に抑制するというかたちでの社会的規範が必要であること、適切な規範によって利益追求に対する「節度」と「賢明さ」を実現するべきであるという解決の指針も示すことができる（舩橋 1995）。

[3] 解決論

解決論とは、環境問題の解決過程に注目した研究であり、内容的には、解決過程論と解決方法論とに分けることができる。**解決過程論**とは、一定の環境問題について、さまざまな主体の相互作用を通して、どのようにその問題が解決されるのか、あるいは、解決することができないのかという社会過程を解明することを課題する。これに対して、**解決方法論**は、一定の環境問題を解決するためには、どのような規範的原則や政策や制度形成や社会運動が必要か、どのようにして社会変革が可能になるのかを問うことを課題とする。

解決過程論が、事実認識の文脈に位置しているのに対して、解決方法論は、望ましい解決状態の設定を前提にしているという意味において、単なる事実認識にとどまらず、価値判断の契機を内包している。

多くの環境問題の解決過程は、さまざまなタイプの環境運動の努力と、自治体、一国の政府、国際機関が推進する環境政策との相互作用において進展する。したがって、解決論はどの主体に主要に注目するのかによって、運動論と政策論とに分けることもできる。

解決論の領域で、日本の環境社会学が生み出してきた有力な理論枠組みとして、「**生活環境主義**」がある。また、さまざまな社会運動論の蓄積がある。

生活環境主義は、鳥越皓之、嘉田由紀子、古川彰などによる琵琶湖をフィールドとしたグループ研究から形成されてきたものである（鳥越・嘉田 1984）。

鳥越皓之によれば、生活環境主義とは、「居住者の「生活保全」が環境を保護する上でもっとも大切であると判断する立場」であり（鳥越 1997, p.19）、「**自然環境主義**」と「**近代技術主義**」という他の二つの立場に対する対抗関係にたつ。ここで「自然環境主義」とは、「人間の手の加わらない自然を一番望ましいと思う立場」であり、「近代技術主義」とは「近代技術の適用が結局は環境問題を解決すると判断する立場」である。生活環境主義にとって大切なことは、地域社会の人々が、その生活経験において、どのように環境にかかわってきたのかを把握し、単なる生存ではなく、人々の幸せな生活をどうしたら維持できるのかを問うことであり、各住民グループの「言い分」を把握することを重視する。自然環境主義とは異なって、生活環境主義は、人々が生活のために行う自然に対する介入や操作を肯定する。だが、近代技術主義とは異なって、人々の生活の立場に敏感な感受性を備え、近代技術の駆使によって環境問題を解決しうるという単純な発想には立たないのである。

「生活環境主義」と親和性が高い理論的視点としては、**コモンズ論**がある。井上真によれば、**コモンズ**とは「自然資源の共同管理制度、および共同管理の対象である資源そのもの」（井上 2001, p.11）である。地域社会レベルで成立するコモンズは「ローカル・コモンズ」と呼ばれる。コモンズ論の立場は、所有の有無ではなく、管理と利用がどのように行われているのか、行われるべきかという点に注目する。その志向するところは、共同管理制度としてのコモンズの確立・維持によって、資源としてのコモンズの適切な管理を実現し、環境問題の解決と環境共存を実現することである。それは、地域の資源を**市場原理**に無制限にゆだねることの帰結しての荒廃と、**国有化**による地域社会と自然資源との関係の切断の双方に対する批判意識を有する立場である。近代的な所有権が一つの歴史的制度であること、近代的な所有権という形式での人々の自然との関係とは異なる関係が存在しうることを、コモンズ論は提起するのである。

生活環境主義もコモンズ論も地域住民の主体的な関わりが、環境問題の解決の鍵であることを提起するものであるが、地域住民あるいは市民の主体的な関わりという論点を政治システムにおける発言権や決定権や影響力の確保・発揮という視点から検討するためには、**環境運動論**が必要となる。**環境運動**は、さまざまな環境問題の展開過程において不可欠な役割を果たしてきた（長谷川編 2001）。広義の環境運動の中には、**公害反対運動、被害者運動、自然保護運動、エコロジスト運動、グリーン・コンシューマー運動、町並み保存運動、有機農**

業運動、フェアトレード運動などが含まれる。また、生活協同組合運動や労働運動の中には、環境運動の性格を同時に併せ持つ形で、運動がなされる場合もある[2]。これらの環境運動の第一の役割は、社会的に解決するべき問題が存在することの開示であり、自治体や政府に対して、それらを政策課題として取り上げることを迫ることである。第2の役割は、要求提出を通して、受益圏と受苦圏の間での正負の財の分配が、より公平なものになるように働きかけることである。第3の役割は、政府や自治体の政策批判であり、不適切あるいは不十分な政策を改善させることである。第4に、「市民風車」事業に見られるように、運動組織自らが、経営システムという性格を有する事業システムを立ち上げ、環境配慮型の生産や流通を担うことである（**運動の事業化**）。

3. ………結び

本章では、第1に、環境問題がいかなる意味で、現代社会において重要な問題になってきたのか、第2に、環境問題の歴史的段階を「公害・開発問題期」と「環境問題の普遍化期」に分ける視点を採用した場合、それぞれの段階の環境問題にどのような特徴が存在するのかを検討してきた。第3に、これまでの日本の環境社会学において、どのような理論群が、どのような方法を通して提起されてきたのかを、「被害論」「加害論・原因論」「解決論」のそれぞれに即して検討してきた。このような視点の整理は、以下の第2章から第13章までにおいて説明される個別的な環境問題の事例の理解のために、さまざまな着眼点を提供するであろう。

そして最後の第14章では、解決論に力点を置くこととし、本書で取り上げられた諸事例に対する包括的な理論枠組としての「環境制御システム論」を提示し、環境問題の解決のために必要とされる大局的な社会変革の方向を探ることにしよう。

---

2 労働運動が同時に環境運動の課題を担った例として、チッソ第一労働組合の水俣病に対する闘い、新幹線公害に対する抵抗としての（旧）動労・国労の減速運転闘争などがある。

◆討議・研究のための問題◆
1. なんらかの公害問題について、その加害者側と被害者側の主張（言い分）をできるだけ、直接的な「生の声」に即して、調べてみよう。どちらの主張に説得力を感じるであろうか。
2. なんらかの環境問題について、新聞などの資料を使用して、できるだけ詳細な年表を作成してみよう。その上で、その歴史的段階をいくつかの段階に区分してみよう。
3. なんらかの環境問題にかかわる裁判の判決文を法律関係の雑誌から入手し、その全文を読んでみよう。どのような発見があるだろうか。

【文献】

飯島伸子，1993，『環境問題と被害者運動 改訂版』学文社．
飯島伸子編，1993，『環境社会学』有斐閣．
飯島伸子編，2007，『新版 公害・労災・職業病年表』すいれん舎．
飯島伸子・鳥越皓之・長谷川公一・舩橋晴俊編，2001，『講座環境社会学 全5巻』有斐閣．
飯島伸子・舩橋晴俊編，2006，『新潟水俣病問題―加害と被害の社会学』東信堂．
石 弘之，1988，『地球環境報告』岩波書店．
井上 真，2001，「自然資源の共同管理制度としてのコモンズ」井上真・宮内泰介『コモンズの社会学―森・川・海の資源の共同管理を考える（シリーズ環境社会学2）』pp.1-28.
宇井純，1968，『公害の政治学―水俣病を追って』三省堂．
大石武一，1982，『尾瀬までの道―緑と軍縮を求めて』サンケイ出版．
環境庁企画調整局企画調整課編，1990，『環境白書（総説）（平成2年版）』大蔵省印刷局．
環境総合年表編集委員会編，2010，『環境総合年表―日本と世界』すいれん舎．
関 礼子，2003，『新潟水俣病をめぐる制度・表象・地域』東信堂．
関口鉄夫，1996，『ゴミは田舎へ？―産業廃棄物への異論・反論・Rejection（拒否）』川辺書林．
鳥越皓之，1997，『環境社会学の理論と実践―生活環境主義の立場から』有斐閣．
鳥越皓之企画編集，2000-2006，『シリーズ環境社会学（全6冊）』新曜社．
鳥越皓之・嘉田由紀子編，1984，『水と人の環境史―琵琶湖報告書』御茶の水書房．
橋本道夫，1988，『私史環境行政』朝日新聞社．
長谷川公一編，2001，『環境運動と政策のダイナミズム（講座 環境社会学第4巻）』有斐閣．
舩橋晴俊，1995，「環境問題への社会学的視座―「社会的ジレンマ論」と「社会制御システム論」」『環境社会学研究』Vol.1, pp.5-20.
舩橋晴俊，1998，「環境問題の未来と社会変動―社会の自己破壊性と自己組織性」舩橋晴俊・飯島伸子編『講座社会学12 環境』東京大学出版会，pp.191-224.
舩橋晴俊，2006，「加害過程の特質―企業・行政の対応と加害の連鎖的・派生的加重」飯島伸子・舩橋晴俊編『新潟水俣病問題―加害と被害の社会学』東信堂，pp.41-73.
舩橋晴俊，2010，『組織の存立構造論と両義性論―社会学理論の重層的探究』東信堂．
舩橋晴俊・長谷川公一・畠中宗一・勝田晴美，1985，『新幹線公害―高速文明の社会問題』有斐閣．

舩橋晴俊・飯島伸子編，1998，『講座社会学12 環境』東京大学出版会．
星野重雄・西岡昭夫・中嶋勇，1993，『石油コンビナート阻止―沼津・三島・沼津二市一町住民のたたかい』技術と人間．
堀田恭子，2002，『新潟水俣病問題の受容と克服』東信堂．
川名英之，1987-96，『ドキュメント日本の公害（第1巻～第13巻）』緑風出版．
ポンティング，C.，1994，『緑の世界史』上・下，朝日新聞社．
宮本憲一，1973，『地域開発はこれでよいか』岩波書店．
湯浅赳男，1993，『環境と文明―環境経済論への道』新評論．
Hardin, G., 1968, "The Tragedy of the Commons", *Science* 162, pp.1243-1248.
The World Commission on Environment and Development, 1987, *Our Common Future*, ［アクセス日 2010.12.12］

column
方法としての年表

舩橋晴俊

　環境社会学の研究において、「年表作成という方法」は、膨大な資料を整理することを通して一つの環境問題の全体像を把握するという点でも、ある問題の解決過程や未解決過程を分析し、さまざまな理論的発見を生み出す上でも、非常に効果的な方法である。

　まず、一つの環境問題を題材にして、卒業論文やゼミ論文に学部生が取り組む場合に、数頁でもよいから年表を作成してみると、事柄の歴史的経緯や登場する諸主体の相互関係が把握でき、その問題についての理解を深めることができる。さらに、より専門的な修士論文や博士論文の準備に際して、非常に詳細な数十頁の年表を作成することは、解決過程論などのテーマを扱う場合には積極的に推奨したい方法である。詳細な年表を作成した上で、そこで得られる情報を整理して**主体連関図**を作成したり、各主体の行為を**戦略分析**の方法によって、分析することは、環境問題の展開過程を把握するのに非常に有効な方法である。

　一つの環境問題の年表という次元ではなく、一定の時代を対象にして、あるゆるタイプの環境問題を対象にして総合的な環境問題年表を作成することには、さらに特別の意義がある。それは、各時代の環境問題の全体的特徴の理解を促進するとともに、複数の問題の比較を通して、新たな洞察や発見を導くからである。日本の環境社会学の歴史の中では、飯島伸子による『公害・労災・**職業病年表**』（初版 1977 年，公害対策技術同友会）が、そのような総合年表の開拓者的労作である。本年表は、1975 年までの約 500 年間の公害問題、労災、職業病についてのデータを収集しており、記載事項すべてに出典を挙示している。

　飯島年表の続編・姉妹編とも言うべき年表が、環境総合年表編集委員会編『**環境総合年表―日本と世界**』（2010 年，すいれん舎）である。本年表は、約 200 人の研究者や大学院生などの協力によって作成されたもので、1976-2005 年を主要な対象としながら、第 1 部 重要事項統合年表、第 2 部 日本国内トピック別年表、第 3 部 世界各国・地域年表という三部構成をとり、第 1 部では、日本国内と世界各国の重要事項が、見開き 2 頁で半年間をカバーする形で 6 欄構成で記載されている。第 2 部には 162 点、第 3 部には 73 点の個別年表が収録されている。飯島年表と同じく、全記載事項に出典が挙示されており、事項索引、人名索引、地名索引も付与されている。この二つの年表は諸外国には見られない、日本の環境社会学が生んだ独創的な作品という性格を有し、二つの年表を組み合わせて使用すると、学習・研究の上で、非常に効果的であろう。

　学術的研究を支えるような年表の作成に際しては、留意事項がいくつかある。第一に、各記載事項の出典情報を付記することである。第二に、Excel のような表計算ソフトを利用して年表を作成するとソート機能を駆使できるので、データの操作（追加や統合）が非常に効果的に行える。第三に、出典の相違によって、矛盾する情報に出会うこともあるので、そのような時には何が信頼できる情報であるのかを慎重に吟味すべきである。第四にインターネットからの情報は、URL とともにアクセス日を記載することが必要である。

【文献】
飯島伸子，2007，『新版　公害・労災・職業病年表』すいれん舎．
環境総合年表編集委員会編，2010，『環境総合年表―日本と世界』すいれん舎．

column
「中範囲の理論」と「T字型の研究戦略」

舩橋晴俊

　社会学の理論とは、社会に生起する諸事象についての「規則性の発見と説明」並びに「意味の発見」を可能にするような、相互に関連した概念群や命題群のことである。社会学の研究において、理論形成は大切な役割を果たすものであり、社会学の学習において、理論の習得は不可欠である。社会学の理論には多様な諸潮流があるが、環境社会学の学習にとって、マートンの言う意味での「中範囲の理論」が大切であることを指摘しておきたい。というのは、日本の環境社会学において、これまでに提唱され、また、頻繁に使用されてきた諸理論、例えば、被害構造論、生活環境主義、受益圏・受苦圏論などは、いずれも、「中範囲の理論」という性格を有し、しかも、以下に述べる「T字型の研究戦略」に立脚しているからである。

　「中範囲の理論」の代表的提唱者であるR.K.マートンによれば、「中範囲の理論」とは「日々の調査の間にうんと出てくる、ちょっとした、しかし必要な作業仮説と、社会行動、社会組織、社会変動などについて観察されたすべての斉一性を説明しようとする統一的理論を展開するための、いっさいを包括した体系への努力との中間にある理論である。…［中略］…中範囲の理論はそのレッテルが示すように、社会現象の局限された側面を扱うのである」（マートン1969, p.4）。

　注意するべきことは、マートンの「中範囲の理論」の提唱は、個別的な理論形成の文脈のみならず、社会学の長期的な発展戦略を志向していることである。すなわち、マートンの「中範囲の理論」は、さまざまな分野で、さまざまな社会現象に即して、個別的な「中範囲の理論」の形成を推奨するのみならず、これに加えて、中範囲の理論の累積と段階的な統合を通して、包括的な射程を有する一般理論の形成に接近していくべきであるという指針を提起している。

　マートンの「中範囲の理論」を実行しようとするならば、「T字型の研究戦略」という方法を採用することが生産的である。「T字型の研究戦略」とは、狭く深い実証的研究をまず行い（T字の縦線部分）、そこから得られる知見と洞察をてこに、より一般性の高い理論概念群や命題群（T字の横線部分）を発見し、創出しようという方法である。一般に理論研究という言葉には、理論形成とともに学説研究が含意されている。しかし注意するべきことは、「学説研究を通しての理論形成」という方針は、一見すると近道のように見えながら、実際には、迷路のように困難な道だということである。これに対して、「T字型の研究戦略」においては、限定された対象についての掘り下げた実証的研究に取り組まなければならない。それは長大な作業行程を歩み尽くすことを要請するものであるが、その道は迂回路であっても決して迷路ではない。掘り下げた実証を通してはじめて接触可能となる現実の限りない豊かさと複雑さをふまえてこそ、社会事象の奥底にある規則性と、さまざまな意味発見を可能とするような鍵になる洞察がえられるのである。

【文献】
舩橋晴俊, 2001,「環境問題の社会学的研究」飯島伸子他編『環境社会学の視点（講座　環境社会学第1巻）』有斐閣, pp.29-62.
マートン, R.K.（森好夫訳）, 1969,「中範囲の社会学理論」日高六郎他編, 森東吾他訳,『現代社会学大系第13巻　社会理論と機能分析』青木書店, pp.3-54.

第2章
公害問題の解決条件
―水俣病事件の教訓

●舩橋晴俊

　水俣病は環境破壊の中でも、もっとも深刻なものの一つである。最初の患者が公式に発見されたのは1956年であり、熊本県においてであった。熊本県における重大な被害発生にもかかわらず、日本社会は、1960年代半ばにおける新潟県での第2の水俣病の発生を防ぐことができなかった。2004年には最高裁判所が、1960年以降の水俣病の拡大に対して、政府と熊本県庁の国家賠償法上の責任を認める判決を下した。これらの諸判決にもかかわらず、水俣病をめぐる社会紛争は50年以上にわたって続いており、最終的解決に至っていない。

　本章では**環境ガバナンス**の視点から水俣病の教訓を検討してみよう。

　実効的な環境ガバナンスとは、多様な環境問題に対して、環境価値と人権の尊重の立場から、適切な解決策を作り出す能力を意味する。まず、環境ガバナンスについての二つの基本的論点を提示し、環境問題の適切な解決に必要な諸課題が何であるかを明らかにしたい（第1節）。次に、二つの水俣病事件の歴史的経過の要点をふりかえってみたい。そして、水俣病の適切な解決を妨げた諸要因が何であったのかの解明を試みる（第2、3、4節）。最後に水俣病の経験からくみとることのできる教訓をまとめてみよう（第5節）。

1.　………環境ガバナンスに関する二つの基本的論点

　第1に、「支配」の概念と区別するかたちで「環境ガバナンス」の意味を明確にしておく必要がある。支配とは、一定の行為者の意思と決定を他の行為者が受容し、それに従うような社会関係を意味している。**支配システム**とは社会システムの一つの側面である。支配システムとは意思決定権の分配と、正負の財の分配の不平等な構造を意味している。正負の財の不平等な分配構造は「閉鎖的受益圏の階層構造」を形成しており、その底辺部には、しばしば受苦圏を

伴う（舩橋 2010, 第2章）。支配システムは社会システムのさまざまな水準ごとに、すなわち、地域レベル、県レベル、政府レベルに、それぞれ存在する。自治体および政府レベルの行政組織は、それぞれ支配システムの中心、すなわち制御中枢を構成する。それらは、支配システムにおける「支配者」という性格を有し、他方、民衆は「被支配者」として定義される。支配システムは、自らの正当性を何らかの価値の強調によって根拠づけようとする。

公害事件で問題になるのは、経済制御システムが、その支配システムの側面において、経済的価値を過剰に重視し、環境価値を無視する傾向をしめすことである。環境ガバナンスは環境価値、とりわけ、環境正義の概念、およびそれから引き出される規範的諸原則を前提にしている。もし経済制御システムが支配システムの側面において、環境価値を無視すれば、それは必ずや環境ガバナンスを妨げるように作用するであろう。そして、もし支配システムの中の支配者となっている個人や機構が、環境価値を無視するのであれば、環境ガバナンスを実現するためには、それらに対抗して闘わなければならない。

第2に述べるべきことは、環境ガバナンスを実現するためには、多様な行為者たちの努力が、適切に組みあわさり総合的効果が発揮されなければならないという点である。環境問題の解決のためには、いくつかの課題群が解決されなければならない。表1は、水俣病のような環境問題を解決するために、果たされるべき諸課題を包括的に提示しようとしたものである。環境ガバナンスを理

表1　水俣病のような環境破壊を克服するために必要な諸課題

```
A　原因の究明
   A1：原因物質（病因物質）の明確化
   A2：汚染源あるいは責任主体の明確化
B　被害の防止
   B1：汚染食品の摂食禁止による直接的被害の防止
   B2：汚染の停止による直接的被害の防止
   B3：（貧困や差別や偏見などの）派生的被害と派生的加害の防止
   B4：（正当な補償要求の拒絶という形での）追加的加害と追加的被害の防止
C　被害からの回復
   C1：汚染された環境の浄化
   C2：被害者への補償と生活再建
   C3：加害者による謝罪
   C4：地域コミュニテイにおける和解
D　教訓を学ぶこと
   D1：同様の環境破壊の防止
   D2：学ぶべき教訓の明確化とその伝達
```

想的に実現するためには、これらすべての課題群が達成されなければならない。これらの諸課題を達成するために努力するあらゆる主体は、環境ガバナンスの強化に貢献しうる。この視点から水俣病の歴史を見つめながら、これらの課題の達成を妨げたり、促進したりする重要な要因、すなわち、環境ガバナンスを支えたり弱めたりするような諸要因について検討してみよう。

2. ………熊本水俣病の初期段階における対処の失敗
2-1. 重要な歴史的事実

　1956年5月、熊本県**水俣市**の水俣湾ぞいの集落で、水俣病患者が初めて発見された（宇井1968）。当時、水俣市には、熊本県最大の企業である新日本窒素株式会社（以下、本章では「**チッソ**」と略称する）が化学工場を立地していた。患者への対応として水俣地域で「水俣奇病対策委員会」が組織されたが、そこには、チッソ病院長の細川一博士と、伊藤蓮雄水俣保健所長も参加していた。このチームは、近隣地域を精力的に調査し、約30人の被害者を発見した。8月29日づけの細川博士の報告には次のように記述されている。

　　「症状および経過の外観。……［中略］……四肢の麻痺のほか、言語、視力、聴力、嚥下障害などの症状が、あるいは同時に、あるいは前後してあらわれる。これらの症状は多少の一進一退はあるが、次第に増悪して極期に達する。……［中略］……予後ははなはだ不良で、患者数30名中、死亡者11名、死亡率は36.7％である」（原田1972, pp.17-18）。

　当初は、研究チームは、この奇病は未知の伝染病ではないかと疑ったが、地元の医療関係者だけでは手に負えない問題であるので、8月には**熊本大学医学部**の医師たちへの研究参加要請がなされる。熊本大学医学部に水俣病研究班が組織され、以後、研究において中心的な役割を果たすことになる。同年11月には、熊大研究班は、次のように報告した。

　　「水俣奇病の原因は未だ不明であるが、発生が漁夫に多いことから海産食品との関係が一応疑われる現段階である。海産物の特殊の汚染原因と考えられるものとしては新日窒工場廃水である」（熊本大学医学部研究班1956）

1956年12月には、発見された被害者の数は52人に達した。このような状況の中で、魚を食べることが危険だという認識が、地域社会に急速に広がり、地域の人々は、深刻な不安と恐怖に陥った。
　住民も研究者も、直感的に、チッソ水俣工場が汚染源かもしれないと考えた。当時、チッソの経済的、政治的力はきわめて強大であったから、水俣市は、チッソの「城下町」と呼ぶことさえできた。実際、チッソは、百間港への排水路を通して、膨大な量の工場排水を水俣湾に放出していた。1908年の操業以来、チッソは繰り返し海を汚染してきた。魚の売り上げの急減に直面した水俣漁協は、過去の経験から、原因はチッソ水俣工場と考え、チッソに対して、1957年1月に工場排水を停止するように要求したけれども拒否された。
　1957年の春、伊藤蓮雄水俣保健所長は、**水俣湾**で捕獲された魚を餌にすることによって、猫に水俣病を発症させることに成功した。この実験は水俣湾産の魚介類が有毒化しており水俣病の原因であるということを決定的な形で証明したものである。
　このような明確な証明にもかかわらず、熊本県庁も政府も、水俣湾の漁業を中止させるという効果的な手段を取らなかった。熊本県庁は厚生省に対して、漁獲禁止について問いあわせたが、**厚生省**は、漁民による操業自粛を推奨したのみで、**食品衛生法**の適用による漁獲禁止措置は「魚介類のすべてが有毒化している明らかな根拠が認められない」ことを理由に採用しなかった（厚生省公衆衛生局長1957）。漁民たちは唯一の収入の道を絶たれ、しかも補償の獲得はまったく期待できないという状況の中で、貧困に陥るか、こっそりと汚染魚をとるかという選択肢に追い込まれた。
　1958年6月、厚生省の公衆衛生局環境衛生部長は、参議院の社会労働委員会で、水俣市の化学工場からの排水に含まれるなんらかの重金属が水俣病の原因であろうと、発言した。1958年9月、チッソは、秘密裏に、排水の排出先を百間港から水俣川河口方面に変更した。この変更によって汚染はより広範囲に及ぶようになり、水俣川沿いの地域に、新たな患者を生み出すことになる。
　1959年7月、三年間の研究の後に、熊本大学の医学部研究班は水銀が水俣病の原因の可能性が高いことを公表した。この研究に基づき、1959年11月12日、食品衛生調査会は、厚生大臣に対して、以下のような答申を提出した。

　「水俣病は水俣湾及びその周辺に棲息する魚介類を多量に摂食することに

よっておこる、主として中枢神経系統の障害される中毒疾患であり、その主因をなすものはある種の**有機水銀化合物である**」（食品衛生調査会 1959）

　この報告は、汚染の原因はチッソの工場であることを間接的に、示唆するものであったが、この点について明解な主張を述べるものではなかった。
　この答申は、首相や他の大臣たちが出席した翌日の閣議においても報告され議論の対象になった。しかし、通産大臣は化学産業を保護する立場から発言し、閣議は汚染防止のための新しい政策を何も作ろうとしなかった。同時に、食品衛生調査会内に設けられていた**水俣食中毒特別部会**は、解散させられてしまった。熊本県の海岸地域や水俣湾近辺にとどまらず、不知火海に面した各地域一帯に、パニックと不安が急速に拡がり、水銀汚染を恐れた消費者たちは魚の購入をやめた。打撃をうけた漁民たちは激怒し、汚染反対の運動を必死に組織した。不知火海一帯に住む 2000 人以上の漁民たちが怒りの声をあげ、1959 年 11 月 2 日にチッソ水俣工場に乱入する。この抗議行動に対して、水俣市のあらゆる他の組織は、暴力反対を掲げて、一方的に漁民を批判した。加えて、警察は、住民の中に死者を出すような有毒な排水をチッソが排出しつづけることを放置する一方で、この乱入事件を理由として、翌年 1 月に 50 人以上の漁民を逮捕した。
　水俣病患者家庭互助会は、死者に対して 300 万円の補償金を要求していた。チッソが拒否の回答をしたので、患者たちは、11 月 28 日に、チッソ水俣工場正門前で、抗議の座り込みを開始した。しかし、いかなる支援団体も存在せず、患者たちは完全に孤立していた。
　漁民たちの強力な抗議と、患者たちの要求に対して、チッソとその支持団体は非妥協的に、また巧妙に対応した。病因物質の究明に関しては、熊大研究班によって提出された水銀説に対して、チッソは積極的に反論した。
　熊本県漁業協同組合連合会は、当初は 25 億円の損害賠償をチッソに対して要求していたが、寺本知事を中心とする 5 名の委員からなる水俣病調停委員会が作成した調停案を 12 月 17 日に、受諾せざるを得なかった。この調停案は、漁民は 3500 万円の賠償金をチッソから受け取るが、11 月 2 日の工場乱入事件によってチッソに生じた損害を償うために 1000 万円をチッソに支払うというものだった。この決着によって、直接支払われる賠償金額は、漁民一人あたり約 3500 円にしかならなかった。

そのころ、チッソは水質浄化措置として「**サイクレーター**」の設置を行い、12月24日にはそれを公開し、排水はこれによって浄化されると宣伝した。その後、チッソの排水はサイクレーターによって浄化されていると、広く信じられるようになった。しかし、実際には、サイクレーターには、有機水銀の除去能力は欠如しており、サイクレーターは、見せかけと宣伝だけのものでしかなかった。

1959年の年末、孤立した患者団体は、「**見舞金契約**」を調印するに至った。見舞金契約は水俣病の原因は不明という前提で作成されたものであり、水俣病の原因についてのチッソの責任を認めるものではなく、補償金ではなく少額の見舞金を支払うというだけのものであった。

この契約にしたがい、チッソは、補償金ではなく見舞金を一時金として死者一人当たり30万円、年金を生存している成人患者については各年10万円、子供の患者については、各年3万円を支払うことになった。その上、この見舞金契約は、「第五条　乙［患者側］は将来水俣病が甲［チッソ］の工場排水に起因することが決定した場合においても、新たな補償金の要求は一切行わないものとする」という条項があり（新日本窒素株式会社1959）、患者の将来の権利放棄を強いるものであった。後の1973年の熊本水俣病訴訟において、この条項は「公序良俗に反し無効」とされたのである。

このような不当な決着に加えて、もう一つの重要な問題、すなわち**胎児性水俣病**の問題が当時は完全に無視されていた。胎児性水俣病は、1960年代の初期に、汚染地区の子供たちの中で小児マヒのようにみえた者を注意深く調べることをとおして発見された。その時までは、水俣病の汚染経路は魚介類の摂食を通してであると考えられていた。しかし、これらの子供たちは、母親の子宮の中にいた時に、胎盤を通してメチル水銀に汚染されたのである。彼らは、誕生以前に、そして魚を食べる以前に水俣病とともに、生まれてきたのだった。

2-2. 適切な解決を妨げた諸要因の分析

水俣病事件の初期段階では、環境正義も環境ガバナンスも、完全に欠如していた。では、初期段階の歴史的経験から、私たちは何を学ぶことができるのだろうか。

2-2-1. 効果的な対策の完全な欠如

　水俣病の原因究明に関しては、**病因物質**を発見するまでに三年以上を要した。その間、汚染は拡大を続けた。さらに、魚の有毒化にチッソは責任があると、多くの人々が直感的に考えていたにもかかわらず、また、熊大研究班は1963年2月に、チッソ工場が汚染の原因であるとの論文を公表していたにもかかわらず、政府による汚染源の公式の確認は、1968年9月までなされなかった。

　このような状況は、被害を防止し、被害からの回復を果たす上で、適切な対策をとることを困難化した。後に、一連の水俣病訴訟において、チッソと政府は「当時は**水俣病の原因**は不明であった、それゆえ、法的には自分たちの責任はない」と言いながら、繰り返し自己弁護しようとした。しかし、そのような言い訳は妥当ではない。なぜなら、それぞれの歴史的段階において、チッソや政府は被害を防止するために必要な対策を取るべきであったし、取ることができたはずだからである。

　1957年春に、伊藤水俣保健所長が、水俣湾産の魚で水俣病が発症することを猫実験によって証明した時点で、政府・自治体当局が食品衛生法を適用して、水俣湾産の魚に対する漁獲禁止措置を取っていれば、被害者の拡大は防止できたはずである。魚の有毒化の病因物質が何であるのかが、不明である時点でも、漁獲禁止措置は、法的には可能であった。

　また1958年に政府の幹部職員がチッソ排水中のなんらかの重金属が水俣病の原因であると考えたときには、彼らは、チッソに対して、重金属を含む排水を停止するように命ずるべきであったのである。

　さらに1959年に病因物質は、ある種の**有機水銀化合物**であるとの判断が出た時点で、政府・自治体が、水銀を含む排水の停止を命じていたならば、被害者のさらなる拡大は防止することができたはずである。このような効果的な対策は、有機水銀化合物がどのようにして生成するのかのメカニズムが判明していない時点でも、可能であった。

2-2-2. 科学的研究に対する不適切な条件

　科学的研究に対する貧弱な社会的条件も、病因物質とその生成の由来を解明するための適切で時宜を得た研究活動の妨げになった。この点での困難さは、研究チームの自律性の弱さと、重要な情報の共有が不十分であることという二つの局面を有する。

一般に、研究者チームがどのような研究成果を得られるかは、科学的活動に対する枠組み条件に影響される。この条件は二つある。第 1 は「**研究の前提条件**」であり、その主な契機は、「研究課題の設定」、「研究活動のための諸資源の確保」、「情報入手の可能性」である。第 2 は「**研究成果の使用に関する条件**」であり、それには「研究成果の公表機会」と「研究成果の社会的受容」が契機として含まれる。科学研究活動にとっての適切な枠組み条件とは、科学者の自律性、ならびに、これらの二つの条件についての自由を保証するものでなければならない。だが、枠組み条件の諸要素は、科学者集団と他の関係者との間の社会関係によって深く影響されるのであるから、科学的活動も社会的過程の一つなのである。

　水俣病の場合、熊大研究班は、自律的な研究活動に必要な諸条件を不十分にしか備えていなかった。熊本県庁は、研究班に対して、研究のための資源確保と情報入手回路という点で、十分な支援を提供しなかった。

　そのような貧弱な研究条件ゆえに、情報の共有は限定されたものとなり、有益な知識が断片化してしまった。例えば、熊大研究班は、チッソ工場において使用されている化学反応過程や、使用されている化学物質について、あまり知識がなかった。

　加害者側、すなわち、チッソや通産省や彼らが支援している学者たちは、繰り返し、研究過程に介入しようとしたし、正しい研究結果（有機水銀説）を、社会過程や政治過程において無効にすることに成功した。さらに、行政組織は、重大な局面で、研究の枠組み条件に介入することにより、研究活動を決定的な仕方で操作した。すなわち、政府は、食品衛生調査会の中の水俣食中毒特別部会を、1959 年 11 月に突然、解散させたのであり、このことは、以後の病因物質の速やかな解明を妨げることになった。

2-2-3. 社会過程における悪循環──組織社会学の視点から

　上述のように、行政組織は繰り返し無為無策の傾向を示し、責任感の欠如を示した。組織社会学の視点から見れば、これらの態度は、社会過程における**閉塞**と悪循環のメカニズムを意味しており、それらのメカニズムが、熊本水俣病の初期の四年間における適切な対策の採用を妨げたのである。この**悪循環**の主要な回路は、図 1 の中で二重矢印線で結んだような六段階から成り立つ。この中心的な悪循環は、「マスメディアの報道の少なさ」と「社会的関心の低さ」

から成る副次的な悪循環によって補強されている。言い換えれば、マスメディアの政策議題設定機能もまた、不十分だったのである。実際、全国紙がほとんどこの問題をとりあげなかったこともあって、この事件は、全国的には、ほとんど国民に知られないままにとどまっていた。

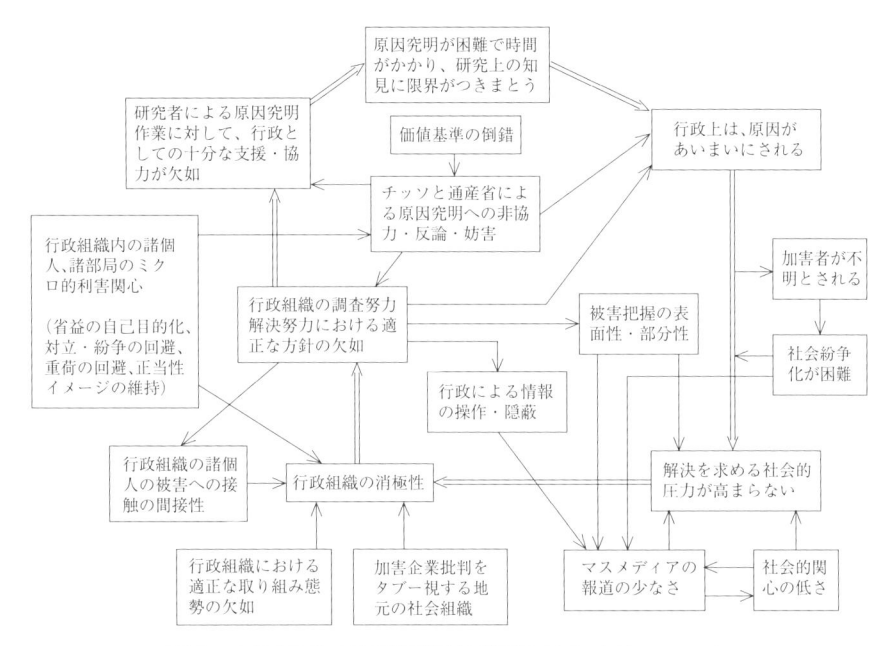

図1　水俣病をめぐる閉塞状況と悪循環（出典：舩橋 2000, p.195)

　組織は多数の個人から合成される複合主体であるが、その行為をより詳細に分析するためには、重要な役割を担当している諸個人の資質と能力について注目しなければならない。水俣病事件を、より詳しく見るならば、重要な選択をすることを求められた際に、感受性や知的洞察力や意思を欠如した多くの主体が見いだされる。

　ここで、「役割効果」と「制度効果」という言葉を使うことによって、一つの理論的視点を導入しよう。「役割効果」とは、ある組織において、特定の役割を担当する個人の認識や評価や決定が、その個人が担当している課題の実行に関しては、組織主体の認識や評価や決定に転換されることを言う。同様に、

「制度効果」とは、一つの制度の中で、ある役割を担当している個人主体の決定が、社会過程で実効性のある、否定できない社会的な現実へと転換されることを言う。これら二つの概念を結合することにより、我々は、「**役割・制度効果**」という言葉を提出することができる。この言葉は、一つの制度に属する一つの組織の中で、ある役割遂行を通して、一個人が生み出すことのできる巨大な効果を指すものである。

水俣病事件の歴史の中では、「**不作為の役割・制度効果**」を通して、政府組織全体がマヒしてしまうという事態が繰り返し見いだされる。例えば、1957年の夏に、水俣湾における漁獲禁止措置が有力な選択肢として立ち現れた時に、厚生省の公衆衛生局長は、単なる漁獲自粛を推奨しただけであり、それが政府全体のマヒを生みだした。もう一つの例は、寺本熊本県知事の「不作為の役割・制度効果」であった。寺本知事は、水俣病の汚染源はチッソであることを信じていた（寺本1976）。しかし、彼は汚染源と考えられていた工場排水の放出を停止するように、チッソに要求することはせず、熊本県庁は無為無策にとどまった。

3. ………**新潟水俣病の発生と反公害運動の高揚**

1965年6月の**新潟水俣病**の顕在化は、日本社会に衝撃を与えた。新潟大学の医師が阿賀野川沿いに水俣病患者が存在していることを公表したとき、第2の水俣病に対する日本社会の反応は熊本県における第1の水俣病の場合とは、いくつかの点で異なるものであった。

第1に、1960年代半ばには多数の環境破壊が生起していたので、マスメディアは、公害問題に対してより敏感であった。新潟県における水俣病患者の発見は、主要な全国紙の第一面のトップニュースとして直ちに報道された。ジャーナリストは精力的に第2の水俣病を報道した。

第2に、水銀中毒についての科学的知見が熊本水俣病の研究を通して蓄積され、利用可能であった。第2の水俣病の発生の直後から、研究者と新潟県庁は、有機水銀の発生源として数カ所を疑い、そして、病因物質の発生源として、**昭和電工の鹿瀬工場**を速やかに突き止めることができた。

第3に、新潟県には、労働組合や医療生協や左翼政党といった、社会運動を担いうる比較的強力な集団が存在していた。したがって、阿賀野川の下流における水俣病の発生の直後に、これらの集団の連携によって、強力な被害者支援

団体として、「新潟県民主団体水俣病対策会議」（略称、民水対）を組織することが可能であった。民水対は、効果的な公害反対運動を展開することに成功した。

　第4に、新潟県庁の政策は熊本での対処よりも適切であり、新潟県庁はこの問題を解決するために、より真剣で効果的な努力を展開した。そのような態度があったため、熊本県庁とは異なって、新潟県庁は、新潟水俣病の第一次訴訟（1967年提訴）においても第二次訴訟（1982年提訴）においても被告となることはなかった。

　加害者として疑われた企業と通産省は、熊本水俣病における態度と同様の防衛的態度をとったけれども、これらの諸要因のおかげで、全体としての日本社会は、第2の水俣病に対して、異なる対応を取ることができた。1967年6月、三家族に属する13人の被害者が、昭和電工に対する損害賠償を要求して新潟地方裁判所に提訴した。この**新潟水俣病第一次訴訟**は、被害者運動の新たな段階の始まりを示すものであり、熊本県を含む多くの他の地方における公害反対運動を触発するものであった。

　1968年1月、新潟水俣病の被害者団体の代表グループが、初めて水俣市を訪問し、**水俣病患者家庭互助会**に属する熊本県の被害者たちと交流の機会を持った。この訪問をきっかけとして、熊本県における被害者運動は再び活発化し、市民たちの支援団体として「**水俣病対策市民会議**」が、初めて水俣市に結成された。被害者と水俣病対策市民会議を支援するために、熊本県全体からの支援者を集める形で、もう一つの運動団体「**水俣病を告発する会**」が結成され、その参加者は急速に日本全国に拡大した。

　その当時、チッソの中には、1960年代の深刻な労使紛争を経て、二つの労働組合が存在し、そのうちの第1組合は、会社側と対立していた。第1組合は、「何もしてこなかったことを恥とし、水俣病と闘う」ことを決議し被害者への支援を開始した（1968年8月）。

　1968年9月、公害反対運動の高揚に押される形で、政府は、熊本水俣病の原因はチッソにあること、新潟水俣病については、昭和電工から排出されたメチル水銀化合物が水俣病に「大きく関与して基盤となっている」とする報告を公表した。政府によれば、当時の熊本県の被害者数は111人であり、そのうち、42人が死亡していた。他方、新潟では、被害者は30人であり、5人が死亡していた。

　1969年6月14日、熊本水俣病の被害者112人が、数多くの困難に抗して、

チッソに対して損害賠償を求めて、提訴した（熊本水俣病第一次訴訟）。

1971年9月、新潟地裁は、昭和電工に新潟水俣病の責任があると判決し、被害者に対する損害賠償を命じた。また、1973年3月、熊本地裁は、第1の水俣病に関してチッソに加害責任があるとして、被害者への損害賠償を命ずるとともに、1959年の見舞金契約は無効という判決を下した。

1973年3月の熊本水俣病訴訟判決の後、長期の困難な交渉を経て、新潟では同年6月21日に、熊本では7月9日に、被害者と加害企業のあいだに、「**補償協定**」が結ばれる。これらの補償協定によれば、加害企業は、認定審査委員会によって患者と認定された被害者に、損害賠償の一時金と生活費のための年金、医療費を支払うこととなった[1]。

4. ………環境正義を回復した重要な要因は何であったか

4-1．1970年代初頭における肯定的成果

1960年代の後半から1970年代にかけて、環境正義の顕著な回復が見られた。原因の解明（表1のA1、A2）に関しては、水俣病の病因物質も、加害企業もこの段階で特定化された。それによって、被害の補償も部分的に達成された。二つの水俣病訴訟の原告たちは加害企業より賠償金を獲得するとともに、謝罪を表明させた（C1、C2）。

水俣病のみならず、他の多くの環境破壊問題をきっかけとして、1970年代初頭には、一連の公害関連諸法が制定されるとともに、**環境庁**が政府組織の一つとして設立される（D1）。これらの諸法と環境庁によって、理論的には、同様の環境破壊は、将来は防げるはずである。加えて、さまざまな主体が、水俣病の教訓を明らかにし、それを伝える取り組みを始めた（D2）。

環境ガバナンスについてのこのような改善は、どのような諸要因によって促進されたのであろうか。

4-2．環境ガバナンスの促進要因

4-2-1．強力な公害反対運動の組織化と成功

第1に、被害者の権利の回復と環境正義の実現に際しては、被害者運動が決

---

[1] 一時金は熊本県では1800万、1700万、1600万円の三ランク、新潟県では、死者あるいは重症者に対しては1500万円、他の患者には1000万円とされた。また、チッソは、熊本の被害者一人あたり、毎月6万、3万、2万の生活費を支払うこと、昭和電工は新潟の被害者に年間50万円の年金を支払うこととなった。

定的な役割を果たした。新潟における第2の水俣病の発生以後、**公害反対運動**は、強力なネットワークの形成に成功し、そこには、被害者団体、支援の市民団体、労働組合、協力的な専門家、ボランティア精神を有する弁護士、ジャーナリストなどが加わっていた。

1960年代の後半を通して、数多くの公害反対運動が日本社会に登場した。その根拠は、高度経済成長を通して、先進諸国の中でも、日本がもっとも激甚な公害を生んだことにある。それらの諸運動の間での相互協力と、提訴というような適切な戦略の採用によって、公害反対運動の力は強化され、政府や産業界に対して、繰り返し政策変更に向けたインパクトを与えたのである。

4-2-2. 被害者を支援する社会的雰囲気と世論

第2に、**社会的雰囲気**と**世論**が被害者を支持する方向へと変化したことに注目する必要がある。公害反対運動は環境破壊に対する世論の関心を喚起した。さらに、1960年代には、数多くのジャーナリストが、日本全国にわたる環境問題の重要性に気づくようになった。彼らは、被害者への共感を表明しながら、メディアにおいて公害反対のキャンペーンを繰り広げた。

加えて、さまざまな全国規模のメディアによって、また芸術的作品というかたちで、被害者たちの生活のありようが頻繁に、紹介された。水俣病に関しては、1969年に公刊された石牟礼道子の『苦海浄土』（石牟礼1969）が、被害者たちの生活の姿を雄弁に描いた。演劇俳優の砂田明は、被害者に触発されて、水俣病についての一人芝居を上演し続けた。桑原史成は被害者の写真を多数撮影し（桑原1962）、土本典明は一連のドキュメンタリーフィルムを作成した。これらのすべての活動は、被害者とその家族と地域社会に直接に接することを通してうまれた深い感動によって、裏付けられていた。そして、ひるがえって、これらの作品は公害についての世論を変化させるのに多大な貢献を果たしたのである。

4-2-3. 法廷での判決

第3に、**環境正義**の回復という点で、法廷はきわめて重要である。水俣病においては、加害企業に対する道徳的、政治的勝利を被害者運動にもたらしたのは、二つの地方裁判所の判決であった。実際、**四大公害訴訟**[2]は日本の裁判制度にとって、新しい歴史的段階の始まりを意味する画期的なものであった。こ

れらの訴訟の判決に直面して、頑迷で利己的な産業界の指導者たちや、経済的利益優先の政治家たちや通産省は、彼らの方針を転換し、有効な公害対策を採用せざるをえなくなった。実際、公害防止投資は1970年代初頭に急速に増加した。

5. ………1970年代初頭の解決策の限界と、未解決の諸問題

　以上に見たように、二つの水俣病第一次訴訟判決と、1973年の二つの補償協定は、被害者の権利回復という点で大きな前進を実現したが、すべての問題が解決されたわけではなく、未解決の問題がいくつも残されていた。

　第1に、汚染と被害を防止するための有効な対策が欠如していたことを、指摘しなければならない。1965年の1月まで、昭和電工は熊本水俣病を引き起こしたのと同様のアセトアルデヒド製造工程の操業を継続していたし、チッソは、1968年5月まで、その工程の操業を続けていた。政府はこれら二企業に、その工程の操業を停止するようにと命じたことは一度もなかった。二つの企業がこれらの工程の操業を停止したのは、旧式の製法を新式の技術に取り替えるためであって、汚染の防止のためではなかった。結果として、（表1のBに示すような）被害の防止に関しては、1960年代を通して効果的な政策が欠如していた。

　二つの水俣病訴訟の原告たちは勝利を得たけれども、多くの問題が未解決である一方で、新しい問題も現れるようになった。その状況を分析するために、本章では、「派生的被害」と「派生的加害」という言葉を導入しよう。第1の未解決の問題とは、派生的な被害も派生的な加害も存在し続けたことである。派生的被害とは、健康被害のような直接的被害と対比されるように、貧困や家族内部の不和の問題や孤立や差別のような、健康被害から派生する被害のことである。そのような被害は、社会的相互作用を通して派生するかたちで、患者にふりかかってくる。それに対応するのは、「派生的加害」の概念である。派生的加害とは、社会的相互作用を通して派生的被害を生み出すような他の主体の行為や態度のことである。要するに、被害者にとっての苦痛は、社会関係を通して、増幅しうるのである。水俣病事件のはじめの頃より、患者はさまざまな派生的被害を被ってきた。典型的な派生的被害としては、魚の販売の減少や健

2　二つの水俣病訴訟、および、イタイイタイ病訴訟（1968年提訴）と四日市公害訴訟（1967年提訴）とをあわせて四大公害訴訟と言う。

康の喪失や技能の喪失による貧困があり、また、患者家族に対する結婚の拒否や、地域社会における排除や差別がある。「水俣病は伝染する」という偏見の拡がりは、患者の孤立と患者に対する差別を助長した。患者たちが法廷で勝利した後でさえも、これらの派生的被害は、必ずしも消失しなかった。

第2の未解決な問題は、補償がごく一部の被害者しかカバーしていないという問題である。なぜなら、多くの被害者が、1973年の時点では、潜在化したままであったからである。派生的被害を回避したり最小にしたりするために、多くの被害者は、彼らの水俣病を隠し、あたかも水俣病とは無関係であるかのごとくふるまった。限られた人数の被害者のみが、水俣病であることを敢えて明らかにして、認定を申請した。

第3に、1973年の「補償協定」のあと、熊本水俣病についても新潟水俣病についても、「未認定患者問題」が深刻化した。未認定患者問題とは、患者本人から見れば、明確な水俣病症状があるのに、政府と各県の設置した「認定審査委員会」においては、認定申請を棄却され[3]、それゆえ、補償協定の適用を一切受けられず、放置される立場の被害者が大量に生まれたことである。二つの水俣病の未認定患者たちは、認定を求め、また、政府や熊本県庁の国家賠償法上の責任を問う形で、新たな訴訟を次々と提起した[4]。この未認定患者による要求提出は、「追加的加害」「追加的被害」とも言うべき社会過程を浮かび上がらせた。ここで、「追加的加害」とは、被害者の正当な権利回復要求を、正当な根拠なく拒絶することによって、被害者に新たな苦痛を加えることである。後に、裁判所によって水俣病患者と認められる人々を、認定審査会が、水俣病患者としては認めず、長期にわたる無権利状態に追い込んだことは追加的加害という特徴を有する社会過程である。また、その過程において、未認定患者は「追加的被害」というべき苦痛を被り続けた。

その後、長期の裁判闘争と交渉を経て、各地のほとんどの未認定患者団体は二つの加害企業との間で、1995～96年にかけて、あらたな「解決協定」を結び、訴訟を取り下げて和解した。だが、この解決協定に、唯一加わらなかった熊本水俣病の関西訴訟のグループの訴訟は継続し、ついに、2004年10月15日に最高裁での判決がなされ、この訴訟グループの大半の原告を患者として認める

---

[3] 1986年までの合計で見ると、熊本水俣病については、認定患者1672名に対して、認定を棄却された者が4999名、新潟水俣病については、認定患者690名に対して、認定棄却者は1298名に達した。
[4] 未認定患者による訴訟は、新潟水俣病第二次訴訟（1982年提訴）、熊本水俣病の第二次訴訟（1973年）、第三次訴訟（1980年提訴）、関西訴訟（1982年提訴）、東京訴訟（1984年提訴）などの形で続いた。

とともに、政府と熊本県に**国家賠償法上の責任**があることが最終的に確定した[5]。

6. ………環境ガバナンスについての教訓

　水俣病のような環境問題を適切に解決するためには、原因の究明、被害の防止、被害からの回復と補償、教訓の明確化という四つの課題が果たされなければならない（表1参照）。水俣病の歴史的経験を反省するのであれば、これら四つの課題の達成のための環境ガバナンスに関する教訓を次のようにまとめることができる。

6-1. 実効的で公正な司法システム

　水俣病事件において、日本の**司法システム**が繰り返し決定的な役割を果たし、環境ガバナンスの回復に貢献したことは明かである。二つの企業と政府と熊本県庁が水俣病の発生と拡大に責任があるということを最終的に決着づけ、患者陣営に道徳的勝利と政治的勝利をもたらしたのは、法廷での判決である。

　しかし、法廷の働きも、欠陥や限界を免れるものではない。第1に、司法システムの作動は実定法に深く制約されているが、実定法は新しい社会問題に対して不十分な対処しかできないこともしばしばである。次に、司法システムの固有の限界は、被害者たちが提訴しない限り、その可能性は潜在化したままだという点にある。そして提訴するということは、被害者にとってたやすくない。なぜなら、訴訟の準備のためには、強力な被害者団体と、弁護士や科学者たちをも包摂するような支援団体が存在しなければならないからである。他の限界は、法廷での判決がカバーするのは、表1に示したような四つの課題の一部分にとどまることである。法廷での判決は、他の諸課題を他の諸主体に委ねたままなされるのであり、また、被害者が公正な解決と考えるところのものとは必ずしも一致しないのである。これまでの日本の公害訴訟のもう一つの重要な欠陥は、決定までにあまりにも長い時間がかかることである。

　したがって、一つの社会の中での司法システムの実質的な働きは、他の社会的要因によって規定されるのである。すなわちそれは、公共圏、および、環境問題に関わる個人の資質である。

---

[5] 未認定患者問題を中心にした1973年以降の経過は、複雑多岐にわたり、本章では詳細な説明には立ち入れないが、例えば、飯島・舩橋（2006）を参照。

6-2. 民主主義の一般的基盤としての公共圏

ハーバーマスの研究に示唆を得て公共圏の定義を与えるならば、公共圏とは、対等性、批判的精神、開放性、継続性という特徴を有する「公論形成の場」の総体である（ハーバーマス 1994）。なぜ、公共圏は社会問題にとって重要なのだろうか。一般的に言えば、公共圏は、民主主義の普遍的な基礎であるからである。より狭い文脈では、それは、環境問題に対する適正な解決の基盤であるからである。公共圏での討論を通して、社会的決定は、本当に人々の意見と意思とを反映したものになりうる。成熟した公共圏は、より普遍的妥当性を有するような知識や価値判断や意思決定に、我々が接近することを可能にする。対照的に、公共圏が欠如していたり、貧弱であったりするならば、社会問題に対して、適正でない決着を傾向的に生み出すであろう。

6-3. 一般的条件としての個人の資質

あらゆる社会の環境ガバナンスは、究極的には、個人主体の資質に基盤を置いている。なぜなら、個人の資質は、どの社会制度の作動や公共圏の作動に対しても、深い影響を与えるからである。水俣病の経験は、環境問題の解決にとって、諸個人の資質が重要なことを示している。適正な解決をもたらすための重要な資質として、ここでは、環境価値に対する感受性、正義の感覚、知的洞察力、調査能力、および、不屈の意志といったものを挙げておきたい。水俣病の歴史において、重大な失敗が起きたときはいつでも、政策決定過程において重要な役割を担当している個人が、これらの資質を完全に欠いていたのである。

明らかに、公共圏と諸個人の資質とは深い相互関係がある。この相互関係は、倫理に根差した行為様式という意味での「**エートス**」概念を使用することによって説明されうる。公共圏を構築し、維持するためには、その参加者は一定のエートスを持たなければならない。

6-4. 公害反対運動組織

環境ガバナンスにとってのもう一つの重要な条件は、環境運動の組織のあり方である。

水俣病事件の教訓は、被害者にとって、被害者運動と支援ネットワークがいかに大切であるのかということを明確に示している。裁判所の判決のための段階を設定し、環境正義の回復に貢献したのは、公害反対運動であった。直接的

な被害に対する闘いにおいてのみならず、派生的・追加的な被害に対する闘いにおいても、公害反対運動は、被害者にとって、不可欠である。

◆討議・研究のための問題◆
1. 熊本水俣病をめぐる漁民の運動がピークに達した1959年11月と、新潟水俣病が初めて報道された1965年6月の新聞各紙の報道の仕方を比較してみよう。どういう相違があるだろうか。
2. 1971〜73年ごろの法律関係の雑誌から、四大公害訴訟のいずれかの判決を探しだし、その全文を読んでみよう。
3. なんらかの公害問題に際して「汚染源はこの主体であると疑われるが、因果関係がまだ完全に証明されていないから、対策はとれない」という意見がだされた場合、あなたはどのように考えるか。これに関連して、「予防原則」(precautionary principle) の意味を調べてみよう。
4. 水俣病事件の教訓として、どういうことが重要と考えられるか。

【文献】

*下記のうち、「資料集Ⅱ」の表示があるものは、水俣病研究会編，1996，『水俣病事件資料集　上巻・下巻』葦書房，に収録されている．Ⅱは，同書の編の番号を、ハイフンの後の数字は資料番号を示す．

飯島伸子・舩橋晴俊，2006，『新版　新潟水俣病問題―加害と被害の社会学』東信堂．
石牟礼道子，1969，『苦海浄土―わが水俣病』講談社．
宇井純，1968，『公害の政治学―水俣病を追って』三省堂．
熊本大学医学部研究班，1956，「水俣地方に発生せる原因不明の中枢神経系疾患に関する中間報告」(資料集Ⅱ-364)．
桑原史成，1962，『水俣病』(写真集) 三一書房．
厚生省公衆衛生局長，1957，「水俣地方に発生した原因不明の中枢神経系疾患にともなう行政措置について」(資料集Ⅱ-315)．
食品衛生調査会，1959，「食品衛生調査会の答申」(資料集Ⅱ-330)．
新日本窒素株式会社，1959，「契約書」(資料集Ⅱ-104)．
寺本広作，1976，『ある官僚の生涯』[非売品]．
ハーバーマス，J. (細谷貞雄・山田正行訳)，1994，『[第2版] 公共性の構造転換―市民社会の一カテゴリーについての探究』未来社．
原田正純，1972，『水俣病』岩波書店．
舩橋晴俊，2000，「熊本水俣病の発生拡大過程における行政組織の無責任性のメカニズム」相関社会科学有志編『ヴェーバー・デュルケム・日本社会―社会学の古典と現代』ハーベスト社，pp.129-211．
舩橋晴俊，2010，『組織の在立構造論と両義性論―社会学理論の重層的探究』東信堂．

column
基地公害

朝井志歩

　在日米軍基地に起因する基地公害は、住民の生活環境に影響を与えている。基地公害の代表的なものは、米軍機による騒音である。現在、普天間、嘉手納（以上、沖縄）、岩国（山口）、厚木（神奈川）、横田（東京）、三沢（青森）の6カ所の米軍飛行場で飛行訓練が行われ、その最高音は120dBに達し、ビルの工事現場と同じくらいの値である。深刻な騒音の改善を求めた基地周辺の住民によって、1976年以降、各地で基地騒音訴訟が行われている。これまでの判決では、騒音の違法性が指摘され、被告である日本政府に対して過去分の損害賠償が命じられ、原告側が勝訴している。だが、日中に一定音量以上の騒音を出してはならないなどの飛行差し止め請求は一度も認められず、原告が求めた騒音状況は改善されていない。

　住宅密集地域の上空での低空飛行訓練は、騒音のみならず、墜落、緊急着陸、部品落下などの事故の危険性が常にある。2004年8月の沖縄国際大学に米軍ヘリコプターが墜落した事故は、住民に大きな不安と恐怖を与えた。

　重金属や化学物質による土壌や水質の汚染も深刻である。返還された恩納通信所（沖縄）では汚水処理槽の汚泥から、高濃度のPCB、水銀、カドミウム、鉛などの検出が1996年に判明した。また、横須賀基地（神奈川）の海底の泥岩層から水銀、砒素、鉛などの有毒物質の検出が、1998年9月に明るみになった。発覚しただけでも、こうした事件は多数生じており、2000年6月30日のアメリカ側から外務省への通報によると、在日米軍基地全体で440トンのPCB廃棄物が保管されているという。ジェット燃料の流出による油汚染も生じており、嘉手納基地では2007年5月に4日間に渡ってジェット燃料が流れ続け、土壌を汚染する事故が発生した。また、鳥島射爆場（沖縄）では95年から96年にかけて実施された劣化ウラン弾の実射訓練による放射能汚染が生じた。横須賀基地や佐世保基地（長崎）、ホワイトビーチ（沖縄）では、原子力潜水艦や原子力空母の寄港によって放射性物質が検出されている。

　さらに、軍事演習や基地建設による自然環境の破壊も生じている。沖縄本島中北部では米軍基地からの赤土の流出によって河川が汚濁し、サンゴや漁業へ影響を与える赤土問題や、実弾射撃演習による山林の破壊・山火事が起きている。米軍再編で示された辺野古への普天間基地移設案によって、ジュゴンや珊瑚礁など生態系に与える影響が懸念されている。

　これらの基地公害の防止の壁になっているのは、日米安保条約第6条に基づく日米地位協定において、基地を返還する際の原状回復義務や補償義務が米軍側に免除されていることや、米軍の活動に日本の国内法が適用除外となっている点、「日本環境管理基準」や「飛行協定」などに日本側が米軍の行為を処罰したり、情報公開を義務付ける厳格な措置が盛り込まれていないという、制度的な要因である。

【参考文献】
朝井志歩, 2009, 『基地騒音—厚木基地騒音問題の解決策と環境的公正』法政大学出版局.
林公則, 2008, 「在日米軍再編と沖縄の軍事環境問題」, 『環境と公害』37(3), pp.49-55.

column
普天間基地移設問題

熊本博之

　2010年1月24日午後8時。沖縄県名護市の東海岸沿いにある辺野古集落に置かれた、稲嶺進名護市長候補の久辺三区合同事務所に歓声が響き渡った。返還が予定されている普天間基地の代替施設の受け入れに反対することを公約に掲げていた稲嶺進氏の当選確実の報が流れたのだ。反対派の住民にとっては、97年の名護市民投票以来の勝利であった。

　前年におこった政権交代により、普天間基地の県外、国外への移設に対する期待が高まっているなか実施された名護市長選挙は、全国的な注目を集めていた。その選挙で受け入れに反対する市長が当選したことで、辺野古に普天間を移設することはもはやできないだろうと、多くの人たちは感じていた。しかし民主党政権は紆余曲折の末、同年5月28日、自公政権時代に日米間で合意していた従来の案とほぼ同じ案が記されている日米共同声明を発表した。問題はまた振り出しに戻ってしまったのである。

　実は、この共同声明が発表される一週間前の5月21日、辺野古住民の代表10数名によって構成される区の最高意思決定機関、辺野古行政委員会は、従来案に対してなされた環境アセスメントの範囲内で可能な案であれば条件付きで容認するとの決議を出している。自らの生活環境を悪化させる普天間代替施設の受け入れを、なぜ行政委員会は容認したのか。その背景にあるのは、かつて辺野古が受け入れた米海兵隊基地、キャンプ・シュワブ（2062.6 ha）の存在である。

　シュワブが辺野古に建設されたのは1959年のことである。沖縄ではこの時期、「銃剣とブルドーザー」による強制的な土地の接収と基地建設が進められていた。これに対して沖縄の人びとは「島ぐるみ」で抵抗運動を続けていた。しかし、基地建設のために接収されようとしている山林からとれる薪のほかにこれといった収入源を持っていなかった辺野古は、補償もなしに山林を奪われてしまっては今後の生活がなりたたないとの判断から、電気や水道などのインフラの整備や、建設される基地における地元住民の雇用などの条件をつけた上で、やむを得ず受け入れたのである。

　こうして建設されたシュワブとともに、辺野古住民は生活してきた。そしてこの50年の間に、シュワブは辺野古の社会構造のなかに深く入り込んだのである。特に大きいのがシュワブに提供している土地に対して支払われる軍用地料の存在で、毎年1億円を越える地代が辺野古にもたらされている。このような地域であるからこそ、辺野古の人びとは基地への反対を貫くことが難しいのである。

　ここに見られるのは、日本の周辺部である沖縄の、さらに周辺部にあるがゆえに、軍事基地という地域の環境に大きな負荷を与える施設を拒絶することができなかった辺野古において、基地がその社会構造の中に深く組み込まれてしまったために、新たな基地負担についても拒絶できず、受け入れを容認せざるを得なくなっているという「不正義の連鎖」である。この連鎖を断ち切らない限り、沖縄の基地問題が解決を見ることはない。

第3章
労災・職業病と公害

●堀畑まなみ

1. ‥‥‥‥はじめに

今日、**労災・職業病**といえば、過労死やうつ病、ストレスに起因する病気といったことが主要なトピックとなっているが、高度経済成長期には、労災による死者数は6000人台と多く、大きな社会問題となっていた。その後、有害労働環境の改善が課題となり、改善は進んだが、現在でも業務中に機械に巻き込まれる、高温・低温、高圧、悪臭、粉じんのある作業環境で働かざるを得ない、有害物質を使用するなど、製造業や建設業、陸上貨物運送業などで多く、毎年の死亡者は1000人を超えており、中には職業に起因するがんやじん肺に罹患する労働者もいる[1]。

働く者の立場は、人権意識は向上したといっても今日のように雇用形態が多様化し、正社員での労働を望んでも不本意ながら派遣や契約、請負といった形態で仕事に従事する者も多くなり、正社員よりも低賃金であったり、不安定な雇用形態であったりするより弱い状況に置かれるようになってきている[2]。

労災・職業病には、労働者という立場上、被害を訴えにくいという特徴がある。また、危険な職場で働くかわりに高賃金を得ることは、古くは鉱山労働、現在でもとび職など建築業の現場であるため、作業環境を問題であると認識されることが少ないという特徴がある。

過去に公害問題として大きな社会問題となった事例のほとんどは、劣悪な労働環境の問題も併発し（飯島1993, p.40）、先に労働者に労災・職業病として

---

[1] 2009年度の労災死亡者数は1075人。製造業で186人、建設業で371人、陸上貨物運送で122人であった。景気動向に左右される傾向があるため、2008年度（全体で1268人。製造業で260人、建設業で430人、陸上貨物運送業で148人）よりも減少傾向であった。中央労働災害防止協会HP（http://www.jaish.gr.jp/information/h21_kaku/h21_fa00.html））より。2010年8月21日参照。
[2] 2004年の製造業への労働者派遣解禁以降、偽装請負問題が大手製造業の工場で次々と発覚した。偽装請負の現場では、重大な労災事故や労災隠しが横行し、首を切るのも容易であること等が問題となって、製造業への労働者派遣は再び禁止となった。

影響が発生してから、周辺住民に被害が拡大することは少なくない[3]。労災から公害へ、公害から消費者災害へと被害範域が拡大していく様子について、飯島は、『公害は工場敷地内で発生していた労働災害が工場の敷地外にまで溢れ出て住民に被害を与えたものであるし、消費者災害は、労働災害や公害の多発がくいとめられなかった必然的な結果として消費物資の有害・有毒化が進み、全国を範域として被害が発生するに至った事態である。工場という〈点〉を中心にして地域という〈小円〉へ、そしてやがては全国という〈大円〉へと被害範域が広がるごとに労災が公害へ、そして公害が消費者災害へと転化しているのである』と指摘している（飯島1993, p.78）。

この章では、労災・職業病から公害に広がった事例として、**アスベスト問題**を扱う[4]。**アスベスト**を扱っていた職場では、大量の粉じんが舞っていたが、アスベストは、わずかに吸引しただけでも病気になるリスクが高く、直接扱ったことがない人にも、工場から漏れ出たり、加工された製品から飛散したりしたアスベストによって被害が発生している[5]。

2005年6月、**クボタ・ショック**といわれる**クボタの尼崎旧神崎工場**周辺の住民に大きな被害が発生している問題が報道され、その後わずか10カ月で**石綿健康被害救済法**（以下、**石綿新法**と表記）が制定・施行されたことから、対応済みと判断されたのかマスコミでは取り上げる頻度が急に減った。しかし、アスベスト関連疾患に罹患する患者は増加の一途を辿っている。危険が認識され、史上最悪の**産業災害**と言われているにもかかわらず、現在でも、アスベストは使用され、世界中で多くの被害者を発生させている[6]。日本でも被害認識から50年もの間、危険が放置され、現在も多くの被害者を発生させている。

2. ………アスベスト問題

2-1. アスベスト問題の特徴

アスベストは2004年10月に日本でようやく禁止となったが、それまで、あ

---

[3] 例えば、日本化学工業株式会社のクロム労災事件がある。クロム製造工場の労働者はほとんど例外なく鼻中隔に穴があき、長年勤務した労働者の多くはがんで死亡している。労働環境に充満していたクロム粉や硫酸は工場内にとどまることなく周辺住民に呼吸器症状や皮膚の異常といった健康障害等の影響を与えた（飯島1993, pp.40-41）。
[4] 文中の表記ではアスベストを石綿と言い換える時があるが、同じ意味である。
[5] 職場のオープンから飛散したアスベストが原因で死亡した元パン職人の労災が認められたり（2006年4月8日朝日新聞）、体育館天井から飛散したアスベストが原因で中皮腫になり死亡した教員の労災が認められたりしている（朝日2010年4月22日）。
[6] アスベスト問題を1980年代から訴えている宮本は史上最大の産業災害と表現し、アスベスト問題を、**複合型ストック公害**、場合によっては**複合型ストック災害**とも表現している（宮本2006）。

らゆる工業製品の素材の一部や医薬品や食品の製造過程で利用されてきた[7]。アスベストは魔法の物質といわれる鉱物繊維である。ギリシャ・ローマ時代にアスベスト採掘現場で働く人や繊維を紡ぐ人に肺疾患が多発していた記録がある（広瀬2005, p.11）。髪の毛の5000分の1の微細なアスベスト繊維は中皮腫や肺がん、石綿肺、胸膜肥厚など呼吸器系に深刻な病気を発生させ、発症した病気はそれぞれ治りにくく死亡率が高いという特徴を持つ。アスベストの危険性については戦前から指摘されており、日本では1960年にはじん肺法で規制されたが、1972年にはILOとWHOが石綿のがん原性を認め、1986年にはILOが石綿禁止条約を採択し、世界的に全面禁止の措置が取られても危険性を周知したり、規制したりすることは全くせず、2004年になってようやく全面禁止とし、石綿禁止条約の批准は2006年3月と20年も遅れての採択となった。なお、現在でもロシアや中国等では大量に使用されている。

　2005年6月、尼崎市のクボタ旧神崎工場で多数の労働者や周辺住民までもが中皮腫や肺がんで死亡していることが報道された。それまでアスベスト疾患は労災として受け止められていた。アスベストを職場で扱っていない人には全く関係がないと思われていた病気が、職歴がない一般住民に広がっているという恐怖を伝えたのである。このことはクボタ・ショックと言われ、大きな反響を呼んだ。その後、相次いでアスベストを扱っていた工場での労災や周辺住民の被害が連日といっていいほど報道され、2006年2月には石綿新法が制定され、被害救済の道が開かれた[8]。

　1980年代後半から、アスベスト疾患をめぐる訴訟や労災認定がされ始めたが、クボタ・ショック以降のこの5年間、アスベスト問題が周知されるようになってから、アスベスト労災を請求した人は連続して1000人を超え、認定された人も4年間連続で1000人を超えている[9]。1970～90年にかけて大量に使用されたアスベストが原因である。労災だけでも被害者の数は相当であるが、職歴のない人にまでアスベスト被害は広がっている。

7　全面禁止になった現在でも、使用や譲渡、製品の輸入等が発覚しているため、厚生労働省は通達（2010年2月12日安基発0212第1号）を出している。
8　石綿健康被害救済法は労災補償の対象にならない工場周辺住民や死後5年の時効で労災申請できなかった人たちを救済することを目的に、アスベスト由来の肺がんと中皮腫のみを対象として2006年3月に施行された。2008年には労災時効を一時撤廃（2012年まで）、2010年7月からは対象疾病に石綿肺とびまん性胸膜肥厚を含めた。
9　2010年6月30日毎日新聞より。

2-2. アスベストの被害

　アスベストの被害は、普遍的である。宮本は、この問題を複合型ストック公害と定義し、被害の全体像、原因、責任、救済などの対策が従来の社会問題に比べて単純ではなく、総資本や政府の責任が問われ、個別救済はもとより総合的な救済、原因究明が求められるという（宮本2009）。原因事業場数が桁外れに多く、あらゆる業種（製造業、建築業、芸能・小売・修理・解体・廃棄物処理といったサービス業）が含まれ、労災、公害、商品害、廃棄物公害など生産・流通・消費・廃棄の全経済過程に渡り、被害者は全都道府県に存在し、企業や商品の進出のように災害輸出となって、韓国やインドネシアなどアジアにも被害がでている（宮本2009）。

　飯島の指摘の通り、被害の拡大は点から小円、小円から大円にとなっていっており、さらに日本全国の範域を超え、アジアにまでさらに広がっていることになる。

　アスベストは、鉱山で採掘する者（原料採掘）、それを運ぶ者（流通）、加工する者（製造）、使用する者、廃棄・解体する者すべてに被害を受けるリスクがある。原料を輸入に依存してきた日本では、港湾労働に代表されるような積み出し・運搬する流通過程での労災（例えば、かぎ針で扱い、袋が破れアスベストがこぼれることも常態であった）、製造過程での労災（例えば、紡織業では繊維を紡ぐため直接扱っていた。造船業では配管などに巻く断熱材や溶接の火を避けるために大量に使用していた）、使用過程での労災（例えば、自動車・列車のブレーキ修理や吹付け石綿の吸引によるものがある）、廃棄・解体過程での労災（例えば、アスベスト除去作業での労災や、廃棄物として処理・処分する）があり、扱っていた全ての場所で、細かい繊維が飛散し周辺を汚染して公害を発生させる可能性がある[10]。厚生労働省は石綿労災が発生した事業場を公開しているが、造船業が突出して多くなっている。一般的に労災や職業病は、下請けや孫請け、日雇いとして従事する労働者に集中する。勤め先が零細で安定せず、職場改善に経費をかけられないことが多いため労災は発生しやすい。職を求めて職場を変えることが多く、どの職場で職業病に罹患したのか証明が難しくなる。アスベスト労災も同様で、被害者を多く出している造船業では企業独自の補償制度を設けている企業もあるが、下請け労働者は対象外と

10　日本にもアスベスト鉱山はあるが、良質なアスベストを求めて輸入を大量にしていた。採掘場周辺の汚染もあり、例えば熊本県松橋町では住民肺がん健診が行われ、110人に胸膜病変が見つかっている（1989年11月4日朝日新聞）。

されている[11]。

　アスベストは吸引することで、肺がん、中皮腫、石綿肺、胸膜肥厚、胸膜プラークといった呼吸器系疾患を発症させ、現在の医療ではそのほとんどが根治できず発症から数年で死亡に至る。潜伏期間は10年から40年と長く、わずかな量の吸引でも発症する可能性がある。とくに中皮腫はアスベストによって発症する病気である。2040年までに悪性胸膜性中皮腫で約10万人が死亡するという疫学的統計が報告されている（村山2008, p.8）。

　アスベスト問題を提起したものとしては、大阪泉南地域の事例と尼崎市旧クボタ神崎工場の事例がある。

（1）大阪府泉南地域の石綿紡織業

　泉南地域では1907年に栄屋石綿が創業をはじめ、2006年まで100年間にわたって生産が続けられた。1960年代、1970年代の最盛期には石綿原料から石綿糸、石綿布を製造する一貫工場が60数社、その下請け、家内工業等を入れると200社以上、従業員は2000人あまり、生産額が全国シェアで60～70％という全国一の集積地であった。石綿工場のほとんどは従業員10名前後、設備も労働環境も劣悪という小規模零細業者で、住宅地、農地に混在していたため、「地域ぐるみ」の被害発生となった（村松2010）。2006年に最後の石綿工場が廃業している。全工場が閉鎖しているため、企業による救済制度はない。

　中小零細企業が多く、石綿工場の労働者が自営業者になったり、再び労働者に戻ったりすることは泉南では珍しいことではなく、泉南全体が「ひとつの工場」であり、住民は「工場の中に住んでいた」といっても過言ではないほどであった[12]。泉南の石綿被害は、1937～40年にかけて旧内務省保険院社会保険局が調査を行い、戦前から深刻であったことが明らかになっており、戦後の1954年調査でも石綿肺罹患率が10％を超えていると報告されている（村松2010）。裁判の過程で泉南訴訟弁護団が入手した岸和田労働基準監督署の内部資料には、「じん肺で死亡は75人、要療養者は142人。有所見者は300人超」とされ「驚くべき疾病発生状況を示している」と報告されていた[13]。さらにこの資料では、「日本人の平均寿命と比較して、男性14歳、女性19歳寿命が短

11　2008年6月13日朝日新聞より。
12　2010年2月10日大阪泉南アスベスト国賠訴訟第2陣提訴資料より。
13　2009年11月11日朝日新聞より。岸和田労働基準監督署では80年代半ばに工場従業員の健康被害の規模を把握していたのに、情報公開をしていなかった。

い」と報告されている（村松 2010）。

アスベスト紡織業の一大産地であった大阪泉南地域の元工場労働者や元周辺住民によって、肺がんや石綿肺に罹ったのは国がアスベスト規制を怠ったことが原因であるとして、2006 年 5 月、**大阪泉南アスベスト国賠訴訟**が提起され、2010 年 5 月 19 日、大阪地裁は、国の規制の不備を認めた[14]。

(2) 尼崎市クボタ旧神崎工場

アスベスト問題が注目されるきっかけとなったのは、2005 年 6 月 29 日に、旧神崎工場の周辺住民 3 名にクボタが見舞金を支払う見込みであること、2 名が死亡していることを毎日新聞が報道したことによる。2007 年 3 月のデータであるが、旧神崎工場の労災認定数は申請者を含め 144 人、企業が補償金を支払う住民は 125 人になっている[15]。

旧神崎工場では、有害性の強い青石綿と白石綿をほぼ半分ずつ使用した石綿セメント管（石綿水道管）を 1954 年から 1975 年まで生産し、白石綿を使用した住宅建材を 1971 年から 1997 年まで生産し、1995 年で石綿使用を中止した（片岡 2006）。

クボタが開示した 2005 年の資料によれば、石綿水道管製造に 10 年以上携わった人のアスベスト疾患発症率は 47.8％、死亡は 24.3％であった。工場内には下請け企業も入っており、「本当にしんどくて危険な仕事をしていたのは下請けだった」と言われている（加藤 2009）。クボタは 2006 年 11 月に下請け企業に勤務し中皮腫等で死亡した人にも補償金を支払うことを明らかにしたが、患者支援団体によれば 8 名にとどまっている（加藤 2009）[16]。

旧神崎工場が使用したアスベストは、青石綿が約 8 万 8000 トン、白石綿 14 万 9000 トンで、これほど大量に青石綿を使った工場は国内では例がなく、住民の死亡は 2049 年までに累計で 333 人になると予測された調査がある（加藤 2009）。環境省が実施した疫学調査でクボタ旧神崎工場があった地区で女性が全国の最大約 69 倍、男性で 21 倍の中皮腫死亡率であることが判明している[17]。

2006 年 4 月 18 日、クボタは、健康被害との因果関係は認めないが、アスベ

14　2010 年 6 月 1 日、国は控訴した。
15　2007 年 6 月 4 日朝日新聞より。
16　下請け企業は 3 社あり、ピーク時にはクボニ運送で 100 人、中川工業所で 50 人、山叶港運で 20 人であったというが、いろんな工場を転々とした労働者が多かったことに加え、病気になっても声を上げずに亡くなるケースが多いのだろうという（加藤 2009）。
17　2008 年 6 月 4 日朝日新聞より。

ストを扱ってきた企業の社会的責任があるとして、周辺住民の家族と遺族に社員と同水準の一人最高 4600 万円の救済金を支払う制度を創設したと発表した[18]。

2010 年 7 月、尼崎市は 2005～2007 年に石綿吸引による中皮腫の発症で死亡した住民が 74 人に上ると調査結果を報告した。2002 年から 2007 年までの 6 年間の死亡者数は 124 人となっている[19]。

2-3. アスベスト問題における加害

(1) アスベスト産業の発展と国の政策的関与

アスベスト問題では、アスベストを積極的に利用してきた国や業界団体、企業の責任が問われるだろう。石綿紡織業では経済成長政策、石綿セメント管では公共事業・地方政策、石綿スレートや吹付け石綿といった建材では建築・都市化政策というようにアスベスト産業の発展には国の各省庁の政策が絡んでいる（森 2010）。

日本は 1970 年から 1990 年にかけて、アスベストを年間約 30 万トン輸入し、8 割以上を建材に使用、1990 年代に入って輸入量は下降線を辿り、石綿が原則使用禁止になった 2004 年には 8162 トン、2005 年には 110 トン、2006 年には 0 トンとなった[20]。世界全体で 2 億トン以上が消費されているが、日本では約 1000 万トンものアスベストが用いられ（森 2010）、その多くは建材に使用されている。

建材である石綿スレートは 1904 年に最初に輸入され、1908 年には大阪府令第 78 号建築物取締規則第 4 条において防鼠材の一つとして指定されることで行政の規則・法律にはじめて取り扱われた。1912 年には兵庫県令第 2 号兵庫県建築取締規則において防火材に指定された。アスベストは、建材として衛生や防火の機能を担い、都市内の集住形態において重要な都市政策の一環に組み込まれ、1923 年発生の関東大震災では耐震性が認められ、震災復旧材として需要が高まり、1934 年の室戸台風でも被害が僅少ということで評価が高まった。1938 年には、現在の日本工業規格に相当する日本標準規格に石綿スレー

---

18 2006 年 4 月 18 日朝日新聞より。しかし、救済金を受け取らずに、クボタがアスベスト飛散と死亡の因果関係を認めていないことを理由に提訴をした遺族もいる（加藤 2009）。
19 2010 年 7 月 12 日朝日新聞より。患者支援団体が把握する周辺住民の死亡者数は 167 人でクボタの元従業員 140 人よりも多くなっている（加藤 2009）。
20 2004 年の主な輸入元はカナダ (65.9%)、ブラジル (19.5%)、ジンバブエ (10.5%) であった。(独) 環境再生保全機構 HP (http://www.erca.go.jp/asbestos/what/whats_ryou.html) 2010 年 8 月 23 日参照。

トは制定された（南 2009）。1950 年に制定された建築基準法では、法律に盛り込まれた不燃材料の名称は石綿板であり、石綿スレートとはなっていなかったが 1959 年の改正では都市・建物の防火・耐火構造に対する規制が強化され、不燃内装材として脚光を浴び、1964 年の改正では高層ビル用の耐火被覆材として需要が高まることになった（森 2010）。

自動車産業は、高度経済成長を担い現在でも日本の主力産業となっているが、アスベストは主にブレーキに使用されていた。日本では外国車の補修用部品として自動車部品産業は成り立っていたが、国内産業育成のための政策である自動車製造事業法が 1936 年に公布され、自動車部品産業の存立基盤が確立された。曙ブレーキの前身である曙石綿工業所は設立当初から陸軍とつながり、1938 年の国家総動員法以降、軍部から増産が要請され、1944 年には軍需会社に指定された（南 2009）。このような保護があり、自動車産業が発展する支えになった[21]。

石綿セメント管においては、1950 年代半ばから需要が急速に伸び、主な顧客は地方自治体で簡易水道用管として多く利用された。石綿セメント管は鋳鉄管よりも廉価で、政府は簡易水道の普及政策を実施し、石綿セメント管の供給を支えるだけの需要を増加させた（森 2010）[22]。さらに 1953 年、町村合併促進法が公布され、合併の条件には必ずといっていいほど簡易水道の布設が盛り込まれていたのである（森 2010）。

(2) 危険を認識していながら続けた放置

アスベスト関連疾患については、19 世紀末から各国で報告されており、1930 年代にはアスベストと肺がん、中皮腫、石綿肺などの疾病との関連性について多くの報告書が出され、1960 年代には因果関係についてほぼ完全に証明されていた（川口・森 2005）。

1972 年には ILO と WHO が石綿のがん原性を認め、1974 年には ILO は職業がん条約を採択している。1983 年には EEC が石綿全面禁止の方針を打ち出し、1984 年にはノルウェーで全面禁止となり、1986 年には ILO は石綿禁止条約を採択、デンマークとスウェーデンでも全面禁止とし、アメリカでは EPA

---

[21] 曙ブレーキ羽生製造所周辺住民が 1967～76 年の間に肺がん等で 11 人死亡していたことを知りながら埼玉労働基準局が問題を放置していたことが 2005 年になって報道された。
[22] 手法は、政府の自治体に対する財政措置である。簡易水道布設に対する国庫補助金の増大と地方債の許可枠の拡大である（森 2010）。

が石綿の全面禁止の方針を打ち出して1989年に1996年までに段階的に石綿使用を禁止する規則を制定した。これに対しアメリカ・カナダの業界団体が訴訟を起こし、1991年には連邦高等裁判所がEPAの使用禁止を無効とする巻き返しが一度はあったが、その後も、1993年にはドイツ、イタリアで、1996年にはフランスで、1999年にはイギリスとEUでアスベストは全面使用禁止となった[23]。

日本ではどのような経緯があったのか。泉南地域では前述のとおり、戦前に調査が実施されている。戦後も1952〜56年に石綿肺発生の報告があり、1956年には特殊健康診断の必要性が通告され、1960年にはじん肺法が施行されるが、粉じんの基準濃度設定をしないままで実質的な量的規制はなく、高価な集じん装置を設置するというものであった（森2009）[24]。その後、1971年には特定化学物質等障害予防規則が施行され、1974年にはILO職業がん条約を批准、1975年には吹付けアスベストの全面禁止を行った。1978年にはアスベストによる肺がんや中皮腫を労災保険給付対象とした。

アスベストの規制に関しては、石綿協会の自主規制に任せ、「管理使用」をするべきという立場を一貫してとっていた（石綿対策全国連絡会議2007）[25]。石綿協会では、1980年に乾式でのアスベスト含有ロックウール使用中止を自主規制、1987年、青石綿使用中止の自主規制、1992年、茶石綿の使用中止を自主規制した。

1991年、吹付けアスベストを特別管理産業廃棄物に指定、1995年になって青石綿、茶石綿の使用を禁止。2001年から始まったPRTR制度にも含まれた。2004年10月にようやくアスベスト使用の原則禁止とし、それでも10種類のアスベスト含有製品に限っては2008年の全面禁止を目標にしたほどである。このように、労災についての規制が中心であって、公害や商品公害（とくに解体に伴う被害）についての対策は全く行われていない（宮本2005）。

1992年12月には旧社会党が「石綿規制法」案を臨時国会に提出したが、日本石綿協会は「今後、健康障害は起こり得ない」等と主張し自民党も法案に反対し、廃案になっている。

クボタ・ショック以前に、アスベスト問題は、一度大きく注目を集めたこと

---

23 1998年、カナダはフランスの措置に対し自由貿易に反する技術的貿易障壁であるとしてWTOを提訴したが、EUはWTOの裁定を待たずにフランスの禁止措置を支持した。
24 中小零細企業では高価な集じん装置を導入することはできず、実情にあった労働安全衛生政策ではなかった。
25 ILOの石綿条約採択に際し、日本は使用禁止に反対し、日本独自の作業環境評価基準という考え方を容認させた。

がある。1986年に米EPAがアスベスト全面禁止の方針を打ち出したことで危険が認識され、1987年に、公立の小中高1300校で吹付け石綿使用が判明した。学校という教育の現場で、子供が深刻な危険に曝されていることが大きな問題となった。さらには病院や公民館など公共施設でも吹付け石綿の使用が確認され、除去作業が必要となった。それでも、吹付け石綿だけの問題とされ、行政はアスベスト使用を禁止しなかった。この問題では、アスベストの販売・使用の自由を優先するような市場原理に基づき、犠牲者が出ても対処療法的にしか規制＝公共的介入をしない現代資本主義の体制が問われている（宮本2009）。

泉南アスベスト国賠訴訟で配布したチラシには「国は戦前・戦中はとくに軍需のために、国民の健康などそっちのけでした。戦後もその姿勢は変わらず、高度経済成長の重厚長大・基幹産業を支えるために、泉南の石綿産業が利用されました。国は働く人や地域住民の健康などは、引き続きそっちのけにし、泉南を捨て石にしたのです」とある[26]。

このようにアスベスト産業発展の背景には国の政策が大きく絡んでいた。国はすでに産業として力を持った企業を重視し、アスベストの危険性が欧米で叫ばれるようになっても労災対策のみで代替品開発を誘導する等の政策をとらなかったのである。

2-4. 解決のために

アスベスト問題の解決のために必要な政策的な課題はたくさんある。宮本は、今後の政策的課題として、8点にまとめている（宮本2009）。

（1）疫学による労災・公害の調査を行って被害の全容を明らかにする。そのためには被害者の掘り起こしと同時に、原因事業場のアスベスト使用・管理・労働状況などの歴史的調査も必要であり、自治体や研究機関の集団的な活動が求められる。

（2）予防と早期診療のために、イタリアのように登録制度を強化して、アスベスト暴露の可能性のある者や認定患者に健康管理手帳を持たせ、定期健康診断を続ける。

（3）石綿新法の改正をすぐに始める。救済金額は労災と同程度あるいはそれ以上にする。その場合、裁判などで国の責任を明らかにして、救済ではなく補

---

26 2010年2月10日大阪泉南アスベスト国賠訴訟第2陣提訴時に裁判所前で原告らが配布していたチラシより。

償とする[27]。

（4）行政認定は基準が限定され実情に合わない。「疑わしきは救済する」のではなく、中皮腫を中心に厳格な認定基準を定めている。肺がんでは主原因をタバコにもとめるためか、判定の基準を厳しくするため申請・認定者が少なく、患者の切り捨てが起こっている。

（5）複合型ストック公害の特徴から石綿新法の原資が関連企業の連帯責任で基金制度にならざるを得ないが、現状はあまりにも少ない。救済金額の増大とともに、基金の量的質的改革が必要である。

（6）裁判で企業と国の責任を明確にし、複合型ストック公害の責任、救済の在り方を明確にする。

（7）アスベストの大量使用の原因の中には学会が専門化しすぎ、リスク情報の交流がなく、対策の総合化がされていないことがある。労災、薬害、公害などを総合する社会的災害論あるいは、自然災害を含めた災害論をリスク論とは異なる視点で創ることが必要である。

（8）白石綿などの使用を進める国際組織があるため、アスベストの禁止は行われず被害は広がる可能性がある。各国のアスベスト問題と救済の情報の交流は政策形成に極めて有効である。各国の交流を深め、アジアやロシアなどで根本的対策をとらせ、ノン・アスベスト社会をつくるための国際的連帯を作ることが求められている。

これらの政策の中で、泉南アスベスト国賠訴訟で国の責任が明確になっており、企業の責任を問う裁判も提訴されている[28]。

3. ………被害放置と危険社会

アスベスト問題では、危険が認識されていながらも、政府によって有効な政策は取られず長い間被害が放置されてきた。被害は、労働条件が悪い職場で仕事に従事しなくてはならない労働者や現場から漏れ出たアスベストによって汚染された工場周辺の住民、使用製品から飛散したアスベストによって汚染され

---

[27] 労災保険で補償されるか、石綿新法で労災請求時効を過ぎた者や工場周辺住民の救済がされることになっている。クボタのように独自に補償を支払う企業もあるが、命の値段に格差が出てしまっている。石綿新法では、休業補償にあたる療養手当は3分の1（労災では33万円、石綿新法では10万3879円）、通院費なし、葬祭料は4分の1（労災では82万円、石綿新法では19万9000円）、遺族年金、就学援助費（労災では給付される）はない。アスベスト作業の職歴がなく工場周辺に居住していたことで病気になった労働者はこの金額では生活はできない（石綿対策全国連絡会議2007, pp.137-151）。
[28] 2007年5月、クボタと国に損害賠償を求める訴訟を起こした遺族がいる。2009年1月には旧神崎工場への石綿運搬に従事し中皮腫などで死亡した日本通運の元従業員5人の遺族16人が日通とクボタを相手に損害賠償を求める訴訟を起こしている（加藤2009）。

た職場で働いていた労働者に拡大していった。これは、ベックの言う「**危険社会**」の問題として捉えることができるであろう。「産業化の発達には危険が伴うが、ここ数年来社会を騒がせてきた危険は、このような危険とは異なった新たな性格を有している。危険によって生じた被害者の範囲はもはや、その危険が生じた現場、つまり企業のみにとどまらない」というのである（ベック 1999, p.28）。危険社会では、科学技術が危険を造り出すという危険の生産の問題、危険の定義の問題、危険の分配の問題が発生する。アスベストは、日本の政府や石綿協会が「管理使用」をすれば危険ではないと主張し、危険を放置し続けた。アスベストの危険性についても認識をしていたにもかかわらず、長い間労災の範囲でのじん肺の問題としてしか扱ってこなかった[29]。そして危険の分配については、泉南のような中小零細企業で働く人たちや、大手企業でも現業に携わる、下請け・孫請けで働く人達に集中している。「知覚し得ない危険であるのでそれを無視することは具体的な貧困をなくするという大義名分の下でつねに正当化される」というのである（ベック 1999, p.67）。こうして、危険は否定され、アスベストの被害は放置され続けたのである。

そして、宮本も政策的課題で指摘しているが、危険社会では「高度に細分化された分業体制」が問題になる。専門化した体制は生産性の向上には向いているが、危険防止には向いていないのである[30]。また、アスベストは髪の毛の5000分の1という大きさであるため、吸引の自覚を持つことができない。危険社会では、「危険に曝されているか否か、自分の曝されている危険の程度や範囲、あるいはそれがどういう形で現れるか。これについて原則として他者の知識に依存している」という（ベック 1999, p.82）。原因事業場の疫学的調査の必要性はこの点でも重要になってくる。

4. ………まとめ

アスベストは日本が工業化を推し進めるにあたって、経済的・物理的有利性のため利用されてきた。被害が発生していたにも関わらず、長い間禁止措置が取られずに被害が拡大した事例である。実はこの問題は、アスベスト作業歴が

---

[29] アスベスト問題ではアスベストが危険であることが働く人達に周知されてこなかった。粉じん、埃っぽいというレベルのものであろうと労働者は思っていた。
[30] 石綿全国連が「クリソタイル（白石綿）の早期禁止実現」の交渉を行政庁とした際に、「権限がない」と環境庁に言われ、「経済性をとるか安全性をとるかは市場の選択に委ねる」と建設省に言われ、厚生省の担当者からは「クリソタイルというタイルにはアスベストは入っているのですか」と聞かれている（石綿対策全国連絡会議 2007, pp.86-87）。

ある人やアスベスト使用事業所の近くに居住歴のある人だけの問題ではない。阪神淡路大震災のときにはアスベストを使用した建物が倒壊し、大量のアスベスト粉じんが発生している。現在でも多くのアスベストは使用されたままである。認識されにくいが、アスベスト公害は自分にとって身近な問題として存在しているのである。複合型ストック公害の最大の事例であると考えられるが、今日、安価で便利ということで化学物質を安易に利用しているため、今後も同様の問題が発生する可能性がある。石綿新法における救済の充実だけではなく、今の時点で責任の所在を明確化しておかなければならないであろう。

◆討議・研究のための問題◆
1. なぜ国は、アスベストの危険性を認識していながら禁止措置を長い間取らなかったのか
2. 市場原理を優先する国の姿勢はアスベスト問題以外にも考えられるが、他にどのような問題があるだろうか。
3. アスベストを禁止していない国に働きかけるにはどのような手法が有効と考えられるか。
4. 命の値段の格差についてどう考えるか。
5. 公害問題と労災・職業病が、同時に生じているような他の問題に、どのようなものがあるだろうか。

【参考文献】

飯島伸子, 1993, 『環境問題と被害者運動』学文社.
宮本憲一, 2006, 「史上最大の社会的災害か―アスベスト災害問題の責任」『環境と公害』35巻3号, pp.37-42.
宮本憲一, 2009, 「アスベスト被害救済の課題―複合型ストック災害の責任と対策」『環境と公害』38巻4号, pp.2-7.
宮本憲一, 2005, 「複合型ストック公害の責任」宮本憲一・川口清史・小幡範雄編『アスベスト問題―何が問われ, どう解決するのか』岩波書店, pp.13-28.
広瀬弘忠, 2005, 『静かな時限爆弾』新曜社.
村山武彦, 2008, 「アスベスト被害に対する救済の現状と課題」『環境と公害』37巻3号, pp.8-13.
村松昭夫, 2010, 「泉南アスベスト国賠訴訟の意義と国の責任」『おおさかの住民と自治』2010年2月号, pp.25-29.
片岡明彦, 2006, 「クボタ尼崎旧神崎工場アスベスト公害事件に至る経緯「想像」をはるかに超えた「現実」を前に」『環境と公害』35巻3号, pp.49-54.
加藤正文, 2009, 「尼崎クボタ石綿禍の衝撃―アジア最大の被害が伝えるもの」『環境と公害』38巻4号, pp.40-45.
南慎二郎, 2009, 「第2章　戦前におけるアスベスト産業の始まり」中皮腫・じん肺・アス

ベストセンター編『アスベスト禍はなぜ広がったのか―日本の石綿産業の歴史と国の関与』日本評論社，pp.35-49.

森裕之，2010，「日本のアスベスト問題」『環境と公害』39 巻 4 号，pp.9-14.

川口清史・森裕之，2005，「アスベスト問題が問うもの-政策科学からの提起」宮本憲一・川口清史・小幡範雄編『アスベスト問題　何が問われ，どう解決するのか』岩波書店，pp.2-12.

石綿対策全国連絡会議，2007，「4 管理使用か禁止か―ILO 石綿条約」『アスベスト問題の過去と現在』アットワークス，pp.35-39.

石綿対策全国連絡会議，2007，「12 石綿問題は終わっていない」石綿対策全国連絡会議編『アスベスト問題の過去と現在　石綿対策全国連絡会議の 20 年』アットワークス，pp.137-151.

石綿対策全国連絡会議，2007，「9 日本における原則使用禁止」石綿対策全国連絡会議編『アスベスト問題の過去と現在　石綿対策全国連絡会議の 20 年』アットワークス，pp.85-105.

Ulrich, Beck, 1986, *Risikogesellschaft:Auf dem Weg in eine andere Moderne*（＝1999，東廉・伊藤美登里訳『危険社会』法政大学出版局）.

column
カネミ油症

宇田和子

　猛毒のダイオキシンが入った油で天ぷらを揚げ、なにも知らずにそれを食べたとしたら、私たちは一体どうなるだろうか。今から約40年前、実際にこれを経験した人びとがいる。

　事件は工場から始まった。福岡県のカネミ倉庫株式会社がライスオイル（米ぬか油）を製造する過程で、油にポリ塩化ビフェニール（PCB）が混入し、加熱と酸化によってダイオキシン類（PCDF等）へ変質した。ダイオキシンに汚染された油は西日本地域一帯で販売され、その油を使った料理が家庭の食卓や職場の食堂に並んだ。やがて、爪や歯の変色、膿を含んだ吹き出物が出るなど、人びとの身体にさまざまな異変が訪れた。1968年10月、カネミ油症は「奇病」と報道され、全国に知られることになる。さらに、母親の胎盤や母乳を通じて、子どもたちも汚染を受けた。皮膚が色素沈着した状態で生まれた子どもたちは、その肌の色から「黒い赤ちゃん」や「コーラ・ベイビー」と呼ばれ、世間を騒がせた。

　カネミ油症には、すべての人に共通する特異的症状はなく、患者は誰でもなりえるような病いに次々に冒されていく。その病状の多様さを、医師の原田正純氏は「病気のデパート」と称した[1]。ダイオキシンを体外に排出する方法は、いまだ不明である。

　当時、保健所に被害を届け出た人びとは14000人以上とわかっているが、患者として認定を受けたのは約1900人である（2009年現在）。認定患者に対し、カネミ倉庫は23万円の見舞金と医療費の一部を支払っている。これはカネミ倉庫が提示した条件で、患者が合意した協定ではない。カネミ倉庫は、自身の資力不足ゆえに、これ以上の手当をすると倒産してしまうと主張している[2]。この他に補償制度は存在しない。

　なぜ補償がほとんど存在しないのか。その理由の一つは、カネミ油症の原因が「食品」であることにある。カネミ油症は、文献やメディアでは「食品公害」と表現されることがある。ところが、環境基本法上の「公害」は、水や土など自然環境の汚染を介して起きた健康破壊を指すため、食品を介して起きた事件は公害ではなく「食中毒事件」と見なされる。よって、公害被害者のための補償制度も適用されないのである。食中毒事件の対処における根拠法である食品衛生法には、患者の補償に関する規定はない。このように、カネミ油症の被害は、現在の医学と法制度によっては救済しきれていない。

　なにげなく商店で購入した食品が毒性を持っていた。そうとは知らずにそれを買って食べ、治療法のない病いを抱え、原因企業からも国からも救済されないとしたら、私たちは誰に助けを求めればいいのか。カネミ油症患者が私たちに突きつけるのは、正当な理由なく、多数の人々が社会に見捨てられているという異常な現実である。

【関連文献】
カネミ油症被害者支援センター編，2006，『カネミ油症　過去・現在・未来』緑風出版．

1　原田正純，2010，『カネミ油症は病気のデパート―カネミ油症患者の救済を求めて』アットワークス．
2　九州朝日放送，2010年5月31日，『救済のとき―カネミ油症42年　被害者たち闘いの軌跡』（2010年7月25日短縮版再放送）．

第4章
廃棄物問題

●土屋雄一郎

1. ………廃棄物問題とはどのような問題なのか

　自然のなかで物質が過不足なく循環している社会であれば、廃棄物問題は生じないといえる。しかし現在、これほどまでに問題が深刻化しているのは、排出量の増加だけでなく使い捨て型商品や容器の普及などとともに増大したプラスチック類が廃棄物を適正に処理することを困難にしているからだ。母親がうんちを観察して赤ん坊の健康状態を知り、考古学者が貝塚の組成を調べることで往時の人びとの生活ぶりを明らかにしてきたように、廃棄物問題について考えることは、私たちの暮らしぶりや社会のあり方を問い直すことになるだろう。そこで本章では、廃棄物が社会との関わりのなかでどのような問題としてとりあげられてきたのか、その問題化の過程をあきらかにすることから議論をはじめることにする[1]。

　近世の江戸では、生活から発生するありとあらゆる不用物を回収し、再利用していたことはよく知られているが、生ごみなどは処理せざるを得なかった。人びとは、住まいの近くの空き地や堀、川などに捨てていたと思われるが、江戸は多くの水路で結ばれていたため水上交通の妨げになったり、火除け地として設けられている空き地への投棄によって、その機能が損なわれたりしたため、慶安2（1649）年には、触書が出されこうした場所へごみを投棄することが禁じられた。しかし不法投棄が絶えなかったため、明暦元（1655）年には、永代浦（現在の江東区）へ捨てに行くよう触書が出された。埋立処分場の誕生である。以降、時の為政者たちとの間で、ごみの不法投棄をめぐる攻防が繰り広げられることになるが、ヨーロッパの都市に比べると中世、近世をとおして日本では廃棄物が深刻な社会問題になるようなことはほとんどなかった。同時代の

---

[1] 江戸期から現代に至るごみやし尿の処理をめぐる記述は、杉並区立郷土博物館編（1997）を参照にした。

ヨーロッパの都市では、し尿があちこちに捨てられ衛生上きわめて深刻な問題になっていたが、日本はこれを肥料として利用し、近郊の農家が有価で汲み取って帰るといったことが行われていたためである。

明治時代に入ると、たびたび伝染病が流行し「公衆衛生」が重視されるようになる。便所、下水、ごみ溜めの構造や清掃についての対策がとられたが、人口が急増し都市がどんどん拡大する東京や大阪といった大都市では、もはや江戸時代さながらのやり方では、深刻化する問題に対処することができなくなっていた。こうしたなか、1900年に「汚物掃除法」が制定され、ごみ収集が市町村の事務として位置付けられると、収集業者は行政の管理下に置かれることになった。その主眼は、「汚物を清掃し伝染病の発生を阻止する衛生対策にあった」(田口 2000, p.85)。

戦後になって制定された「清掃法」(1954年)は、汚物処理法の考え方をおおむね踏襲したものであったが、高度経済成長の時代に入り、1960年代半ばには、公害が激化し、工場から排出されるさまざまな有害物質による環境汚染が深刻化したため、これらの廃棄物の処理に対する規制が急務の課題になった。加えて家庭から排出されるごみの質も大きく変化し、廃棄物処理施設自体が公害発生源となってきたため、1970年12月の「**公害国会**」で、一連の公害関係の法律とともに「廃棄物の処理及び清掃に関する法律」(廃棄物処理法)が制定されることになった。その特徴としては、①衛生処理という観点に加えて「生活環境の保全」という考え方が打ち出されたことと、②一般廃棄物と産業廃棄物とが区分され、後者に関しては、**汚染者負担の原則**(Polluter Pays Principle)を援用するかたちで「排出事業者による自己処理責任の原則」が定められ、誰が廃棄物処理の責任を負うのかが明確にされた点を挙げることができる。ここに至って、廃棄物処理は「公害問題」として問題化することになったのだ。奇しくも、時期をほぼ同じくして、1971年、杉並区の清掃工場建設反対運動に端を発した「**東京ゴミ戦争**」が宣言されると、燎原の火のように全国にごみ戦争が広がり、廃棄物問題は「都市問題」の一つとしても問題化されることになる。その排出量の伸びは著しく、最終処分場の不足や焼却施設の建設難といったこんにちにつながる課題が露見するようになったのである。

その後、経済が安定成長期に入ると、問題は一時沈静化したかに見えたが、1980年代後半以降、自動車のシュレッダーダストなどの産業廃棄物が瀬戸内海に浮かぶ豊かな島に持ち込まれ不法に投棄された**豊島事件**(香川県)や、林

立する産業廃棄物処理施設による不適正な廃棄物の焼却過程において発生したダイオキシン類の影響が顕在化した**所沢ダイオキシン問題**（埼玉県）をきっかけにふたたびクローズアップされる。物質の循環構造を断ち切り〈大量消費－大量廃棄〉の社会システムを支えてきた**焼却主義**の見直しが迫られ、工業化社会の生産と消費のサイクルのなかで不可視であった問題が「環境問題」の文脈のなかでとらえられ認識されるようになったのである。

　焼却と埋め立てを中心に「適正処理」を確保することがいっそう困難を極めるなかで、容器包装物の廃棄による環境へのインパクトを低減し各国にリサイクルや再使用を促進するための対策を講じるよう求めた、EU 委員会による「人の消費する液体容器についての指令」（1985 年）や、有害廃棄物が国境を越えて移動することを規制する**バーゼル条約**の発効（1992 年）といった国際的な動きに対応するため、1990 年代後半以降、各種のリサイクルを促進するシステムが事業者の責任を強化する方向で制度化されている。**容器包装リサイクル法**（1995 年）を皮切りに家電、食品、建設、自動車などの個別分野において、「**3R（Reduce：減らす，Reuse：繰り返し使用する，Recycle：再資源化する）**」という考え方が法律に反映される一方で、2000 年には廃棄物処理法が「**循環型社会形成推進法**」の下におかれるなど、廃棄物処理は「**循環型社会**」の構築を目指す環境行政の一つとして位置づけられるようになる。また、20 年ぶりに抜本的に改正された廃棄物処理法により、廃棄物処分場を社会資本と位置づけ、都道府県による積極的な公共関与によって整備しようという方針が確立されたことで、廃棄物処理をめぐる議論は公共性的な性格を帯びることになる。それは、廃棄物処理の問題化が、衛生問題から公害問題、都市問題を経て環境問題へと推移するプロセスのなかで、追いやられた問題の群れを「みんなの問題」として認識するきっかけを成すものであった。

　このように「廃棄物問題」と言っても、なにを問題にし、どのように向き合うのか、その局面は決して一様ではない。しかし、高度経済成長期以降の急速な都市化と工業化の進展過程において、自然へと還元できないモノをつくりだし、大量消費と大量廃棄に縁取られた社会のなかで物質的な豊かさを享受してきたことへの代償が自然の変貌という事実認識によって問われていることは、多くの人びとによって共有されつつあるといっていいだろう。にもかかわらず、「豊かさのコスト」をいかに配置するかをめぐっては、社会的な合意が十分に達成されているとは言い難い。なぜ人びとは抗うのだろうか。廃棄物処理施設

の立地をめぐる問題に焦点あて、環境社会学の立場から廃棄物問題の解決に向けた方向性を見出すことにしたい。

2. ……廃棄物問題に対する環境社会学の視点

　廃棄物処分場の立地をめぐっては、できうるかぎり排出地域に近いところでおこなうという「**自区内処理の原則**」が合意されてきた。それは、「東京ゴミ戦争」の解決過程の中で練り上げられた原則であるが、必ずしもすべての廃棄物処理を自区内で完結させることを意味するものではない。重要なのは、これが負担の公平化というかたちで確保されてきた点にある。しかし、1990年代に入ると、相次いで出版された『ゴミは田舎へ』（関口1996）、『東北ゴミ戦争』（河北新報社 1990）という著作のタイトルからもわかるように、大都市圏で排出された大量の廃棄物は越境処理され、負担の担い手は中山間地域へと空間的に外部へ転嫁されるようになる。それだけではない。原子力発電にともなう放射性廃棄物の処理や、これまで不適正に処理されてきた廃棄物によって地下水や土壌の汚染といった被害が生じる「**ストック公害**」問題を典型に、その処理責任は将来世代への負担として時間的にも転嫁されている。

　廃棄物の移動とその処理にともなって生じる環境影響の実態を、**被害 − 加害構造**に焦点をあてながら体系的に問題を把握した飯島伸子（1997）は、自治体、環境運動、住民や地域社会の階層構造、経済・権力構造などと廃棄物問題との関係をあきらかにする。また、**受益圏・受苦圏論**は、廃棄物処理にともなう便益が、排出事業者や一人ひとりの個人にとってはそれほど大きなものではないものの非常に多数の事業者や個人に広がっており、加害者ないし受益者の集合体である受益圏がほぼ社会全体へと拡散している一方で、被害者ないし受苦者の集合体である受苦圏は全体に比べればごく小部分にすぎない施設の立地地域に集中している点に注目する。そして両者がはっきり分離しているために、自分たちの行為が「**意図せざる随伴効果**」として周辺住民に苦痛を与えていることに無自覚にありやすく処分場の必要性を自己制御し難いこと、社会事象がもたらす正負の効果が社会的（地域的・階層的）に偏在していることを示しながら、国と自治体による廃棄物行政がいかに住民不在のもとにおかれてきたのかを告発する（鵜飼 2000；藤川 2001）。それは、全体社会が廃棄物の処理を「みんなの問題」として認識する契機をつかみながらも、依然として豊かさのコストが公正に配置されていない現状を指摘し、「被害者が直面している不正

義が社会のなかで気づかれ、是正されなければならないにもかかわらず、気づかれもせず、よしんば気づかれたとしても何らの対処もされずに黙認され放置されてしまうような受動的な環境不正義」（池田 2005, p.17）をただす運動を正当化する。

　私たちは、これを 1990 年代後半以降、岐阜県御嵩町を皮切りに宮崎県小林市、岡山県吉永町（現、備前市）、宮城県白石市、千葉県海上町（現、旭市）など全国各地で相次いだ廃棄物処分場の立地をめぐる住民投票運動のなかに、施設を必要とする側の「公共の正義」を問い返す地域社会の抗いとしてみることができる。各地域における粘り強い取り組みの積み重ねが、周縁化された問題を告発するとともに、周辺部が周辺部を再生産するような問題（長谷川 2003）を掘り起こし、廃棄物問題に対する認識を高めてきたといえる。それは、かつて経済学者の華山謙（1978）が、江東デルタにおける公害を例に、本来、発生源者によって支払われるべき費用が支払われないことによって生じた損失を計算しようとしたとき、第三者または社会全体が被る**社会的費用**は、経済的評価にもとづいて決定される経済政策の対象ではなく、なにを費用とみなすのかをめぐる社会的認識に関わる実践に役立たなければならないと強く主張したこととも軌を一にする。たしかに、住民投票は特定の争点をめぐるリスクを顕在化させることで地域社会の権力構造や政治的対立、地域の生活規範といったしがらみから人びとを開放し、不可視で蓋然性が高く、科学的知識によっては因果関係の特定が困難な**環境リスク**の負担に対する判断を一人ひとりに迫ることを容易にする（成 1998）。しかし 2000 年代中半以降の動きをみると、その熱気は冷めてしまったかのようにも映る。

　たとえば、高知県日高村は、高知市の西隣、仁淀川流域に位置する人口 6000 人に満たない小さな村である。高知県の第三セクターが計画した産業廃棄物処理施設の立地の是非をめぐって、全国で初めてとなる住民投票条例を制定（1997 年）するが、条例自体が「政争の具」とされ、一度も投票が行われないまま廃止されている。その後も村議会の解散請求、議会の解散、再度の住民投票条例の可決、村長による再議権の行使などが繰り返され、2003 年 10 月に実施された住民投票では、「廃棄物処理」を争点に掲げたものとしては初めて「賛成」が多数を占めることになった。ここに 10 年以上にわたる紛争に一応の決着を見るが、この間、賛成か反対かをめぐる二極対立がローカル・ポリティクスのなかで客体化され、人びとの判断が教条的に陥ってしまったことは、

住民投票運動の意義と課題を考えるうえで示唆的である。

　では、異なる利害や意見、信念をもち問題の定義や意味づけについてさまざまな主張をおこなうステークホルダーが、一定の空間においていかにコミュニケーションを成立させることができるのか。そのためにどのような社会的仕掛けを立ち上げ、成功のための条件が何であるのかを問い、あきらかにすることが必要になる。このとき「利害関係者に対する開放性をもって異質な視点・情報を突き合わせることで新たな問題の場をおし広げ、より普遍性のある問題意識と解決策を生み出す討議の場」（舩橋 1998）をいかにかたちづくるかがポイントとなる。廃棄物問題を制御するにあたっての阻害要因や、地域住民が政策的課題をめぐって展開されるコミュニケーションや政治的イシューから排除される構造を折出する一方で、このような「**公論形成の場**（arena of public discourse）」に参加し、「社会的な問題状況が私的な生活領域において見出す共鳴を受け取り、濃縮し、それをいっそう強めたかたちで政治的公共性へと送付する」（ハーバーマス 1993＝1991）主体がいかにして形成されるのか、地域の実践に学ぶことがなによりも重要となる。

3. ………公論形成の場における討議
3-1．長野県中信地区廃棄物処理検討委員会が設置されるまで

　ある特定の地域で廃棄物の処理にかかわる合意形成をはかろうとするとき、そこでなされた意思決定はどのようなかたちで正当化されるのだろうか。そこ

表　公論形成の場が設置されるまでの経過

年	月	おもな出来事
1996	02	県、県廃棄物処理事業団が計画地周辺をはじめて視察
	11	事業団が地元4区や関係団体に計画の概要説明を開始、環境アセス手続きの説明も開始
	12	4区のうちA区の対策委員会が最初にアセス実施を承認
1997	02	町民有志による反対の会が1100人余りの計画反対署名を事業団に提出
	12	事業団が環境アセス調査に着手
1999	03	町長が町議会で「最終結論は議会で判断」と表明
2000	09	町長が町議会で計画受け入れ方針を表明。町、県、事業団が地元4区に相次ぎ受け入れを要請
		町長が「地元の1区でも反対があれば進められない」旨を示す。A区を除く3区で相次いで条件付き受け入れが決定されるなか、A区では自主的な「住民投票」の実施を決める。
	11	住民投票の結果、受け入れ反対が過半数を占める。
		田中知事が対話集会で計画を白紙化するとともに、検討委員会の設置を表明
2001	05	ごみゼロ社会にむけた長野県民検討委員会の設置

では、誰が意思決定の枠組みや原案をつくるのが望ましいと考えられ、どのようなプロセスを経る必要があるのか、長野県中信地区の事例をもとに考えてみることにしよう。

　表は、事例地での経緯をまとめたものである。長野県の関与による廃棄物処分場の立地が計画された南安曇郡豊科町（現、安曇野市）では、計画の具体化にともなって環境影響に対する危惧や不透明な意思決定プロセスへの不信などから、住民による反対運動が急速な広がりをみせることになった。この間、町長はいったん計画の受入れを表明しながらも、町が同意に必要な「地元」と定めた4地区のうち「たとえ1地区でも反対があれば廃棄物施設は建設できない」と公言する。こうしたなか、事業主体である長野県廃棄物処理事業団（以下、県事業団という）が地元の同意を取り付けるための説得を精力的に続けた結果、3つの区で条件付きながら計画の受入れが了承されると、残る1区の判断は、政治性を帯びた激しいコンフリクトに巻き込まれることになった。なぜなら、「推進派」にとっては、当該区の同意が県や県事業団によって示された地域振興策を現実のものとし、一方、「反対派」にとっては、地元の意思表示が町の政策決定に直結することを意味するばかりか、すでに同意が承認された区での意思決定のあり方に違和感を抱いていた多くの住民にとって、最後の砦とでもいうべき位置づけとなるからだ。

　区では、意思決定のあり方をめぐって臨時総会が繰り返し開かれ厳しい議論が重ねられた。そして、意見の対立によってコミュニティの紐帯が将来にわたって修復不能な状態にまで引き裂かれてしまうことが案じられ、「自主的な住民投票」の実施が決定された。住民投票の実施にあたっては、公職選挙用名簿にもとづき投票券が作られ、区長の家では立会人の厳重な監視のもと不在者投票もおこなわれている。投票は、「賛成」「反対」「賛否は今後の条件次第」を問うものであったが、警察官が立会うなかで実施された投開票の結果、「反対」が過半数を占め、地元区としてその意思が明確に示されることになった[2]。この結果を受け、計画は県知事によって「白紙」に戻され、新たな問題の解決プロセスとして「長野県中信地区・廃棄物処理施設検討委員会（以下、検討委員会という）」が設置されることになった。1996年2月、県と県事業団が計画予定地周辺をはじめて視察に訪れ、「反対する町民の会」がわずか15名の有志で

2　132世帯、447人が暮らす（2001年6月1日現在）区で実施された投票の結果は、「賛成」14、「反対」164、「条件」135で、反対が過半数の159人を上回った。投票率は95.8％に達し、結果は町の防災無線によって全戸に放送された。

結成されてから5年あまりが経過していた。

3-2. 公論形成の場における討議の可能性

　検討委員会の特長は、徹底した情報公開と住民参加に細心の注意を払いながら極めて透明性の高い民主的な運営がなされた点にある（原科 2002）。具体的には、①委員の構成は行政から独立した判断で選任し、②事務局の独立性を確保するため、専門のコンサルタントを検討委員会が選定する。③会議は原則的に公開としその模様は地元のCATVで放映するとともに、発言者名を明記した議事録と会議資料をインターネット上で公開するなど情報公開を徹底する。そして、④住民参加を促進するため、議論の進捗にあわせパブリックコメントを募集し市町村や県民との意見交換会などが実施された。また、検討委員会の代表性が問われるとき、委員の属性はその妥当性を了解するうえで重要なファクターとなる。そのメンバーシップは、委員長の推薦による学識委員7名に加え、公募委員12名は36名のなかから選任され、地域の環境運動団体や農業団体、企業の関係者、対象地域内の自治体の首長、主婦、県内の大学教員および大学生といった多様なステークホルダーらで構成された。さらに選任にあたっては、問題に対する賛否の態度も考慮に入れられていて、賛否の態度が明確な委員と中立の立場の委員とが同数選ばれ「量的中立性」が確保されている。

　検討委員会では、廃棄物受入れ計画の妥当性や当該事業の必要性の有無が検討された。他の自治体や国の計画動向からみても極めて高いハードルの減量目標を定め、それが達成されたとしても処理・処分の必要なゴミが残ってしまうことを確認し、「総論」として施設の必要性を了解する（政策段階）。次いで、具体的な減量化施策とその推進体制（基本計画めぐる討議の段階）、立地ルール、立地不適地を確定するスクリーニング項目の策定と施設規模等に関する「各論」についての検討（整備計画をめぐる討議の段階）がおこなわれ、段階的に意思決定が進められていった。それは、「行政サイドが基本的な検討や意思決定を事前に行い、その結果に対して地域住民の同意を求める手法（中略）から廃棄物問題の上流にできるだけ遡りながら地域住民の意思を尊重すること、言い換えれば政策計画レベルから民主的なプロセスで進める」（村山 1999, p. 43）ことを可能にするための条件であった。なぜなら、公論形成の場は、公害問題や大規模開発事業にかかわる環境問題をめぐって、押し付けられる「上からの公共性」を吟味し批判し改善していくために、**テクノクラート**と住民運動

との相互作用の現場のなかで豊富化されてきたからである。

　長野県では、1990年代に入ると劣悪な廃棄物処理施設による環境汚染が目立ちはじめるようになるが、住民の自然環境や生活環境の悪化に関する訴えが行政に届くことは稀であった。しかし廃棄物問題に苦しむ住民たちは、県内の各地域で粘り強い運動を展開しながら組織間の連携を深めてきており、地域の廃棄物問題に取り組みながら県の廃棄物行政の問題を告発し続けてきた住民運動にとって、討議の場の設置は、これまでの成果を発信する絶好の機会であった。地域での個別課題に取り組む住民運動のネットワーク（「**ごみゼロ社会をめざす長野県民検討委員会**」（以下、県民委員会という）は、検討委員会と「互いに切磋琢磨して影響しあえる関係を保ちながら、県行政、企業からもよりよい社会を築くために積極的に問題提起を受けていきたい」（長野県廃棄物問題研究会2004, p.62）と宣言し、検討委員会の討議内容について学習する場を継続的にもつとともに、新しい廃棄物処理のあり方を生活圏に廃棄物問題を抱えている住民の立場から議論した。

　たとえば、「ごみゼロ社会に向けた住民提案」では、資源・廃棄物処理にあたっての基本理念や政策の方針を順に示しながら廃棄物の減量化にむけた課題を検討し、旧来の発想にとらわれない施策の提案を具体的に試みている。これに対し、検討委員会では負担のあり方をめぐるルールづくりや現実的な諸問題についての反省的な検討がなされるなど、2つの委員会の連携は、より広範な視野をもって達成すべき目標を先取りするようなオルタナティブ提案型運動の可能性を予見させるものであった。このように、検討委員会の採った手法はこれまでになかったもので、住民参加のこれからのあり方を考えるうえで指針となる重要な役割を果たしたといえる。

3-3. 宙に浮いた討議——応答責任の行方

　廃棄物問題、とりわけ施設の立地にかかわる問題をめぐっては、しばしば不透明な意思決定過程が問題視され、このことが地域社会に深刻な紛争を引き起こしてきた。だからこそ、「コミュニケーションを通じての心理の探求を実態としてではなく形式・過程としてとらえていく」（阿部1994, p.387）立場を徹底することが希求されている。しかし、検討委員会に積極的にコミットしてきた県民委員会のメンバーは、

「これは単にゴミ問題だけではない。行政と住民との関係のあり方をめぐる問題であり、民主主義の闘いであると肝に銘じて苦難と向き合ってきた住民のそれが活かされた議論になっていない歯がゆさを感じる。いつの間にか（最終処分場を）つくるための話し合いになってしまった」[3]

と苛立ちを隠さない。また、県内各地で廃棄物問題に取り組んでいる住民や地元新聞社と協力し、紛争事例の記録を「トラブルマップ」にまとめたＢ氏も、「これまで住民がなにに苦しみ、憤ってきたのか、なにを問題にしているのか、過去から現在に続く実態や行政の対応などの問題点を分析しなければ、検討委員会ができたからといって先に進むことはできない」[4]と語る。しかしながら、科学的かつ客観的に論理整合性を説明できるルールを一般化するためには、住民の生活実態に根ざした受苦の来歴や日常生活での苦痛を放置してきた行政の責任といった多様な解釈が成り立つ実感的な討議を一定、排除しなければならない。このことは、廃棄物問題は生産と消費、廃棄に関わる生活由来の問題であり「みんなの問題」であるというロジックや、負担をめぐる安易な「共同責任論」に苦しめられてきた住民が望んできた方向でもある。

　しかし、検討委員会が主催する公聴会で当該計画地においてこの問題はすでに決着済みの問題であると陳述したＣ氏に対し、委員の一人は「この問題はすべて終わったと話されましたが、その最終処分についてはどういうご意見をおもちのか」と問いかける。そして、「やはり行政、住民、企業、あらゆるものが一体となって考えていかないと互いに押し付けあっていては解決しない問題だろうと思う」と続けた。だからこそ、Ｃ氏は、「ゴミは出るものだといつもその責任を負わされてきた。そうでなく、その視点を変えてもらいたい」と強く訴えた[5]。それは、計画推進一辺倒で住民の苦悩を分かち合う視点に乏しく、最終処分場が足りず「どこかに必要だから理解を」という排出段階だけをとらえた住民責任が強調されることへの危機感を表すものであった。だが受苦の来歴を問題解決のプロセスのなかに埋め込もうとする姿勢は、逆に「いくら公開で議論を進めても、これまでの不信感を解消するような合意形成は図れない」[6]という非難のなかに住民たちをおき、検討委員会における討議の手続

3　2003年6月、Ａ氏からのききとりによる。
4　2003年6月、Ｂ氏からのききとりによる。
5　Ｃ氏と検討委員会メンバーとの応答は、第20回議事録から抜粋したものである。

きのなかでロゴセントリックな言説や知識によって整地されてしまう。もはや公論形成の場が、彼らの投げかける「実感」や「思い」に応答することはなかった。

4. ………めぐりめぐった討議の帰結
4-1. 一通の手紙

2009年4月はじめ、桜の花が咲きそろう頃、筆者のもとに一通の手紙が届いた。封筒には、差出人の住所にかつて調査でお世話になった地名が記され、なかには、

> 「只今、本地区は現在も過去の延長線上の新たな問題が発生、別添のような状況が見られます。『民主的で科学的な議論が行われ、ふたたび此処が最終処分場の「適地」とされたらどうしますか』その状況に置かれています」

と書かれた手紙とともに、10年前、検討委員会設置のきっかけを作った地区が、ふたたび地域の一部事務組合による廃棄物処分場の建設候補地とされたことを伝える新聞記事の切り抜きが添えられていた。処分場の立地計画は、県政の方針転換[7]と県事業団の解散によって名実ともに中止になったはずであった。しかし、住民運動によって立ち上げられた公論形成の場で規範化された問題解決のための立地ルールが当地にふたたび困難を生み出していたのだ。

県事業団による計画を旧豊科町が推進してきた理由の一つには、現在は安曇野市を含む1市1町4村で構成される穂高広域施設組合（以下、広域組合という）による廃棄物処理が、喫緊の課題として最終処分場を必要としていたことがあげられる。立地と引き換えに一般廃棄物の処理・処分を引き受けるという提案は、まさに渡りに舟であった。しかし計画が頓挫してしまったため、地元では処分場の必要性だけが残ってしまうことになる。

最終処分場を自前で持たない広域組合は、焼却や破砕といった中間処理をお

---

6 『長野県中信地区・廃棄物処理施設検討委員会報告書』より、最終報告書案に対するパブリックコメント一覧（資料）から一部を抜粋。
7 「信州廃棄物の発生抑制と良好な環境の確保に関する条例（仮称）」を制定し、「脱・焼却」「脱・埋立て」の理念のもと廃棄物処分場をできるだけ造らないよう廃棄物の発生を抑制し、市町村が施設を建設する際にも知事の承認を義務づけることで廃棄物問題の解決を目指す方針に転換したため、2003年11月、検討委員会の議論を引き継ぎ施設の立地の検討に着手した手続きは実質的に中断された。

こなった後、約 300 キロ離れた福井県敦賀市の民間施設をはじめ県内外の業者に焼却灰などの残渣の処理を委託することで急場を凌いでいた。ところが、当該の民間処分場が、許可容量を大幅に超え違法な増設を繰り返したとして許可を取り消され、2002 年には実質的な倒産に追い込まれてしまう。残された廃棄物の量は 120 万立方メートルに達し、長年にわたる不適切な処理によって溶け出した化学物質などを含む汚濁水の流出は、河川や井戸水など周辺の地域環境に深刻な影響を与えており、生活環境上の支障を取り除くため、県と市により代執行が着手されている。しかしこの出来事が問いかけた問題は、廃棄物の大量不法投棄による環境破壊だけに止まらない。汚染を処理するには 100 億円を超えるともいわれる膨大な費用がかかるため、県や市がこの処分場に廃棄物を搬入していた全国 62 の市町村と一部事務組合に費用の一部負担を求め、支払いを拒否する自治体との間で行政の責任が争われる事態に及んでいる。これに対し環境省は、責任の所在を徹底するよう緊急の通達を発令（2004 年 8 月）するが、広域組合もその責任を問われた団体の一つであった。

　こうした動きが、「自前の処分場」の必要性をより高めたことは間違いない。広域組合は処理施設検討委員会を立ち上げ（2005 年）、循環型社会の構築を踏まえた減量化・資源化施策の実施により廃棄物の処理量および埋め立て処分量の低減化に努め、安全かつ安定的な最終処分をおこなう方針を固める。そして 2008 年には、「最終処分場検討委員会（以下、委員会という）」を設置し施設の整備を議論する。学識者と有識者に加え公募で選ばれた委員からなる住民参加型の委員会は、1 年半、19 回におよぶ検討を重ね、最終的に件の地籍を「適地」とする答申をまとめた。これに対し地元区は、「どんな条件が整っても受け入れる素地はまったくない」と反対の決議をあげ、「住民の意見に耳を傾けて粘り強く交渉し、何としても説明の機会だけはもちたい」と繰り返す広域組合の提案を断固拒否する姿勢を崩していない[8]。

4-2. 頑なな意思のなかに込められた問い

　委員会は、検討委員会で廃棄物行政に詳しい有識者として委員を務めた前市長の肝いりで立ちあげられ、同じく学識者委員として討議の場に参加した大学教員が座長として中心的な役割を担ってきたことからもわかるように、その運

8　地元区は、定期総会において「最終処分場の候補地決定について」と題する決議を出席者全員で採択する（2009 年 11 月 25 日）。

営手法は、「手続き的公正」を規範とする検討委員会のプロセスに酷似している。処分場以外にも、地域社会には社会生活を営むうえで必要とされる「迷惑施設」がある。そこで委員会では、廃棄物の焼却工場やし尿処理場などを市域全体で公平に負担する（「配分的公正」）観点からの検討をおこなっている。廃棄物問題において、施設の社会的必要性は認めるが自分の裏庭には望まないという考え方や態度をNIMBY（ニンビィ：Not-In-My-Backyard）と呼ぶことがある。そしてそれは、問題を解決するプロセス全体の阻害要因であるとされ、しばしば啓蒙や矯正の対象として環境政策のなかに位置づけられてきた。事業主体である組合の立場からすれば、説明会の開催さえも拒む地元区の頑ななまでの対応は、まさしくNIMBYであり、廃棄物の適正処理をどう確保するのかという論点を欠いた「地域エゴ」としてしか映らないのかもしれない。果たしてそうなのだろうか。自身は存在感の薄い当事者であったと10年前の出来事を振り返る住民の一人は、

> 「住民の負った傷は深く、ぎくしゃくした人間関係は癒えることなく、友好的であった人間関係が崩れてしまった地域において、その禍根はいまなお尾を引いていて、この間、多くの人びとは廃棄物問題が再燃することを不安に思ってきた」[9]

と語り、自分たちの主張が長期にわたる切実な被害にもとづくことを強調する。
　平穏な日常生活を取り戻すことがいかに困難であるかを実感してきたからこそ、地域を二分する激しい対立が再燃しかねない問題を受け入れることなどできない。住民たちの意思は、施設の立地についての是非ではなく、断ち切られたコミュニティの紐帯を修復し地域社会の無事をいかに達成するのか、という観点から示されたものであった。豊島事件で島民として島民の運動を支えた石井亨は、住民の「本当の悲鳴は、「ここに奪われた尊厳がある。その重さを認めて欲しい」ということにほかならなかったはずだ」（石井2007, p.53）という。この言葉を地元区の姿に重ねたとき、かつての立場を超えてみられる地域の憤りを理解することができる。だからこそ、件の人物は穏やかだが厳しい口

---

[9] 2010年4月、D氏からのききとりによる。当時を振り返り、住民運動に参加しているという理由でさまざまな嫌がらせを受けたという。なかでも、子どもたちが学校でいわれなき中傷を受けたことが一番辛く、住民同士を対立させ、その隙間を縫って事態を勧めようとする行政や事業主体のやり方が、いかに地域を疲弊させたかを語る。

調で、行政に対し「血が通っているのか」と窮状を訴えかけるのだった。またそれは、「道徳的な感情的態度がおりなす日常的なネットワークをなんらかのかたちでむすびつけられることもなく」（Honneth1992 = 2003, p.315)、負担が単に地理的に配分されたことへの失望感の表れでもあった。

5. ………廃棄物問題が問いかけるもの

　社会的な意思決定のプロセスのなかに、環境を利用しその恩恵を享受するためにかかわり続けてきた住民の意思を介在させることがいかにしてできるのか。「公論形成の場」において、固有のルールに則った討議と同意こそが合理的な基準を満たすという前提は、環境社会学研究における問題解決の要諦とされてきた。たしかに、手続き主義的な規範に則ることで、施設の立地をめぐって可能なかぎり科学的で客観的な判断をおこなうためのルールが作られ、不透明な意思決定プロセスを封じ込めることに一定の成果を得ることができた。しかし、科学的客観主義が形式的な規範として力をもつことで、公論形成の場における意味ある応答が途切れてしまう可能性がある。

　たとえば、住民との意見交換会で、廃棄物処理が「みんなの問題」で衆人環視が必要な施設であるなら、建設が計画されている市役所の新庁舎に施設を併設してはどうかという提案がなされた。しかし委員会は提案を意見として受け取るものの、①処分場については地域の活性化、まちづくりの拠点、市民の利便性などの観点は想定されておらず、各施設の用途を考えた場合に方向性に矛盾が生じること、また、②新庁舎は生活圏に近い方が高評価であるのに対し、処分場はそれに近いほど評価が低くなるなど評価軸が相反することなどを理由に併設は「適当ではない」と結論づける。処分場の立地も市庁舎の立地も同じように「みんなの問題」である。にもかかわらずなぜ評価に矛盾や相反が生じるのか、その前提にまで踏み込んだ検討がなされることはなかった[10]。

　廃棄物問題への対処に関して、環境社会学の研究領域では、これまで、主に

10　東京都武蔵野市では、昭和40年代、隣接する三鷹市と共同で廃棄物の焼却処理をおこなっていたが、三鷹市内にある施設の周辺住民からは、騒音・悪臭・ばい煙等に対する苦情が相次いだ。抗議運動は激しさを増し、ついには、施設入口での住民による座り込みによって武蔵野市からのゴミ搬入車両が入場を阻止される事態にまで及んだため、1973（昭和53）年、市域内に施設を建設することが発表された。しかし大きな反対運動が展開されたため、建設用地を選定するための「クリーンセンター建設特別市民委員会」が発足することになる。委員会によって「最善ではないが、次善の用地として市営総合グランド」が適地として示唆され、周辺住民の「苦渋の選択」により建設が決定している。ここで注目したいのは、それが、住民参加による委員会での議論を経て、市役所の北側という市の中心部に決定されたという点にある。「みんなの問題」だからこそ、多くの市民の目が向けられる公共空間に施設を立地するという発想は、廃棄物問題の解決に向けた方向性を探るうえで示唆に富むといえる。（武蔵野市ホームページ：http://www.city.musashino.lg.jp/index.html（2011年1月18日閲覧）を参照。）

リサイクル社会・循環型社会実現への可能性や、廃棄物の減量化にむけた構造的要因の検討とその可能性が地域社会レベルおよび個人のレベルで論じられてきた（小松 2000, pp.139-141）。中澤高師（2009）は、東京都日の出町の住民が、矢戸沢処分場問題で三多摩地域の市民と連携しながら「自区内処理を実現する市民プロジェクト」を立ち上げ、排出元の市民が自分たちの排出する廃棄物を特定の地域に押し付けてきたことを認識し、自治体の廃棄物行政を資源循環型へと転換するような契機を生み出した事例に問題の解決に向けた新たな可能性を読み取る。

　しかしその一方で、公論形成の場という手続きがある程度まで活性化しながらも、それが処分場の立地という結果にかかわる最終的な判断と十分にリンクしていない状況のなかで、「だれかがどこかで引き受けなければならない」現実と私たちは向き合わなければならない。国の放射性廃棄物の処分場探しに名乗りをあげる自治体[11]や民間の産業廃棄物処理施設の誘致を決めた限界集落の選択[12]に見られるように、地域社会の疲弊がますます深刻化するなかで、これらの施設が、地域活性化の「最後の」切り札として選択されるような事態が生じている。もはや、「1990年代の廃棄物問題は、都市部に住み、とくに関心を持たない人にとっては、NIMBYという批判さえしなくていいような状況を作り上げてきた」（藤川 2008）ようにもみえる。だからこそ、抗いのなかで発せられる問いを「NIMBY」として断罪するのではなく、応答する責任が私たちの側にあることを確認しておきたい。そしてそれは、語られる公共性の変化に応じるだけではなく、トラブルマップの作成に尽力した県民委員会のメンバーが、「自分たちの役割は単に検討委員会に対するオンブズマン的なものだけでなくこれまでの運動を自らが振り返る取り組みである」と語ったように、また、再燃した廃棄物問題に向き合う地元区の窮状が延べ15年にもおよぶ地域や環境運動の経験に拠っていたように、自らの社会が歩んできた来歴を問い直す責任を含み込んだものでなければならない。

11　2007年4月、高知県東洋町では、高レベル放射性廃棄物最終処分場の候補地選定にむけた文献調査の受け入れを争点に実施された町長選挙では、身の丈を超える補助金によって疲弊した町政の立て直しをはかろうと調査の受け入れを表明した町長に対し、反対派は「禁断の果実」である交付金に頼らないまちづくりや地方自治を訴えた。町を二分する激しい選挙戦の結果、原子力発電のゴミはふたたび行き場を失うことになった。
12　4世帯8人が暮らす集落が、ふるさとの土地を60年かけ廃棄物で埋め立てる計画を誘致する。米紙ニューヨーク・タイムズ（2006年4月30日版）は、この出来事を「墓碑銘を刻む村」として紹介、奥能登の山村が深刻な過疎と高齢化で存続の危機に直面している厳しい現実を伝えた。

◆討議・研究のための問題◆
1. あなたが暮らす地域の自治体におけるゴミ回収システムと収集後のゴミの行方を調べ、その問題点について話し合ってみよう。
2. 分別排出された新聞、雑誌、ダンボール、びん、かん等の資源物を集積所から持ち去る行為が各地で問題となっている。このような事態に対し、ゴミステーションに集められた分別ゴミの所有権を自治体に帰属させるなど、持ち去りを防止するための条例を制定する自治体も少なくない。持ち去る側、取り締まる側、そして排出する側の言い分を検討しながら、なぜこのような問題が生じるのか話し合ってみよう。
3. 現在、地球温暖化をめぐるさまざまな「環境」に関する言説とともに原子量発電を積極的に評価する動きが台頭し、新興国に日本の原発技術を売り込む動きが目立っている。また国内においては、原子力による電力が全体の約30％を占める（2010年）までに至っている。しかし放射性廃棄物の最終処分地の建設をめぐっては、各地での激しい反対運動によって原発のゴミは行き場を失っている。放射性廃棄物処分場の建設を目指す側に「公共の正義」はあるのか、抗う側の正義のよりどころはどこに求められるのか、自らの立場を明らかにしたうえで議論してみよう。

【引用文献】

藤川賢，2001，「産業廃棄物をめぐる地域格差と地方自治」飯島伸子編『廃棄物問題の環境社会学的研究―事業所・行政・消費者の関与と対処』東京都立大学出版会.
―――，2008，「廃棄物問題における沈静化と再燃の関係―公害問題との関連と比較」明治学院大学『社会学・社会福祉学研究』129, pp.177-212.
舩橋晴俊，1998，「環境問題の未来と社会変動」舩橋晴俊・飯島伸子編『講座社会学12 環境』東京大学出版会.
ハーバーマス，1983＝1991，三島憲一・中野敏男・木前利秋訳『道徳意識とコミュニケーション行為』岩波書店.
華山謙，1978，『環境政策を考える』岩波書店.
原科幸彦，2002，「環境影響評価法の評価―技術的側面から」『ジュリスト』1115, pp.59-66.
長谷川公一，2000，「放射性廃棄物問題と産業廃棄物問題」『環境社会学研究』第10号, pp.66-82.
Honneth, A., 1992, *Kampf um Anepkennung. Zur Moralischen Grammatik Sozialer Konflikte*, Frankfurt am Main: Suhrkamp.（＝2003, 山本啓・直江清隆訳『承認をめぐる闘争―社会的コンフリクトの道徳文法』法政大学出版局.）
飯島伸子，1997，「廃棄物問題の社会学的研究」『総合都市研究』64, pp.171-187.
池田寛二，2005，「環境社会学における正義論の基本問題―環境正義の四類型」『環境社会学研究』第11号, pp.5-21.
石井とおる，2007，『未来の森』農業組合法人てしまむら.
河北新報報道部，1990，『東北ゴミ戦争―漂流する都市の廃棄物』岩波書店.

小松洋，2000，「社会的問題としてのごみ問題—問題の多様性と社会学の役割」『環境社会学研究』第6号，pp.133-147.
長野県廃棄物問題研究会，2004，『ごみゼロ社会に向けた長野県民検討委員会意見書・提言集』．
中澤高師，2009，「廃棄物処理施設の立地における受苦の「分担」と「重複」」『社会学評論』Vol 59，No4.，pp.787-804.
村山武彦，1999，「公共事業における合意形成—廃棄物処理施設の立地を例に」『自治体学研究』79，pp.42-48.
関口鉄夫，1996，『ゴミは田舎へ？—産業廃棄物への異論・反論・Rejection』川辺書林．
田口正巳，2000，「廃棄物行政の課題と廃棄物法制度の展開—高度経済成長期以降について」『環境社会学研究』第6号，pp.83-90.
鵜飼照喜，2000，「廃棄物問題と環境社会学の課題」『環境社会学研究』第6号，pp.126-132.
杉並区郷土博物館，1997，『江戸のごみ東京のごみ—杉並から見た廃棄物処理の社会史』．
成元哲，1998，「「リスク社会」の到来を告げる住民投票運動—新潟県巻町と岐阜県御嵩町の事例を手がかりに」『環境社会学研究』第4号，pp.60-75.

column
廃棄物処理をめぐる PPP と EPR

土屋雄一郎

　ときに「便所のないマンション」とも揶揄される大量生産－大量消費型社会において、廃棄物処理を適正におこなうための責任をいかに果たしていくのかが、いま問われている。

　PPP（汚染者負担の原則：Polluter Pays Principle）は、地域的に発生した深刻な公害問題の発生を機に、End-of-Pipe の処理費用を汚染者が負担することを定めた社会的な原則である。その基本的な考え方は、空気、水、土地などの環境資源を使用しながら、支払うべき費用が支払われていないことに環境破壊の原因があるととらえ、このような外部化された費用を製品やサービスなどの価格に反映させる（内部化する）ことで、汚染者が汚染に対する損害を削減しようとする誘因を作り出すことを目的としている。くわえて、有機水銀やカドミウム汚染による公害被害者救済の立ち遅れが厳しく指摘された日本では、汚染環境を修復するための費用や被害者の補償費用についても汚染者負担を基本とする理解が一般的である。廃棄物処理をめぐっては、この原則にもとづき、一般廃棄物については「自区内処理の原則」が、産業廃棄物の処理に関しては「排出事業者による自己処理責任の原則」が環境運動とのせめぎ合いのなかで打ち立てられてきた。

　しかし 1990 年代に入ると、End-of-Pipe における「適正処理」の確保だけでは対応できない問題が明らかになる。公害対策の難しい工程などを途上国に移す公害輸出や気候変動、酸性雨といった地球的規模で生じる環境問題への社会的関心が高まると、生産者が生産した製品の製造や流通の時だけでなく、製品が使用され廃棄されたあとにおいても、適正な処理や循環的利用がなされる段階まで一定の責任を負うという考え方が登場することになる。EPR（拡大生産者責任：Extended Producer Responsibility）である。それは、モノの流れとしてはつながっているが、関与する各主体は分断されたまま各々の原則に基づいて意思決定するため、全体として多大な社会的費用や社会的損失を発生させてしまう「分断型社会」（植田 1992）を「循環」という視点で繋ぎなおそうとする環境政策の手法である。循環型社会形成推進法（2000）の下、相次いで制定された容器包装、家電、食品、建設や自動車を対象にした個別リサイクル法には、不十分ながらこの考え方が取り入れられている。

　EPR は、生産者をはじめ、行政や住民といったさまざまな主体が連携・協働し、市場との深い関わりを持ちながら新たな物質の循環や関係性を作り上げていく手法としての可能性をもつといえる。社会学の議論にひきつけるなら、それは、外部転嫁に依存してきた「情報化・消費化社会」（見田 1996）の転回にむけた道筋を手繰り寄せてくれるだろう。なぜなら、PPP から EPR への展開は、どこまでが誰の責任であるのか、なにを費用としてみなすのかをめぐる社会的認識に関わる実践に他ならないからである。

【参考文献】
見田宗介, 1996,『現代社会の理論』岩波書店.
植田和弘, 1992,『廃棄物とリサイクルの経済学』有斐閣.

第5章
100年前の公共事業が引き起こす環境破壊
—濁流問題と海の"カナリア"

●金菱　清

1.………公共事業による開発と環境破壊

　かつて公共事業は万人の期待を背負って推進されてきた歴史をもつ。国や地方公共団体が主体となって私たちの暮らしに必要な道路・鉄道・港湾や河川の整備建設を地域社会の発展や公益にかなう形で行ってきた。とりわけ、日本の高度経済成長期には高速道路・新幹線や国際空港、巨大なダムなど大規模な公共事業が国主導の全国総合開発計画にそって日本各地に建設・整備されることになる。このような大規模な公共事業は、大多数の国民が少しずつ自分たちの利益を得た一方で、その開発が行われた地域では深刻な環境破壊をもたらし、そこで暮らす住民に大きな犠牲を強いてきた。

　代表的な事例をあげてみよう。名古屋新幹線公害では、1970年代に新幹線速度の高速化に伴って沿線住民は恒常的に騒音と振動の被害を受けた。裁判所に提訴し慰謝料は認められたものの、新幹線は交通機関として公共性があるとの判断から運行の差し止めはしりぞけられた。成田空港建設問題では本格的な国際化に向けて空港建設を政府主導で性急に進めた結果、用地選定や買収に抵抗・抗議する地元住民への機動隊の突入によって死傷者が多数出る事態を引き起こした。諫早湾干拓事業は、長崎県の島原半島と三角半島間を全長約8kmの堤防で閉め切ることで、食糧不足の時代に計画され食糧増産や洪水対策などを盛り込んだ農水省管轄の大規模な干拓事業である。干潟の浄化作用が十分機能しなくなったことで、かつて宝の海であった周辺の有明海では、泥の沈殿や水質汚濁によって二枚貝の死滅や海苔の色落ちなど漁業に壊滅的な被害を経験することになった。日本各地の水系に次々に建設されたダムのうち1970年代に北海道開発局によって計画された二風谷ダムは、工業用水や農業用水の取水などの利水対策および洪水調整などの治水対策といった多目的ダムである。しかし建設予定地は、少数民族であるアイヌが独自の文化をもって暮らしていた場

所（聖地）であった。日本の法律によって土地が国に強制収用されたが、先住民であるアイヌが口頭伝承で自分たちの土地や文化を築いてきたことが社会に認められることになった。

　大規模公共事業のなかでもとりわけ河川行政に大きな影響を与えたといわれているのは、愛知県の**長良川河口堰**の建設問題である。長良川河口堰建設計画では、地方自治体や旧建設省は、川底を浚渫し河口堰を建設することによって下流部の治水が果たされることを打ち出した。それに対して反対をした市民団体は、専門家や外部の運動と連帯しながら、河川は空間的には流域に暮らす住民の共有であり、時間的には次世代の人々との共有であることを裁判などを通じて主張した。その後、行政と反対運動側との直接的な対話（円卓会議）の場が設けられたが、科学的なデータに基づき専門技術的な土俵で終始議論は平行線をたどった（浜本2001；足立2010）。

　これらの大規模な公共事業では「**公共性**」の問題がクローズアップされ、改めて公共性とは何かが問いなおされてきたといえるだろう。というのも、「公共性」という言葉は、道路や鉄道、空港やダム・河川といった社会資本の整備を行政が推し進めるさいに、それらの事業を公共性の名のもとに正当化し、それに反対する人々に対して「受忍」を強いるための言葉として利用されてきた歴史をもつからである。

　環境社会学では、大規模な公共事業は「**受益圏**」と「**受苦圏**」という概念を用いて把握や分析がおこなわれてきた（舩橋1985）。日本全国に広範囲に広がっている飛行機の利用者は、その利便性を受けているという意味において「受益圏」に入る。他方、飛行機の騒音や振動に悩まされている空港周辺の住民は「受苦圏」に入る。

　飛行機の場合、「受益圏」に入るのは、飛行機を利用する人すべてであるので、日本全国をはじめ、日本に乗り入れる海外航空便を含むとたいへん広い地域の人々がこの範囲（圏域）に入ることになる。しかも航空機の運航や空港施設の維持管理は国によって担われているたいへん公益性の高いものであるとされている。

　一方「受苦圏」は、「受益圏」の広域な範囲に比べた場合、非常に局地化された「点」でしかない。したがって、飛行機というものは、みんなが利用するたいへん「公共性」の高いものなので、「多少の騒音は一部の周辺住民に我慢してもらっても当然ではないか」ということが頭にイメージされやすいといえ

るだろう。私たちはこのような広範囲に拡がる受益圏と局地化された受苦圏をどのように考えていけばよいだろうか。

2. ………海の危機と濁流問題
2-1. 政治化された濁流問題

　この章で掘り下げるテーマは、大規模な河川改修を行うことで生じる海の環境破壊である。1970年代後半まで日本における水産物の自給率は、農産物の自給率の低さを後目に100％を誇っていた。しかし、沿岸域の開発や資源の回復ペースを上回るような乱獲によって水産物は漁獲高が減り、輸入に頼らざるをえないような傾向が続いている。一昔前であれば産地表示を明示しなくても魚介物が地元の近海で獲れるのが当たり前だったが、冷凍技術や輸送網の発達によりアラスカや北大西洋、はては地球の裏側の南米から私たちの食卓に魚介物が届くようになった。水産物の自給率はグンと下がり1990年代には60％前後に落ち込んでいる。当たり前のように獲れた貝や魚が現在近海から姿を消しつつある。テレビや新聞などで紹介されるようになった越前クラゲの来襲や沖縄の海におけるサンゴの白化現象、コンブやアラメといった藻場がなくなる海の砂漠化（磯焼け）などは海の環境の変化としては顕著な事例である。海は生産力が高いかつての豊かな海とは異なる状況にある。

　海の養殖業者の人と話をしていると、雨が降ったら濁流が川から海へと勢いよく流れ、定置網に豚や牛が入るという被害を私たちに語ってくれる。濁流による被害とは何か？　もちろん魚ではなく豚や牛が定置網にひっかかる被害は、幾分誇張された言い方である。彼らが話す濁流とは、養殖という自分たちの生活や生業に具体的に関わってくる問題である。この章では、現在濁流問題として認識されている宮城県にある北上川の河口地域を事例に掘り下げて、「公共事業と環境破壊」について考えてみたい。北上川は岩手県と宮城県を流れる一級河川で、盛岡市、花巻市、北上市、奥州市、一関市などの都市部を通って、宮城県第二の都市である石巻市街から海へと流れる、日本で5番目、東北では最大規模の河川である。

　北上川の河口域では春先までワカメやコンブの養殖、カキやホタテの養殖をおこなっている。根付資源といわれる天然もののワカメやコンブ採取ではそれほど濁流は問題とならなかった。だが養殖用のワカメやコンブなどは海水面付近でおこなわれるため、濁流の程度と方向によってわずか一晩で全滅してしま

うこともある。たとえばワカメの場合、茎の間に水疱ができ、そこに濁流の水が入って膨れる。3日くらいすると水疱がなくなり、腐っていく。濁流の度合いが弱いとワカメの葉の色が変わる程度で済むが、ワカメとしてのうまみがなくなり商品価値を失ってしまう。またホタテの場合、貝柱とヒモの周りの黒い点（貝の眼にあたる部分）に濁流の泥の細菌が付着すると病気になって死んでしまう。養殖の生産物以外に、養殖いかだの浮きが濁流の強力な流速によって沈み、それが着底すると泥につかまって浮上してこなくなる被害が報告されている。河口部に近い所に仕掛けられる鮭の定置網も泥や流木、ゴミなどの漁業被害を受けている。

濁流問題は、大雨が降ってひき起こされる自然災害であり、人知の及ばない天災のようにふつう考えられる。しかし濁流問題に関して地元の人の話に耳を傾けてみると、必ずしも自然災害という言葉では表現しきれない部分がある。

> 「昔は人間が高度な文明を持っていなかった頃に、静かに流れてきた。今は開発が進んでいるために、それに河川行政は一刻も早く水を流そうと三方をコンクリートにして、雨が降ったらものすごい勢いでぶっとんでくる、しかも濁流になってね。川のものが海に流されて、定置網に豚がはいったり牛がはいったりする」（2005年宮城県石巻市北上町における漁業関係者からの聞き取り）

この語りから、濁流は自然の猛威とは異なって人為的にあるいは河川を管理する行政によってもたらされることを地元の漁業関係者が推察していることがわかる。質量ともに昔と比較にならない濁流が海に押し寄せているのである。

北上川の濁流問題の場合、その問題は河川改修の歴史に組み込まれている。とりわけ、100年前の明治以来の大規模な河川改修の公共事業によって顕著となった側面がある。すなわち濁流問題は、同じ濁流といっても過去・現在・未来とその中身を変えてきているのである。そこで北上川の歴史を振り返りながら、濁流の中身についてみていこう。

北上川の河川改修は古くは平安時代の武官であった坂上田村麻呂によって780年ころに行われている。本格的な整備が始まったのは、新田開発や舟運路を開いた江戸時代である。収穫した米を北上川の最終河口地である石巻に集め、そこから千石船によって江戸へと運ぶ。この東廻の航路を確立し、藩財政の基

盤を確立するための水運網を整備するため、伊達政宗は、仙台藩士であった川村孫兵衛に命じて河川の開削や切り替えを推進した。北上川の水流が安定し、水捌けが良くなったことで、40万石以上の新田開発を行うことに成功した。領国経営の構想に基づいて石巻から盛岡までの舟運路が完成し、その最盛期には仙台米は、江戸で消費される米の3分の2を占めたといわれている。明治23（1890）年に鉄道が開通するまでは、舟運つまり北上川の水運が「日本の食」を支えていたともいえる。

その一方で、北上川の下流部では「5月あって9月なし」、「3年に1度の常作」という言葉があった。春の田植えをしても9月に刈り入れる稲が水害によって失われたり、3年に1度ぐらい無事な収穫があればよいとするような水害の常襲地帯であったのである。ある資料によれば、江戸時代以降現在までおよそ400年間に334回もの水害が起きている。一年に一回のペースで水害が襲う計算である。

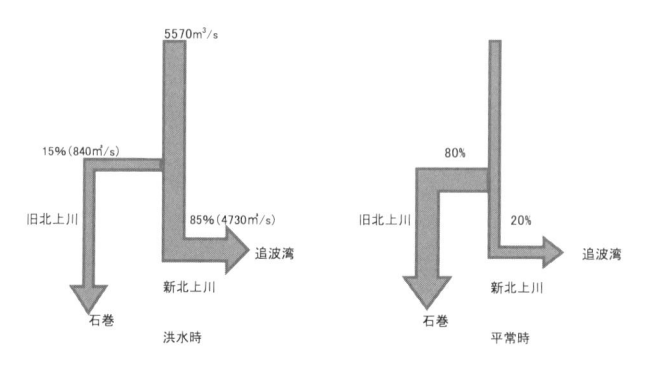

図1　洪水時（左）と平常時（右）の河川計画

このような度重なる北上川の氾濫や洪水を防ぐための大規模な河川改修工事が、今から約100年前の明治43（1910）年の全国的な豪雨を契機として計画される。その計画（図1参照）とは、下流域で締め切り堤防を造成し、新たな北上川を作る（田んぼのど真ん中を開削し放水路をつくり、追波川という小さな河川を広げる）という内容である。洪水時には約85％の水（毎秒4730㎥）を新北上川へ、残りの約15％（毎秒840㎥）を宮城県第二の都市・石巻市街へと流れる旧北上川に流す。平常時には、ほぼ流量が逆転して、約20％を新北上川へ、約80％を旧北上川に流す。昭和9（1934）年の完成まで24年にわた

る歳月をかけた国直轄の一大公共事業が行われたのである。先に見た漁業関係者は洪水時に被害を経験する新北上の河口の人々なのである。このおよそ100前の計画が今の濁流問題の出発点ともいえる。いいかえれば、水政策は、一世紀という長期にわたって、国土のあり方を左右することになるのである。

　明治における北上川改修計画の少し前、日本の水政策の100年間を決定づける法律が明治17（1896）年と翌年に相次いで制定される。**治水三法**（河川法・森林法・砂防法）である。ねらいは河川を排水路化していかに山に降った雨水を市街地に貯めずにいっきに終着点である海まで流すかということにあった。

　このことを北上川に照らせば、通常時には石巻市街と工業地帯を流れる旧北上川に水を大きく配分する。逆に洪水時には石巻市街への水の流入を回避し、東側を通る新北上川（＝「放水路」）へと流す計画である。そのため、石巻のための犠牲の上に新北上川はできたといっても過言ではない。流量の大幅な増加に耐えうるために、小さな河川を一級河川に改修する大工事が待ち構えていた。小さな川筋を掘削して川幅を拡げ、川底の土砂を浚渫することとなった。それにともなって、新しい河川に覆われる集落はまるごと移転を余儀なくされた。下流域に位置する石巻市街と工業地帯を「受益圏」にするため、新北上川流域は「受苦圏」として作りだされたのである。すなわち、河川が新たに"二股"になることで新北上川流域は、石巻中心街地域の利水・治水に従事する「受苦圏」と化したのである。これが濁流問題の原点である。

2-2. 河川の「流域社会」化

　以上みてきた流域における受益圏と受苦圏が分断している状況を打開するための方策としてどのような環境運動や環境政策があるだろうか。ここまで濁流問題の被害がどのように起こり、そしてそれはどのようなメカニズムによって生じるのかということをみてきた。ここで私たちがまず考えておかなければならないことは、「被害」を訴えることがなければその「原因」もわからないという点である。ましてや問題解決としてどのような手段を講じていいのかもわからない。

　北上川の場合、養殖業者や漁民が抗議してはじめて、「濁流問題」という問題があるのだと社会的に認知されてきたのである。行政的にいえば、河川を所管する国土交通省の守備範囲は水源地から河口部までであり、海の沿岸域は管轄外である。その結果、たとえ沿岸域に問題があったとしてもそれは自分たち

の守備範囲として扱えないものとなる。いわば濁流問題は問題として社会的に認知されていなかったのである。

　漁協が「濁流問題」に抗して運動をおこしたきっかけは、平成8（1996）年旧建設省（現国土交通省）が新しい分流施設を北上川の中流域につくる計画を発表したことだった。洪水時新北上川に100％の濁流を流すことで、石巻を中心とした市街地の洪水を防ぐという内容であった。しかし、沿岸域の住民とりわけ影響を直に被る漁民に対して協力を請うことは一切なかった。彼ら漁民は新聞に掲載されてはじめて新分流施設の計画を知ることになる。

　そこで河口域を囲んでいる3つの漁協組合と1漁連は、現在の環境が大きく変わる工事を進められたのでは、漁民の生活が脅かされるという危機感のもと、あまり活動していなかった濁流協議会という既存の組織を活発に機能させ、署名活動などを展開していくことになる。

　その結果、行政によって北上川河口周辺調査委員会および北上川河口周辺研究会が立ち上げられ、河口沿岸域までを計画域に含めるところまで進んできた。すなわち、公共事業が遂行されようとしたときに、河川域から"外れる"地域住民のコンセンサスをとりつけないと、河川政策は遂行できなくなったのである。このような社会的変化は、河川法の制定からちょうど100年経った平成9（1997）年の河川法の改正とも呼応している。これ以降、河川法には利水・治水に加えて、新たに「環境」と「**住民参加（コンセンサス）**」の項目が追加された。河川改修を行う際にも、水源、上流、中流、下流および河口域といったブツ切りにされた考え方から、「流域全体の環境」を考慮せざるをえなくなる方向性へとシフトしていったのである（谷内他 2009）。

　河川法の改正は、これまで河川の機能の細分化を推し進めてきた政策から河川の流域統合化へと後押しするものである。このような変化は、流量調整の結果生じた濁流被害を契機に、漁協を中心に抗議活動をおこなった結果である。河川の管理や利用において「何が問題なのか？」を設定するには、流域に分散した集団間でそもそも異なる場合が少なくない。このような流域における問題認識が集団（階層）間で異なることを「**状況の定義のズレ**」（脇田 2001）と呼んでいる。北上川の濁流問題の場合、河川管理者からすれば、河川の管理が目的となるので、海に関する漁業の被害は基本的には考えなくてよく、濁流問題を自然現象の一部と捉える傾向にある。他方、漁協の方は、政策、山の荒廃や都市のゴミなどによる人為的な現象として濁流を認識している。集団間による

状況の定義においてズレが生じる場合、「いかに解決するべきなのか？」という解決手法の選択に関して多様な集団が関与し参加するような場の設定が重要になる。それが「流域社会」の構想である（古川 2005；塚本 2009）。

　抗議活動によって、下流域の一部の意見にすぎなかった潜在的な被害を顕在的な受苦圏として社会的に認識させることはできる。受益圏を代弁する機関によって従来の公共性の枠組みから外されていた住民が、共同参画して「公共性」の中身について考えようとする意義は大きい。さらに、今日の流域社会はこうした抗議活動と並行して河川全体を「受益圏」に組み換えようとする途上にあるといえる。Give & Take の関係を生み出していくのではなく、お互いの地域を Give & Give の関係として結び付けていくような活動が、「流域社会」の構想である。具体的には、上流域にある盛岡市をはじめ 36 市町村が参加する「北上川流域市町村連絡協議会」では、下流にあたる河口域の清掃や水質・生物調査などを実施したり、下流域の住民とともに水源地にブナの苗木を植える活動をしたりすることを通して、濁流問題も含めた北上川の水質環境を改善することを目指している。また、行政が先導するだけでなく、水環境の保全・水辺創造や河川の歴史文化の理解と活用などの事業を担う市民団体どうしのネットワーク組織である NPO 法人「北上川流域連携交流会」がすでに立ち上がっている。

　これら官民あげたさまざまな交流事業は、セクション別に分かれて硬直していた組織を流動化させ、流域社会をひとつの単位とした主体性を発揮することを要請する。すなわち、森・川・海を所管する林野庁・河川局・水産庁といった異なる部局を横断することで一体化した政策を志向する可能性をもつことになる。

2-3. 地域の生き残りをかけた養殖業

　流域社会の運動としては、同じく宮城県の北部地域で展開された「森は海の恋人」運動が全国的に知られている。森林の荒廃によって養殖の牡蠣が育ちにくくなったという推論をもとに、海の人々が中心になって漁船に用いる大漁旗を山に掲げて木を植える活動を行っている。森の役割や物質循環に目を向けることによって、海と山とがつながっているということを「恋人」という卓抜したフレーミングで多くの支持と資源をこの運動は獲得したのである（帯谷 2004）。

北上川の河口も、コンブにとって必要不可欠なミネラル分を多く含む。その意味で森は海の恋人だといえる。ただし、ここでの恋人は、川と海とが付かず離れずの恋人である必要がある。というのも、良質のコンブを養殖するためには、淡水が流れ込む海域を必要とする。他方で、川と海が近すぎると濁流が押し寄せたときに酸欠でコンブが壊滅状態に陥ることもあり痛手を負う。それだけ川と海の関係が密接であるので、北上川は養殖物にとって良い面と悪い面を両方合わせ持つことになる。

　海と川との付かず離れずの"微妙な"関係性が、実は、濁流問題を顕在化させ、流域社会化を後押しし作り出していることが近年見えてきている。この流域社会化を促している社会のミクロな動態をつぎに押さえておきたい。

　北上川の濁流問題における「問題」は、私たちが通常英語でいうところの**プロブレム**（problem）ではなく、**イッシュー**（issue）化された問題といえる[1]。イッシューとは、社会問題化された問題と言われ、社会的にそれが問題であるものとして、みんなが関心をもつようになった問題である。環境問題の多くの場合、私たちはこのイッシューを扱うが、イッシューの問題点は、マスコミなどによって社会問題化されないと「問題」にならないことにある。

　もちろんイッシューは、これまで本章で問うてきたように大切なことである。しかし、この節では、イッシューの裏側にある文脈や状況もしくはイッシューを作り出している**コンテクスト**（context）に着目して、人と環境の関わりのなかで生み出されてくる「濁流問題」を捉えなおしてみたい。

　北上川河口付近は日本におけるコンブの南限域にあたる。つまり、これより南域でコンブを育てることはできないということをこの言葉は示している。養殖技術によってこの海域まで南限域は下がったことになる。大昔から養殖があるのではなく、現役世代として先駆者が働いているほど歴史としては新しい。ワカメとコンブの養殖が本格的な軌道に乗り始めるのが、昭和50年代半ば、その後ホタテ養殖と続いていく。現在北上河口地域の沿岸では、後継者が確実に育つなど養殖が地域の「基幹産業」として成立している。ただし、単純に北上川が栄養分を運び、適度な淡水がコンブの成長に良いからそこに産業が自然発生的に成立しているわけではない。養殖の成立は、どのようにすればその土地で生きていけるのかという地域としての"賭け"が大きく関係している。

1　寺口は、社会のなかでクリアカットされた特定の問題を焦点化するものをイッシュー志向、それに対し、生活世界のなかに埋め込まれた諸要素を包括的に把握するコンテクスト志向に研究を位置づけている。

養殖が登場するまで、浜の生活は、アワビ・ウニ・天然のワカメ・コンブそれからノリ・ヒジキなどの根付資源である磯物が中心を占めていた[2]。とりわけ、アワビはそれだけで一年間生活をすることができるほど、根付資源の大黒柱として、漁家の安定的収入源になっていた。漁協による資源管理と開口日を決めて個々人がアワビを獲っていた。ただし、個人の技量が漁獲高に直接反映されるため、腕の良い人とそうでない人の間に地域内部における格差を生みだすことになった。そして漁の期間が限定されているため、それ以外は関東地方への出稼ぎが生計をたてる上での大きなウェイトを占めていた。

　このような状況のなかで、地域の地場産品で個人の能力や環境に左右されずに家族とともに地元で暮らしをしていきたいという気持ちが高まってくる。そこで動いたのが漁協の青年部だった。すでに先進的にワカメ養殖をおこなっていた岩手県や北海道を視察し、養殖導入の機運をうかがい、青年部指導のもと50世帯以上の漁家がまとまって試験的に養殖ワカメを始めることになった。導入した当時、養殖の知識や技術は乏しく、失敗を繰り返していた。それでも、研究を重ねながら、これまで波が高く"未利用だった"外海への開拓を行うことで、環境に左右されることなく生産は安定的なものになっていった。

　関東への出稼ぎとアワビの開口によってかろうじて人々は地域にとどまっていたが、ワカメの養殖の導入に伴って、出稼ぎ期間が短縮される[3]。養殖ワカメは、秋に採苗・苗付けをすると翌春には採取できる短期栽培の品種である。アワビの開口時期以外の冬期には、遠方への出稼ぎから近距離にある石巻市内の水産工場での季節労働へと、徐々に就業構造が変化していく。さらに出稼ぎに頼らず、家族と共に暮らすためにワカメの採取後から冬期に至る空白期間を埋め合わせようとする動きが地域からでてくる。それがコンブとホタテの養殖である。

　すなわち、コンブとホタテの養殖は、漁家所得の目減りを防ぐためのワカメの裏作としての意味合いをもって登場してくる。養殖コンブはワカメの種付けと収穫の後にそれぞれ位置づけることができ、半年で成長し刈り取ることができる促成品種である。ホタテは主に夏にネットの入れ替えなどの作業をおこなって収穫までに2年半かかる。その一方で、値段がはるのでこれらを個々人が

---

[2] 同じ旧北上町十三浜でも地域によって特徴が異なる。たとえば相川という集落では林業など山の生活に依存していた地域もある。
[3] 6カ月を割る場合、失業保険から除外される。

生活戦略と生業をうまくかけ合わせることで、「リスク分散」と「周年漁業」を確立させている（図2参照）。このことにより、失業保険とアワビと季節労働という高収入だが不安定な生活から、その地域で暮らしを立て将来についての見通しがたつようになったのである。

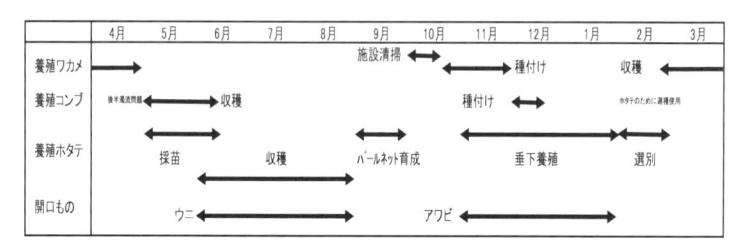

	4月	5月	6月	7月	8月	9月	10月	11月	12月	1月	2月	3月
養殖ワカメ						施設清掃	← →	種付け			収穫	
養殖コンブ	後年萬流問題	収穫					種付け			ホタテのために通常使用		
養殖ホタテ	採苗		収穫			パールネット育成		垂下養殖		選別		
磯口もの		ウニ				アワビ						

図2　Tさんの生業戦略[4]と周年漁業

　養殖が軌道に乗るまでには、「出稼ぎでお金をもらっている人がいるのに、（養殖になぜ）金を出すのか」という批判ややっかみが身内からもでた。同じ養殖でも銀鮭養殖が隣接地域でお金になるということでブームになっていた。しかし、地域の選択として、当該地域は銀鮭の養殖を禁止している。磯のヒジキやフノリなどが鮭の餌で生臭くなり、一握りの金獲りのために磯物が汚れることは認められないという考えからであった。つまり個人主義ではなく、ワカメ・コンブ・ホタテ養殖は、「地域」としての産業育成の側面を強くもっていることがわかる。この選択が明暗を分けることになる。銀鮭養殖はその後値段が暴落し、施設や餌代などで膨大な借金を養殖業者に背負わせることになる。「餌だけでなく、山まで食ったとか、家も食ってしまったとか、人も喰らったとか」という話が伝わっている。

　周年漁業が確立するなかで、後継者も育ち、この地域での生業を成り立たせる基盤ができる。それにともなって、当初"未開拓だった"海は、現在立錐の余地もないくらい許可の限度いっぱいまで養殖施設が拡がっている（図3）。これと呼応して、海と川の関係は密接なつながりを持つことになる。すなわち、海の養殖にとって川は、有用生産物の栄養となるミネラルを運んでくれるプラスの側面と雪解け水などの洪水時には被害を受けるマイナスの側面両方を併せ

4　さまざまなケースが考えられる。ホタテのところを刺し網漁業を営んでリスク分散と規模拡大を行っている漁家もある。

持ったアンビバレントな意味が埋め込まれた存在となる。地域の基幹産業としての養殖が未開拓の外海に拡がるにしたがって、カッコつきの「濁流問題」は身の丈に合わせたものとして捉えられるようになる。どういうことか。

　現在北上の養殖ワカメは一級品だということで、「十三浜のワカメ」として仙台市内の百貨店などでのぼりが立ち、ブランドが確立している状況にある。このブランドが確立するまでの過程には、養殖業者による技術革新があった。垂下式から水平式といわれる養殖技術への転換である。この技法は海水面に近づけることによって光合成を促進させ、獲れる量は目減りするがワカメの品質を向上させる意味とワカメの下でコンブを同時に養殖できることを可能にした。他方、海水面に近づけることは、表層を流れる濁流の影響を被ることになる。

　養殖導入当時は乾燥ワカメとして出荷していたが、他地域と差別化するためにボイルワカメと呼ばれる湯通し塩蔵ワカメに地域としていち早く取り組んでいる。ボイルワカメへの切り替えは、栄養素の保存・触感・風味それから美しい緑色のワカメを嗜好する消費者へのニーズに応えるものである。さらにワカメ養殖の元になる種苗は、現在3種類、鳴門・塩釜・岩手産のものがあり、鳴門や塩釜の種苗は早種で早く収穫でき、収量はあがるが品質上見劣りする。それに対して、岩手産の種苗は、葉肉が厚く品質的にも良い品種であるが、鳴門のものと比べると収穫時期が遅れ、この時期がちょうど濁流（＝融雪洪水）にぶつかるのである。それでは、濁流を避けるため、早種を多く用いればいい

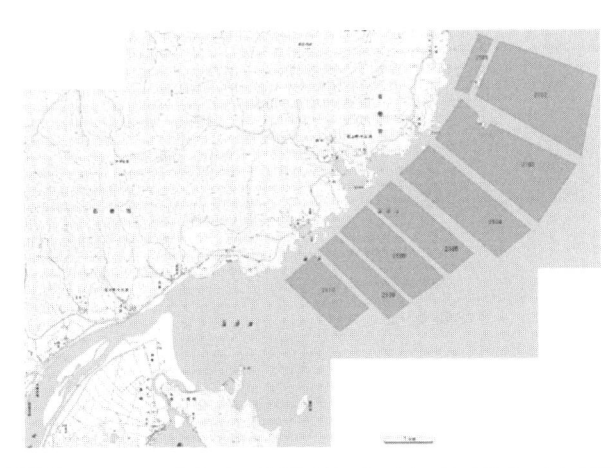

図3　海面図（漁協資料より作成、左下が新北上川、その右上の河口域にみっちり拡がる養殖場）

かとふつう思ってしまう。ところが、浜ごと・漁家間で「あちらの家よりは良いものを」「（等級の）落ちたものは出せない」と品質を問う競争心が地域のなかで働く。結果、さまざまなリスク分散はするけれども、そのリスクを超えて良い製品を出すことを養殖業者は心掛けている。彼らは、濁流という現象や問題とのギリギリの交渉のなかで自らの選択をしているのである。

　品質を向上させるワカメのブランド化は、「濁流問題」を顕在化させ尖鋭化させる。品質を問わないワカメであれば、濁流の時期を外せばよいし、垂下式の技法でかつ漁場も濁流の及ばない場所でおこなえば濁流を十二分に避けることはできる。その場合たとえ濁流が出ても濁流問題は社会的に存在しなかったことになる。しかし、「濁流問題」が社会問題として現れた背景には、地域の"生き残り（＝survival）"をかけた戦略が、コンテキストとして埋め込まれているのである。舟運の衰退およびモータリゼーションの進展に伴って陸の孤島と化した三陸沿岸の一地域に、ワカメ・コンブ養殖を主とした基幹産業が成り立ち、後継者が育つ存立基盤が確立することによって、「濁流問題」は社会化されたのである。単純に濁流問題がそこに存在しているのではなく、「濁流問題」を加害・被害側双方が作り出しているのである。

3.　………流域社会を支える存在問題——「海のカナリア」

　ここでは受苦者によるプロテストの"プラス"の評価を試み、理論的考察を踏まえながら整理してみる。

　これまでみてきたように「受苦圏・受益圏」という概念によって、受益と受苦の差し引きが可能となり公共事業を体系的に把握しやすくなった。北上の事例の場合、河川が新たに"二股"になることで、新北上川流域は石巻中心街地域の利水・治水に従事する「受苦圏」と化した。他方、この概念はプラスマイナスの効用としての機能論に陥り、意味をもった受苦を捉えられていないのではないかという批判がある（植田 2004）。熊本県川辺川ダム水没地を調査した環境社会学者の植田今日子は、受益・受苦といった「**分配問題**」では抜け落ちてしまう問題について、「**存在問題**」をクローズアップし、差し引き勘定不可能な受苦が具体的にどのように経験されたのかを明らかにしている。すなわち、前者の分配問題では資源分配がうまく機能していなかったり、受益と受苦のバランスが不均衡になることを解消しようとする。それに対して後者の存在問題は、生活の場において自分たちがどのように在りたいのか、というそこで暮ら

す住民固有の立場をも含み込む志向性を捉えようとする。具体的には、公共事業の見直しが高まるなかで川辺川ダムに沈む水没予定の地域は、世論とはかけ離れた「早期着工」を表明することになった。公共事業の早期着手を訴えることは、住民自らの利益を最大化しているとして世間一般にはみられる。しかし植田は、その意思表明には、ダム本体の着工を要求することではなく、むらがむらとしてのスタートをきろうとする社会的存在としての訴えであったとみている。

　もちろん、「公共性」から漏れた問題とは何だろうかと問われた時、住民の「存在問題」はたいへん重要な視角である。ただし、存在問題が、単に自己閉塞的に住民の世界に完結したものではなく、より対外的な社会関係へと拡がっていく問題として考えてみる必要はあるだろう。なぜならば、存在問題がもし自己閉鎖的な問題とするならば、受益圏と受苦圏がそもそも分断しているという論理を乗り越えることにはならないからである。したがって、受益・受苦という分配問題によって引き起こされる大規模公共事業の住民たちの存在問題から出発して、再度、受益・受苦を生み出す「分配問題」を乗り越えることができるような分析視角をさいごに提供したい。

　これまで事例を通して見えてきたのは、存在問題をベースにして、受益・受苦を解消し、配置転換を促していく「流域社会」化の動きである。濁流問題は、100年以上遡った明治以来の大規模公共事業の産物として産み落とされたものである。しかし、この問題をより尖鋭化された形で私たちの目に見せてくれているのは、地域における養殖業という生産基盤の確立と発展なのである。養殖の時期と場所の拡がりが濁流被害を人々に感知させやすくなっているといってもよい。

　この漁民による肌感覚ともいえる感知能力は、たとえてみると「炭鉱のカナリア」と同じ機能を持つ。炭鉱のカナリアは炭鉱で発生する一酸化炭素やメタンなどの窒息ガスや毒ガスを早期発見するための警報としての意味がある。同様に「海のカナリア」として異変を感知する養殖漁業者は、可動堰や分流施設、ダムや砂防施設といった行政計画、および過疎による山の荒廃や都市のゴミなどで生じる問題を"可視化（見えやすく）"させ、分断していた川を流域一帯として社会化する効果をもつ。いわば地域の生き残りをかけた取り組みが、「海のカナリア」を鳴かせているのである。

　公共事業による環境破壊の現場は、意図せざる結果として、流域社会という

環境価値創造の母胎となっているのである。すなわち、川を含めて森も空（天気）も海の恋人なのであるが、この時の恋人は単に恋こがれるほのぼのとした良い関係だけを意味しているのではなく、密接な間柄だけに喧嘩もするし、争いもする得体の知れない存在でもある。しかし、それをいかに受け止めたり上手くかわしたりするのか、という付き合い方がここでは肝心である。

　ここから見えてくることを少しだけ一般化してみると、なぜ環境問題が顕在化しているのかを考えた時、イッシュー化された「分配問題」を手掛かりとしつつも、その奥には人々が工夫を重ねてきた地域の"生き残りをかけた"生活戦略（「存在問題」）が埋め込まれていることを見逃してはならない。このような人びとの暮らしのなかに組み込まれた環境問題は、それ自体被害（受苦）として現れるだけでなく、加害－被害（受益圏・受苦圏）という固定的な関係性を組み換える力（流域社会化）をもっているといえるだろう。

◆討議・研究のための問題◆
1. 最近の新聞から公共事業と環境破壊に関する事例をとりあげ、自分たちなりの分類を試み、雑誌論文（たとえば『環境社会学研究』）から公共事業関連の論文をひとつ読んで比較検討してみよう。
2. 本章では公共事業を否定的な側面から切り取っている。しかし公共事業は全面的に否定されるものでもない。任意の公共事業を選び出し、公共事業の功罪について検討してみよう。
3. 自分たちの近くにある河川をひとつ選び出し、その河川の歴史を調べ公共事業と環境破壊の関係を探るとともに、その関係性がどのように生み出されたり、よりよい関係をむすぼうとしたりしているのか、あるいは悪化したのかを検討する。
4. 「森は海の恋人」など、それまでつながっていなかったものが結び付いた事例を流域社会論としてひとつとりあげ、それはどういう理屈と論理でつながっているのか、を文献や新聞等を用いて検討する。

【参考文献】
足立重和，2010，『郡上八幡　伝統を生きる―地域社会の語りとリアリティ』新曜社．
熊本一規，2000，『公共事業はどこが間違っているのか　コモンズ行動学入門―早わかり［入会権・漁業権・水利権］』れんが書房新社．
依光良三編，2001，『流域の環境保護』日本経済評論社．
和田英太郎監修，谷内茂雄他編，2009，『流域環境学―流域ガバナンスの理論と実践』京都大学学術出版会．
千葉修・菅野俊作，1976，「漁村の過疎化と賃労働兼業の展開―宮城県桃生郡北上町」，斎藤

晴造編『過疎の実証分析―東日本と西日本の比較研究』法政大学出版会，pp.249-74.
古川彰，2005，「環境化と流域社会の変容―愛知県矢作川の河川保全運動を事例に」，『林業経済研究』51（1），pp.39-50.
塚本善弘，2009，「連携・交流に基づく流域管理体制の構築と課題―北上川河口の「濁流」問題提起から「コモンズ」としての流域へ」，『アルテス　リベラレス（岩手大学人文学部紀要）』84，pp.127-49.
植田今日子，2004，「大規模公共事業における「早期着工」の論理」，『社会学評論』55（1），pp.33-49.
舩橋晴俊，1985，「社会問題としての新幹線公害」，舩橋晴俊・長谷川公一・畠中宗一・勝田晴美『新幹線公害』有斐閣，pp.61-94.
帯谷博明，2004，「「森は海の恋人」運動の再生と展開―運動戦略としての植林活動の行方」，『ダム建設をめぐる環境運動と地域再生―対立と協働のダイナミズム』昭和堂，pp.108-130.
宮内泰介研究室編，2007，『北上川河口地域の人と暮らし―宮城県石巻市北上町に生きる』北海道大学大学院文学研究科宮内泰介研究室．
水資源協会編，2003，『北上川―滔々たる北の大河』財団法人水資源協会．
寺口瑞夫，2001，「（B）環境社会学のフィールドワーク」飯島伸子・鳥越皓之・長谷川公一・舩橋晴俊編『講座環境社会学　環境社会学の視点』第1巻，pp.243-260.
成田他，2009，『河川事業（旧北上川分流施設改築事業）と環境への配慮（その1）［情報共有化とそのプロセス］』2009年度環境アセスメント学会報告資料．
脇田健一，2001，「地域環境問題をめぐる"状況の定義のズレ"と"社会的コンテクスト"―滋賀県における石けん運動をもとに」，舩橋晴俊編『講座環境社会学　加害・被害と解決過程』第2巻，pp.177-206.

column
福山市・鞆の浦
──歴史的環境保存運動の蓄積がもたらした画期的判決

森久　聡

　歴史的な転換点とは、無数の人びとの地道な努力の積み重ねによってようやく生み出される。福山市・鞆の浦の歴史的環境の保存と開発に関する広島地裁の判決は、まさにその一つと言えるだろう。

　2009年10月1日、広島地裁は、鞆の浦の歴史的景観を保護するために広島県知事に対し公共事業の差止めを命じる画期的な判決を下した。この裁判の背景には、江戸期に改築された鞆港の湾内を埋め立てて県道を建設する港湾整備計画をめぐる長年の地域論争があった。

　地域住民は二分されている。貴重な歴史的環境として鞆港を守るべきと考える人だけではなく、現代の生活には道路が必要と考える人も多いからである。そして行政が道路派の後押しで事業を進めると、住民対立は根深くなっていった。そうしたなか、この計画には法的手続きとして、埋立予定地の排水権利者全員から計画同意を得る必要があることが判明する。だが計画反対の権利者の意思は固く、当時の知事と市長は正式に計画を断念したのだった。ところが後任の福山市長は全権利者の同意なくとも事業は実施可能と主張し、知事も法的手続きを進めようとした。そこで保存派住民は手続き差止めを求める行政訴訟を起こしたのである（2007年4月）。

　争点は次の3点である。（1）港周辺の住民は独特の美しい景観による利益を享受してきたのか、そして道路建設は景観利益を損なうのか、（2）計画策定に先立つ交通量調査や環境影響調査の信頼性の問題と行政は道路以外の政策を十分に検討したのか、（3）全排水権利者の同意なしに事業を進めるのは合法か。公判では、様々な原告住民が「鞆の浦の歴史的環境はかけがえのない大切なもの」と訴えた。また裁判官が現地を訪れて、原告から鞆の浦の歴史的環境と道路計画の影響について説明を受けるなど、約2年半かけて裁判は進行した。

　そして判決で広島地裁は、原告の景観利益を認め、道路建設が景観利益を損なう可能性を指摘した。さらに鞆の浦の歴史的環境は、その文化的・歴史的価値から公益性が高く、特別に保護すべきとさえ述べる。そして行政の判断は、事前調査の信頼性が乏しく代替案の検討も不十分で、合理性を欠くとして手続き差止めを命じた。保存派の主張が全面的に認められたのだ。

　1960年代以降、地域固有の歴史や風土を無視した開発政策に抵抗する、いわゆる町並み保存運動が全国で生まれた。しかし多くの運動は開発政策を進める圧倒的な政治力に敗れた。そのなかで鞆の浦の判決は、保存運動の主張が認められた希少な事例である。これは古いものを壊して次々と新しく造るスクラップ＆ビルド型の開発政策から、地域資源を修復・修繕して活用するリハビリテーション型のまちづくりへと時代が転換したことを示す。だが、この画期を生んだのは全国の保存運動の蓄積であり、これは歴史的環境保存運動の集大成なのである。

【参考文献】
森久聡, 2005,「地域社会の紐帯と歴史的環境─鞆港保存運動における〈保存する根拠〉と〈保存のための戦略〉」『環境社会学研究』11, pp.145-159.
森久聡, 2008,「地域政治における空間の刷新と存続─福山市・鞆の浦『鞆港保存問題』に関する空間と政治のモノグラフ」『社会学評論』234, pp.349-368.

column
川辺川ダム

森　明香

　2008年9月11日、蒲島郁夫知事は「球磨川そのものが、守るべき宝」「現行の川辺川ダム計画は白紙撤回し、ダムによらない治水対策を追及すべきであると判断した」と表明した。川辺川ダム計画が発表されてから42年後のことである。

　川辺川は熊本県南部を流れる日本三大急流・球磨川の最大支流で、流域面積533km²、流長61km、環境省や国交省から水質日本一と評される清流だ。

　川辺川にダムを造るという構想は1950年代の「球磨川総合開発計画」に端を発する。戦後復興期の当時、電力確保は必須課題であり、球磨川でも民間企業による水力発電ダムが造成されていた。球磨川水系最大規模のダム構想はこうした時代を背景に、発電ダムとして登場した。このダム構想に対し水没予定地住民はダム建設反対を固持、その結果事業者であった電源開発は水没予定地の協力が得られないこと、事業費を賄えないことを理由に撤退する。

　消失したはずのダム計画は、3年連続で流域を水害が襲った翌年の1966年、事業主を国とする多目的ダム、川辺川ダム計画として再び姿を現した。2村528戸を水没対象とする川辺川ダム計画に対し水没予定地から反対の声はあがったが、当時の新聞からは必ずしも頑なな反対ではなかったことがうかがえる。水没予定地では、多数派のダム建設条件付容認と少数派のダム建設慎重とに分かれて水没補償交渉を進め、慎重派は裁判闘争を展開し「墳墓の地を守ろう」とダム反対の気勢を上げていた。急峻な山々に囲まれ農林業を主とし村落共同体の互助システムが生活に根付いていた地域は、川辺川ダム問題をめぐって対立を深めるが、やがて1990年にはダム計画を受入れダム推進へと足並みを揃えていく。

　中下流域で市民レベルのダム反対運動が展開されるのは、1990年代以降である。清流球磨川・川辺川に親しみ産業や生活面で多大な恩恵を受けてきた川漁師や流域住民は、既設ダムの経験から、ダムが川をいかに変えるのか身を持って知っていた。またダムの"受益者"であった流域の農業者の間では、農業の先行きへの不安や水利用の費用増大への懸念から、ダム利水への疑問が生じていた。こうした思いは「豊かな生態系を育む清流を残したい」「身の丈にあった利水事業」を志向するダム反対運動として結実する。ダム推進派となった水没予定地との齟齬を抱えながら、90年代以降のダム反対運動は下流域から熊本市や東京など都市部にも広がり、2000年以降には利水事業をめぐる裁判闘争、漁業権の強制収用に対して勝利をおさめていく。同時にこの運動は討議プロセスとして「住民討論集会」を編み出した。「熊本方式」と呼ばれるこの手法は、最終的な合意には至らなかったが、事業の必要性を県民一人ひとりが考える契機となった。

　流域では現在、ダム建設を見越して長年放置されてきた流域の水害対策と長期化したダム計画で疲弊した水没予定地の振興という課題を抱えている。豊かな里山、里川という「地域の宝」を守り活かすような解決策が望まれる。

【関連文献】
黒田弘行, 2010, 「川辺川　脱・ダム学入門」『週刊ひとよし』No.608-621での連載.
高橋ユリカ, 2009, 『川辺川ダムはいらない―宝を守る公共事業へ』岩波書店.

第6章
自然保護問題

●茅野恒秀

1. ……自然保護問題とは何か

　自然保護問題とは何だろうか。地球上に数少なく残された原生林の破壊、過剰な焼き畑耕作による熱帯林の減少、水田の周りの草地に生息していたチョウ類の絶滅、人里にやってきたクマやサルによる畑の農作物被害、人間が持ち込んだ外来生物による生態系の激変……これら全てが自然保護問題である。この問題群の特徴は、第1に、地域固有の姿かたちを維持してきた自然生態系に、何らかのゆがみが生じて、持続性が脅かされていること、第2に、そのゆがみの発生の原因に人間の諸行為が深く関わっていることが挙げられる。本章では、この特徴を踏まえて、自然生態系および人間による自然利用の持続性に関する諸問題を自然保護問題と呼ぶことにしよう。

　社会学的視点から自然保護問題を検討するとき、重要な問いを3つ提示しよう。

　第1に「なぜ自然を保護するのか」という問題である。「かけがえのない自然」というキャッチコピーをよく見かけるが、よく考えてみると、それには2つの意味があるように思われる。1つは、生物種が自然生態系の中でそれぞれ固有の役割を果たしていて、それが「かけがえがない」存在であるから破壊してはならないとなる。もう1つは、生物種が食料や薬の原材料など、私たち人間社会にとって有用であり、「かけがえがない」資源であるから大切にすべきというものである。2つの論理は、現実の自然保護問題の中では、交錯しつつ人々に受容され、主張されている。

　第2に「どのような自然を保護するのか」という問題である。手つかずの自然こそ貴重で価値が高く、人の手によって攪乱された自然は価値が低い、とすれば明快だが、問題はそう簡単にはいかない。第1の問題と重なるが、どのような自然が保護されるべきかは、その自然がおかれた客観的な状況とともに、

地域の履歴やその自然保護問題の来歴に、さまざまな程度において左右されるといってよい。

第3に「どのように自然を保護するのか」という問題である。第1、第2の問題からわかるように、保護される自然に個々の事情があるならば、それに応じて、保護の方法や誰が保護の主体となるのかを確定していかなければならない。

これら3つの問いは、いずれも自然が究極的には「みんなのもの」であることに由来している。環境社会学では、地域住民を中心とした人々が共同で所有・利用・管理している自然環境を「**コモンズ**」ととらえ、その特性を踏まえた問題構造の解明や問題解決に資する研究を蓄積してきた[1]。所有形態が公有であれ私有であれ、自然環境が存在することによる恩恵は、誰もが享受している。そして、その恩恵を受ける人々は、直接的には地域住民が中心となるが、最外郭まで拡大すれば地球レベルにまで広がることになる。ゆえに3つの問いへの解答は、地域住民と地球市民の双方によって形成され、納得されるものとして探求する必要があるだろう。

本章では、自然保護の考え方や自然保護に関する政策と環境運動の経過をふり返り（第1節）、具体的事例に依拠して問題の発生から解決までの道筋を検討し（第2節）、「みんなのもの」としての自然を保護する社会的しくみについて考察しよう（第3節）。

1-1. 自然保護とはどのような考え方か

生態学者の沼田眞によれば、自然保護という用語や考え方は、日本では1930年代から使われるようになってきた[2]。諸外国ではその以前から、ヨーロッパで王侯貴族の狩猟のために森林とそこに生息する野生動物の保護が、北米で自然保護とレクリエーションを目的にイエローストーン（アメリカ）やバンフ（カナダ）などを**国立公園**に指定する取り組みが行われていたが、1947年に**国際自然保護連合**が発足したことを境に、理念や活動が世界各国に広がることになった。

当初、国際自然保護連合は International Union for Protection of Nature (IUPN) と称していたが、発足から9年後の1956年の総会で、その名称を

---

1 宮内泰介・井上真編, 2001, 『コモンズの社会学―森・川・海の資源共同管理を考える』新曜社.
2 沼田眞, 1994, 『自然保護という思想』岩波新書.

International Union for Conservation of Nature and Natural Resources（IUCN）に変更した。この変更は、「保護」の意味を、**Protection** から **Conservation** に、また保護の対象を「自然および自然資源」に広げるきっかけとなった。保全生態学者の吉田正人は、Protection を「手をつけずに守る」（＝保存または防護）、Conservation を「上手に利用しながら守る」（＝保全）と両者の違いを整理し、沼田眞はこれを「狭義の自然保護」から「広義の自然保護」への変換ととらえ、自然保護の方法の大きな変化だったとしている[3]。なお、保護の方法は、どのような自然を対象とするかによって異なる。人為の加わっていない原生的な自然のように Protection が望ましい自然と、人為を加えながら持続的に利用することが可能で Conservation が適用できる自然とがあり、必ずしも全ての自然保護が利用を前提としているわけではないことに留意が必要である。

1-2. 自然保護をめぐる環境政策と環境運動

　自然保護をめぐる初期の環境政策と環境運動は、「貴重な自然、風光明媚な自然を守る」ということに主眼がおかれていた。日本では、1919 年に史蹟名勝天然紀念物保存法（現・**文化財保護法**）、1931 年に国立公園法（現・**自然公園法**）がそれぞれ制定され、貴重な自然を記念物として、風光明媚な自然を公園として区画し、人間の生活圏と隔てて保護を進める動きが明確になっていた。これには、世界（欧米）の自然保護政策の流れが影響している。**国有林**においても、1925 年に山林局（現・**林野庁**）から出された「保護林設定に関する件」において、**保護林**は学術参考保護林と風致保護林の２種が設定され、学術的に貴重な場合と風景維持に必要な場合において、伐採を見合わせる措置がとられることとなった。

　このような政策は、当時の環境運動の動向を踏まえたものでもあった。1929 年に国立公園協会、1934 年に日本野鳥の会、1947 年に日本鳥類保護連盟、1951 年に**日本自然保護協会**がそれぞれ発足しているが、各団体ともに、初期の構成メンバーは大学教授など専門家や、作家・登山家・財界人など文化人が多くを占めており、自然保護の根拠として、学術的に貴重な自然、風光明媚な自然を守ることを主張していた。会の名称に初めて「自然保護」を冠した日本自

3　吉田正人，2007.『自然保護—その生態学と社会学』地人書館．および沼田眞，前掲書．

然保護協会の前身は、1949 年に結成された尾瀬保存期成同盟であり、そのきっかけは日光国立公園に指定されていた**尾瀬**を水力発電開発から守ろうとするものであった。このため、日本の自然保護は尾瀬から始まったとされることも多い[4]。

　地域に暮らす生活者が自然保護を訴え、その声が広がりを持つようになるのは、高度経済成長のひずみが、公害や自然破壊という形で全国的に明らかになる 1960 年代後半まで待たなければならない。全国各地で海岸や干潟の埋め立てや、奥地自然林の大規模な伐採が起こり、「新浜を守る会」（千葉県）、「出羽三山の自然を守る会」（山形県）など住民運動が組織されるようになり、1971 年にはそれらの一部が結集して「**全国自然保護連合**」が結成され、各地の自然破壊の実態を告発した『自然破壊黒書』が発行された[5]。

　前述の尾瀬では、観光開発のための「尾瀬車道」が計画され、国立公園を縦貫する車道と、もっとも厳正に保護される特別保護地区の尾瀬沼から徒歩 20 分の距離に駐車場建設が予定されていた。これに対して、1971 年に「尾瀬の自然を守る会」を設立した平野長靖は、車道建設による自然破壊に次のような危機感を表明している。

　　「この春、雪どけとともに尾瀬の入口、三平峠をめざして急ピッチで進んで来た観光車道建設の工事に、あまりに遅れはしたが、私たちは反対の小さな行動を起こした。（中略）この峠には、ブナやミズナラの美しい緑の中に明治以前から細い街道があって、大正、昭和と何百万人かの人々に親しまれてきた。ニオイコブシが咲きコマドリの歌う斜面を切り崩し、冷たい岩清水をつぶした工事自体、やはり破壊というほかないであろう。「この美しさをいつまでも。一木一草を大切に」と書かれた立て札が土砂に押し倒されていた。この車道がさらに稜線を延びていった時に予想される大量の破壊、植物や野鳥などへの致命的な影響、どっとマイカーが押し寄せる日の尾瀬沼周辺の混乱などを考えて、私たちはこの道路に反対したのである。[6]」

4　日本自然保護協会, 1985,『自然保護のあゆみ』日本自然保護協会. および石川徹也, 2001,『日本の自然保護』平凡社新書.
5　全国自然保護連合編, 1972,『自然破壊黒書―自然は泣いている』高陽書院.
6　平野長靖,「なぜ車道に反対するか」1971 年 9 月 22 日付東京新聞.

第 6 章　自然保護問題

平野らは、新設された環境庁の大石武一長官に、現地視察を依頼し、大石は視察後、尾瀬への自動車乗り入れは認められないとする基本方針を示し、車道計画は中止となった。環境運動と環境政策が連動して、眼前の問題を解決した例といえる。

　自然保護をめぐる環境政策は、戦後、1963 年に**鳥獣保護法**（旧狩猟法を改正したもの）、1972 年に**自然環境保全法**、1992 年に**種の保存法**などが制定されていったが、その保護の手法は天然記念物、保護林、自然公園、鳥獣保護区、自然環境保全地域、生息地等保護区など、開発や採取に対して規制をかける手法が中心であった。これに対して、1990 年代に「**生物多様性**」Biodiversity という考え方が広まり、保護と利用という単純な土地利用区分の対立を超えて、遺伝子・種・生態系の多様性保全や自然資源の持続的な利用、自然から得られる利益を地域・世代に公平に配分することなどが国際会議の主要議題として語られるようになった。日本においても、1993 年に**生物多様性条約**に批准し、1995年に**生物多様性国家戦略**、2007 年に**生物多様性基本法**が制定された。前後して、過去の開発によって失われた自然生態系を再生することを目的とする**自然再生推進法**も 2002 年に制定され、全国各地で 21 の自然再生協議会が設置され、多様な主体が参加して合意された自然再生事業計画に基づいて、自然再生事業が進んでいる（2009 年現在）。

1-3. 自然保護のイメージと自然環境の現状

　自然保護という概念が日本で使われるようになって約 80 年の間、人々の自然保護に対するイメージや評価も変化している。

　日本自然保護協会の機関誌である『自然保護』は、1960 年から現在まで発行が続く自然保護の専門誌であるが、創刊当時の表紙には「一本の草にも木にも愛護の手」という標語が記されていた。このことは、貴重な、風光明媚な自然を守るという他に、野生生物を愛でるという感覚が、初期の自然保護には包含されていたことを意味するだろう。こうしたイメージが相まって、自然保護はときに動物愛護と混同されたり、「電気かコケの保存か」などと、二者択一の究極の選択を世の中に迫るかのようなイメージを持たれてきた。しかし、そのような考えは、現在の自然保護とは距離があると考えるべきだ。日本自然保護協会の会長を務めた沼田眞が「自然保護というのは、人間が一段高い立場から自然をかわいがるという構図ではなく、『人間－自然系』をいい状態に保つ

ことにある[7]」とその理念を示しているように、『自然保護』の表紙の標語も、現在では「人と自然とのかかわりを見直す」というものに変更されている。

　内閣府が行っている「自然の保護と利用に関する世論調査」も、自然保護が社会に広く受容されていることを示している。この調査は、およそ5年に1度の頻度で、自然保護に関する国民の意識を調査しているが、最新の調査（2006年6月）では、自然保護について「人間が生活していくために最も重要なこと」（48.3％）、「人間社会との調和を図りながら進めていくこと」（46.7％）と、その必要性を認識している人が96％に及び、「開発の妨げとなる不要なこと」（2.3％）という意識を大きく上回っている[8]。

　自然保護に対する人々の広範な支持意識の一方で、日本の自然環境の実態はどのようなものだろうか。環境問題の社会史をまとめた社会学者の飯島伸子は、自然破壊の歴史について、「自然環境の破壊が、ひとびとの生活に著しい影響を与えないかぎり問題視されることは少なく、したがって記録に残るほどの紛争も起きていないために、公害問題や労働環境問題ほどには自然環境破壊の歴史は明らかにされていない[9]」と指摘しているように、有史以来の自然破壊の実態を、総量として把握することは困難である。**環境省**が行っている**自然環境保全基礎調査**では、全国で、1945年には8万ヘクタールを超える**干潟**[10]が存在していたが、埋め立て等により1978年には5万ヘクタール強にまで減少し、全国の干潟面積は戦後4割も失われていることが明らかになった。また、日本は国土の3分の2が森林に覆われていながら、そのうち自然植生（伐採の影響を受けていない植生）の割合は、山岳高地を含めて2割に満たないことがわかっている。戦後日本の経済成長と並行して、自然が質量ともに失われていることは明らかである[11]。また近年は、薪炭や採草、林業、狩猟などのために人が山へ入り、自然資源を利用することが縮小したことによって、**里地里山**に生息していた動植物が絶滅の危機に瀕したり、シカやイノシシ、サルなど特定の野生動物の個体数が急増して生態系に深刻な悪影響を及ぼしている。こうした問題は、沼田がいう「人間－自然系」の状態に、明らかな不具合が生じていることを示しているだろう。

7　沼田眞，前掲書．
8　この設問は1986年の調査から設定されているが、回答の傾向は20年間にわたってほとんど変化していない。
9　飯島伸子，2000，『環境問題の社会史』有斐閣．
10　干潟とは、河川の河口域に上流から運ばれてきた土砂が長い間に積もり、遠浅な海底が形成され、干潮時には砂泥質の海底が広く現れる環境をいう。光環境に恵まれ、栄養、酸素が十分に作られるため、細菌類、藻類、ゴカイ類、カニ類、貝類など多くの生物にとって好適な環境といわれる。
11　鷲谷いづみ編，2008，『消える日本の自然―写真が語る108スポットの現状』恒星社厚生閣．

2. ………自然保護問題の発生と多元的な「解決」──「赤谷の森」を例に

ここでは、群馬県の北部、新潟県と県境を接するみなかみ町にある、「赤谷の森」と呼ばれる森における自然保護問題の発生と解決のありようについて、紹介しよう。

2-1.「赤谷の森」における人と自然とのかかわり

「赤谷の森」は利根川の支流である赤谷川の源流部をなす約1万ヘクタール（10km四方）の国有林[12]を中心とする森で、民有地を含めてほぼ全域が上信越高原国立公園に指定され、谷川岳から西に延びる8kmほどの稜線は国立公園特別保護地区に指定されている。

森には、江戸時代に五街道に次ぐ主要街道として整備された三国街道（現・国道17号線）が通っており、参勤交代や物流の要所として多くの人々の往来があった。東日本に典型的なブナ・ミズナラ林が広がり、ツキノワグマ、ニホ

図1 「赤谷の森」位置図

---

[12] 林野庁が管理を行う森で、日本の総森林面積の約3割、国土面積の約2割を占めている。その分布は東日本に多く、奥地の山岳地帯に多い。

ンカモシカ、モモンガ、カワネズミなど多くの野生動物が生息する。

地域では、「赤谷の森」の人里に近い部分を採草地として、奥山の一部を薪山として利用していた[13]。古来、人々は山から草を採って田畑の肥料とし、また、農耕馬を養っていくためにも、草は必要な資源であった。一般に、採草地は集落ごとに共有地を設けている場合が多かったが、赤谷においても同様で、江戸時代の文書を写した図2では、森の南部に位置する大峰山に「秣場」（＝採草地）という表示があり、草を刈る権利をもつ村の位置関係が示されている。この図には、左上の赤谷山に「薪山」と記されており、この山が薪という大事なエネルギー源を得る場だったこともわかる。地域住民にとって、「赤谷の森」は肥料やエネルギー資源を得る場所であり、共同利用のしくみが存在し、コモンズの側面を持っていた。

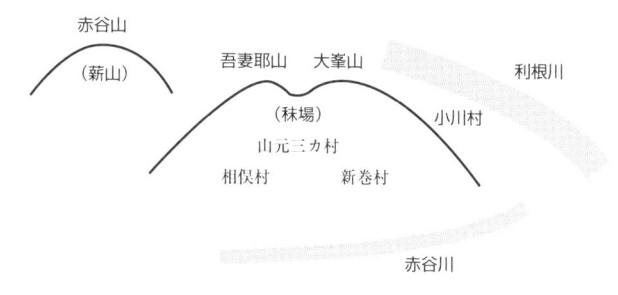

図2 「赤谷の森」大峰山地区の採草権利図（新治村誌編さん委員会編，2009）

2-2.「赤谷の森」における自然保護問題の発生と経過

明治・大正時代になると、「赤谷の森」の周辺でも近代化・産業化が進んだ。農業や養蚕業に加えて製炭業が盛んになり、大正5（1916）年には、製炭の過程で得られる木酢液を製造する工場が発足し、昭和初期まで森の東側の流域で大規模に森林を伐採した。同じ頃には、西側の流域で東京営林局（現・関東森林管理局）によって製材所が開かれ、「周囲の自然林をほとんど切り尽くし[14]」て、昭和17（1942）年に閉鎖した。高度経済成長期には、**拡大造林政策**[15]として、スギやカラマツの人工林が積極的に植林されるようになり、1980年頃に

---
13 新治村誌編さん委員会編，2009，『新治村誌 通史編』みなかみ町．
14 新治村，1989，『目で見る新治村』新治村．
15 林野庁が1957年に策定した「国有林生産力増強計画」、1961年に策定した「国有林木材増産計画」などに基づくもので、当時110万ヘクタールあった国有林の人工林面積を40年後に320万ヘクタールに拡大する数値目標をもった政策。

は1万ヘクタールのうち3千ヘクタール弱の面積が人工林になり、現在に至っている。この時期、自然保護の声は貴重な、風光明媚な自然を保護することに眼が向いており、「赤谷の森」のように山村に典型的な、人とのかかわりを色濃く反映した自然に対しては、保護の声は届かず、産業へ利用することが優先されていた。

その後、「赤谷の森」では1980年代に大規模開発事業が計画され、地域住民による自然保護運動が展開されることになる。

1983年12月、新治村議会（当時）が「三国山系開発促進計画」を採択し、1987年には**総合保養地域整備法（リゾート法）**が制定されたことをきっかけに、森の西部に位置する法師山の西面をスキー場に開発することが計画された。しかし計画地一帯は、国立公園や水源涵養保安林、鳥獣保護区に指定されており、また地域の上水道の取水地であることから、住民の中には、水源が開発にさらされ飲料水が汚染されることによる不安を持つ人々も少なくなかった。村の有志は、1990年に「新治村の自然を守る会」を結成した。

「守る会」に結集した住民が守りたかったものは、何だったのか。森の西部で温泉旅館を営むA氏は「宿に来てくれるお客さんにおいしい水を飲んでほしかった」と、自然保護活動を始めた経緯を語っている[16]。A氏は所有する温泉源について過去に詳細な調査を行っており、温泉は雨が地面にしみ込み、地下で温められて自然に湧き出てくること、しかもA氏の所有する温泉では45～55年前に降った雨水が現在になって自然湧出していることを突き止めていた。もちろん地下水脈の流れは複雑で簡単には因果関係を予測できないが、A氏は、自身が生活の糧としている温泉が、周囲に十分な保水能力をもつ森林や土壌が存在していることによって成立していることを直感したのだった。そして、「エジプトはナイルのたまもの」のように、今日湧出している温泉が、45～55年前の森林の「たまもの」だとすれば、自身の子や孫が温泉旅館を継承する時代になったとき、今と同じ温泉の質や量を維持できているのだろうかと、危機感を抱いたのだった。地区では、4つの温泉郷のうち3つが自然湧出の温泉であり、水や温泉が人々の日常生活と結びつき、森があることの意味や価値を見いだし、周囲の森を守ろうという思いにつながったのであった。

「守る会」は会報の村内全戸配布を進め、村や事業者に開発を再考するよう

16　筆者らが行った聞き取り調査による。

意見し、水質調査などに取り組むとともに、1991年に日本自然保護協会と合同現地視察を実施した。そこで**イヌワシ**が、つがい（夫婦）で飛行している姿を確認した。イヌワシは国の天然記念物であり、1993年に種の保存法が制定されてからは国内希少野生動植物種に指定されている。つがいの行動範囲は平均で約6000ヘクタールとされ、近年は繁殖成功率が低下し、日本でもっとも絶滅が危惧されている野生動物のひとつである。「赤谷の森」にイヌワシが生息していることは、それまで知られておらず、イヌワシ生息地という価値が、新たに加わったのだった。その年から両会は、イヌワシの行動調査を開始した。調査の目的は、イヌワシが貴重だからという理由ではなく、「守る会」にとっては地域の水源林が、日本自然保護協会にとってはまとまった面積で残された自然環境が、地域生態系の食物連鎖の上位に位置するイヌワシを育む豊かさを維持してきたことを明らかにするためであった。調査を続けていくうちに、両会はイヌワシと同様に絶滅危惧種である**クマタカ**の生息も明らかにした。その後、イヌワシの営巣地が発見された赤谷川源流部で、建設省関東地方建設局（現・国土交通省関東地方整備局）が「川古ダム」の建設を計画していたことから、両会はこの問題にも取り組むこととなった。

　バブル経済の崩壊による企業の経営悪化や水需要の減少もあり、2000年1月に事業者がスキー場計画からの撤退を表明し、同年9月には、関東地方建設局が設置した「事業評価監視委員会」において川古ダム計画中止が決定された。2つの開発計画が相次いで中止となったのを受けて、2001年3月に林野庁関東森林管理局は森の主稜線一帯にある、樹齢100年を超える自然林を「緑の回廊・三国線」に指定し、自然保護の措置がとられることとなった。

　「赤谷の森」はなぜスキー場やダム開発から守られたのだろうか。イヌワシやクマタカなど希少な生物の生息地として貴重だからだろうか。それだけではないと考える。「赤谷の森」は地域に暮らす人々にとって、水や温泉を生み出す自然の元本であった。それが、10年にわたる住民運動を支えたのであった。

2-3. 赤谷プロジェクトの発足

　守られた後の「赤谷の森」の話をしよう。

　地域社会においては、開発計画と自然保護をめぐる意見が、1990年代の世論を二分していた。「守る会」は、2つの開発計画が中止されたことを受けて解散したが、会員には、

「私は十数年来スキー場から水源を守る活動をしてきたが、それは村の人々にとってみれば、地域振興に反対する運動だと思われてきたかもしれない。しかし、それは反対のための反対運動ではなくて、この地域を将来にわたっていい状態にしたいという思いから始めたものだ。[17]」

と、自然保護と地域の持続性とが、表裏一体であることが意識されていた。また地域では、わずか数十年のうちに森の植生が一変した結果、以前は見かけなかったニホンザルなど野生動物が人里へ降りてくるなど、生態系の変化に心配の声があった。こうした声を受けとめ、今後の国有林管理や自然保護のあり方に問題意識を持っていた林野庁関東森林管理局と日本自然保護協会は、地域住民の立ち会いのもと、2004年3月に「三国山地/赤谷川・生物多様性復元計画（**赤谷プロジェクト**）の推進に関する協定」を締結した[18]。3者は、企画運営会議という協議の場を常設し、赤谷プロジェクトの事業や森の管理について討議し、意思決定を行っている。

　プロジェクトの目的は、かつて人間が自然からの恵みを存分に受け取っていたころにあった、自然の健全なバランスを取り戻すことにある。しかしこの目標は、住民、行政機関、NPOがそれぞれ独自に取り組むだけでは達成できそうにない。「赤谷の森」のような、人と自然とのかかわりを有してきた森で自然の健全なバランスを取り戻すには、科学の眼だけでなく、森を利用し、維持してきた地域の眼、林業の眼、自然保護の眼など多角的な視点が必要だ。難題を克服するために、森に関係するあらゆる主体が協働して取り組むこととした。これまで国有林の管理は、林野庁が計画を作り、国民はできあがった案に意見をいう機会しか与えられていなかった。赤谷プロジェクトは、森の管理や計画策定を住民やNPOと協働で行うものであり、このような管理のしくみは、国有林においては初めてのことであった。赤谷プロジェクトの発足にあわせて、地域では「赤谷プロジェクト地域協議会」が結成され、「守る会」の会員の一部もこれに参加している。

　赤谷プロジェクトは、広大な「赤谷の森」を、原生的な自然を守るエリアから、人工林を育成するエリアまで区分し、かつての伐採や植林によって生物多

17　2003年5月、赤谷プロジェクト準備会議における旧「守る会」事務局長B氏の発言。
18　茅野恒秀, 2009,「プロジェクト・マネジメントと環境社会学―環境社会学は組織者になれるか、再論」『環境社会学研究』(15), pp.25-38.

表1 「赤谷の森」のエリア区分と中心的機能

①赤谷源流エリア	巨木の自然林の復元とイヌワシの営巣環境保全
②小出俣エリア	植生管理と環境教育のための研究や教材開発と実践
③法師・ムタコ沢エリア	水源の森の機能回復
④旧三国街道エリア	旧街道を理想的な自然観察路とするための森づくりと茂倉沢での渓流環境復元
⑤仏岩エリア	伝統的な木の文化と生活にかかわる森林利用の研究と技術継承
⑥合瀬谷エリア	実験的な、新時代の人工林管理の研究と実践

様性が失われている場所では、その復元を行う（表1）。自然環境のモニタリング（生態系の継続的な健康診断）を基盤にして、人工林を自然林へ誘導する伐採方法を実験してデータを収集することや、2009年秋には、防災のために設置され渓流の生態系を分断していた治山ダムを全国で初めて撤去するなど、生物多様性復元の画期的な実践を行っている。あわせて、地域住民による水源林の間伐や水源機能の学習会、地元や首都圏の生徒を対象にした環境教育や、地域の観光資源である三国街道の旧道を活用した自然散策ツアーなどを行っている。自然再生事業がこうした取り組みと連動することは、これまでの自然保護活動だけでなく、自然を活用した地域再生の文脈に引き寄せられた地域住民が、プロジェクトに参加する道筋を開いた。協働で進む赤谷プロジェクトの取り組みが、単なる自然再生にとどまらず、人と自然とのかかわりを根本から見直すことにつながることが期待されている。「赤谷の森」における自然保護問題の解決とは、大規模開発による自然破壊を免れることだけではなく、「人間－自然系」をよい状態に再び取り戻すことが求められているのだ。

3. ………自然保護の論理と環境ガバナンスの可能性

「赤谷の森」の事例を、本章の冒頭で示した、自然保護問題を考えるにあたって重要な問題群に即して整理すれば、以下のようになるだろう。

なぜ自然を保護するのか：「赤谷の森」は水源や温泉源を通じて、地域住民に直接的・間接的な恵みをもたらす森である。地域住民が守りたかったのは、その恵みの元本としての森と、かかわりの維持であった。自然が存在することと、地域社会にとって有用であることとは、一体であったのだ。

どのような自然を保護するのか：「赤谷の森」は貴重なイヌワシやクマタカが生息する森というだけでなく、二次林や人工林など、人と自然とのかかわり

に応じた履歴があった。そのような履歴を踏まえた、多層な自然が保護の対象となった。

どのように自然を保護するのか：「赤谷の森」は国有林を中心とした森であるが、保護すべき自然環境の特性や履歴を踏まえ、赤谷プロジェクトには地域住民、行政、NPO 等の協働による保護の枠組みが導入された。問題の解決策として、原生的な自然を自然保護区とした上で、人工林に置き換えられた場所については、地域再生とセットになった自然再生事業が計画されている。

リゾートやダム開発を免れた「赤谷の森」に、**自然保護区**として厳重に保存される、いわば Protection 型の自然保護が全面的に適用されていたら、赤谷プロジェクトが人と自然とのかかわりを根本から見直すような総合的な取り組みには発展しなかっただろう。それどころか、結果として意図せず地域住民を森から遠ざけ、野生動物問題など眼前の生活環境問題は、解決に向けて動き出しはしなかった。このことは、自然への人の積極的なかかわりの維持を含んで、どうやって「人間－自然系」のあり方を見直していくかという問題が、自然保護問題の根本にあることを示している。貴重な自然を囲い込んで自然保護区にするだけでは、自然保護問題の普遍的な解決策とはいえない。環境倫理学者の鬼頭秀一は、人間と自然との間に存在しているさまざまな社会的・経済的リンクと文化的・宗教的リンクのネットワークに着目し、近代的生活においては「生身」の自然との関係が薄れ、「切り身」[19]の関係を結んでいることが、自然保護問題の本質であり、その解決のためには「生身」の関係、すなわち上述したリンクのネットワークの総体を回復しなければならないとする「**社会的リンク論**」を展開している[20]。

こうした論点は、自然保護に限らず、**町並み保存**や**歴史的環境**保存問題を考えた場合にも、重要である。社会学者の堀川三郎は、町並みや歴史的環境保存のフィールドワークを通じて、主体による環境認識の違いに「**空間**」（space）と「**場所**」（place）という概念の交錯が作用し、それが主張の対立の源泉となり、問題の解決を複雑にしていることを指摘した[21]。このとき、「空間」とは、均質で誰にとっても同じ大きさの立方体として把握する環境をいい、「場所」とは、その環境に関わる人々の価値観や付与された意味によって規定される環

---

19 たとえば私たちがスーパーマーケットで購入する、パック詰めされた肉の「切り身」は、そのもととなった動物が、どこで生まれ育ち、屠殺され、どのような流通経路を辿ったかが捨象された形で私たちの手元に届く。
20 鬼頭秀一，1996．『自然保護を問いなおす―環境倫理とネットワーク』ちくま新書．
21 堀川三郎，2010．「場所と空間の社会学―都市空間の保存運動は何を意味するのか」『社会学評論』60(4)，pp.517-534．

境をいう。

　「赤谷の森」をスキー場に開発することは、水源や温泉源だけでなく、古来さまざまな恵みを得てきた地域住民にとって、「場所」としての森を、全国どこにでもあるスキー場という「空間」に改変する行為であった。リゾート法のもと、1980年代に全国各地に押し寄せたリゾート開発の波の多くは、その地域の来歴や個性、すなわち「**場所性**」を一掃したといえる。リゾート開発に限らず、戦後の拡大造林政策も、スギやヒノキなど単一樹種を一斉に造林することが山林の経済価値を向上させるとして、山村の住民にとって多様な資源利用を可能にする環境を奪っていった。また、燃料革命は人々のエネルギー源を薪や炭から石油などに代え、農業では耕耘機や化学肥料が普及し、肥料や農耕馬の餌のために山から草を採ってこなくても作物ができるようになった。人々の暮らしは変化し、各地で採草地は植林地や牧場などに転用されている。それだけならよいが放置され荒れ果てた元採草地も目立つ。日本人の歴史上、今ほど、人が山に入らなくなった時代もないといわれ、自然環境はいつしか、貴重な野生生物の生息地であることや、国立公園であることなど、人とのかかわりを排除した指標を価値基準に評価されるようになってしまった。このような反省の立場に立てば、自然保護や町並み保存など、土地利用に関係する政策は、「場所性」や「かかわり」を捨象したものであってはならない。

　しかし、「場所性」や「かかわり」を重視することですべての問題が解決するわけではない。自然保護には、特に、不十分といわれる自然保護区の設定には、生物多様性や種の保存という観点からの科学的指標が用いられる。自然保護問題の解決に必要なのは、科学に基づく合理性と、土地固有の「場所性」や「かかわり」の価値の双方を上手に組みあわせた論理である。そのような論理を紡ぎだすためには、人々が協議するための舞台装置——たとえば問題解決に対応した協議会や委員会、日常的に催される談義や意見交換の場など——を洗練させる必要がある。それとともに、人々が、問題を行政などに任せきりにせず、自分たちの問題として、科学の眼と生活実感に基づく経験を通じて醸成される価値意識を総合して問題解決の主体となることが求められる。このような主体性と協議の場によって環境を守るしくみが「**環境ガバナンス**[22]」といわれるものである。

22　荒川康, 2009,「環境ガバナンス」鳥越皓之・帯谷博明編『よくわかる環境社会学』ミネルヴァ書房.

前述のA氏は、筆者との談話中に「温泉とクマタカは、私たちにとって同じ存在なのです」と話してくれたことがある。彼のいわんとすることはこうだ。温泉が周囲の森林によって長い時間をかけて育まれたのと同様に、クマタカも周囲の森林があるからこそ餌となる動物を捕獲し、大木に巣を架けて子育てを行うことができる。そして私たちが温泉を持続的に利用しているように、クマタカの生活も持続するような共存の道を探るべきだと。このような価値意識の形成を可能にするためには、日々の生活から得られた感覚をもとに、時間的にも、空間的にも、より大きな視野で自然保護の論理を見いだすような――アメリカの社会学者ミルズ[23]のひそみにならえば「環境社会学的想像力」とでもいうべき――想像力が発揮されなければならないだろう。

　まとめよう。自然保護問題をめぐって、その保護の対象は、貴重な、風光明媚な自然から、コモンズといわれるような、人々に身近な自然や生活を含む文化へと広がっている。保護の担い手は、研究者や文化人から、その自然の近くに暮らす住民が中心的な役割を果たすようになってきた。保護の手法は、自然保護区を囲い込み人為から遠ざけ保存する手法だけでなく、持続的に利用しながら保全する手法や、必要に応じて過去に損なわれた自然を再生することまで、広範な手法を自然の現状にあわせて、適宜組みあわせることが求められている。その根底には、濃淡の差こそあれ人間生活とのかかわりによって維持されてきた自然の特質と、科学的合理性に土地固有の場所性やかかわりを組みあわせた自然保護の論理との絶えざる相互作用があり、環境ガバナンスによる自然保護問題の解決を可能にするのである。

23　Mills C.Wright., 1959, *The Sociological Imagination*, Oxford University Press.（鈴木広訳『社会学的想像力』紀伊国屋書店, 1965.）

◆討議・研究のための問題◆

1. 日本の代表的な自然保護区（自然公園、保護林、自然環境保全地域、鳥獣保護区など）について調べ、その現状と問題点について検討してみよう。
2. 農林漁業などの一次産業の維持が、どのような場合に自然保護に結びつくのだろうか。そのための政策的条件とはどのようなものだろうか。
3. 都市にもコモンズに相当するものはあるだろうか。あるとすれば、その保全にはどのような課題があるだろうか。
4. 環境ガバナンスによって問題を解決する際に、行政、企業、地域住民、NPOにはどのような役割が具体的に求められるだろうか。
5. 身近に地域住民が共同で利用している湧き水や雑木林などがあれば、その所有形態や利用上のルールの有無、管理する際に関係者が工夫している点などを聞き取り調査してみよう。

column
但馬のコウノトリ（コウノトリの野生復帰）

菊地直樹

　兵庫県北部の但馬地方では、野生下で絶滅したコウノトリ（*Ciconia boyciana*）を飼育下で繁殖し、再び野外へ戻すプロジェクトが推進されている。

　コウノトリは全長約110 cm、体重は4-5 kgの水辺に生息する大型の鳥類である。シベリア東部と中国揚子江周辺や日本を行き来する渡り鳥であり、生息数は世界中で3000羽程度と推定されている。かつて日本各地に生息していたが、1971年に但馬地方で最後の一羽が捕獲後に死亡し、野生下では絶滅した。コウノトリは田んぼなど湿地に生息する魚類や小動物を餌とし、松の木などに巣をかけていた。生態系のトップに立ち、人里を生息域とし人間と密接な関係をもつ鳥であった。

　コウノトリを人里へ戻すには、湿地や里山など生息環境を整える「自然再生」の推進が不可欠である。ただ、生息環境は、地域住民の生活環境そのものであり、自然再生はコウノトリを通して農業や暮らし方、人と自然のかかわりを創り直す「地域再生」でもある。コウノトリを軸に自然再生と地域再生を一体的にすすめていく「包括的再生」なのである。

　こう考えると、コウノトリを軸に多様な関係者の懸念や関心を把握し、包括的再生を実現していくことが重要な課題となる。ここに自然とかかわっている人びとの小さな声を「聞く」手法をもち、社会と自然の関係性を問う環境社会学的なアプローチの出番がある。

　私は、400人を超える方々からコウノトリのことを聞いて回ったことがある。同じ人によってさえも稲を踏む害鳥や保護鳥というように語られた。相反する意味をもったコウノトリが並存する形で共存していたのである。そうした声を聞き、コウノトリという価値の多様性と、暮らしのなかで意味ある存在になることが大事であると考えるようになった。地域になじんだ取り組みにならないと、野生復帰は画に描いた餅になってしまうからである。

　絶滅から34年後の2005年9月、コウノトリが放鳥された。コウノトリを手がかりとして地域をとらえなおす活動が進展している。生きものに優しい農業に転換している農業者たちがいる。生きものと触れ合う市民たちがいる。コウノトリを観察するボランティアたちがいる。見学者は年間40万人を数え、重要な観光資源となった。野生復帰の研究をすすめる学生や研究者も訪れている。コウノトリの価値は多様化し、暮らしなかで意味を持ち始めている。多様な関係者の協働と合意形成が包括的再生に向けた課題となってきている。

　「聞く」という手法を持つ環境社会学者は、多様な価値をつなげる技能を潜在的に持っている。野生復帰や自然再生といった現場に身を投じることは、環境社会学の知を実践の場で鍛えなおすことでもある。兵庫県立コウノトリの郷公園の研究員である私は「鶴見カフェ」という対話の場をつくり、多様な関係者をつなぎ始めている。日本各地の自然再生や野生復帰の現場から、環境社会学的な研究を求める声がよく聞こえてくるようになった。

【参考文献】菊地直樹，2006，『蘇るコウノトリ―野生復帰から地域再生へ』東京大学出版会．

第7章
農業と食料

●桝潟俊子

1. ………見えない農業・農村

　食は、生命の源であり、暮らしの根幹をなすものである。食はまた、農のあり方（農業・農耕）とも分かちがたく結びつき、地域に根ざした多様な文化を形成してきた。

　ところが、現在、私たちは"簡便で豊かな食事"で毎日の食を間に合わすことができる。コンビニやスーパーに行けば24時間いつでも作りたて調理食品が買える。また、店頭には日本だけでなく、世界各地からの食品が溢れんばかりに並んでいる。極端な話、お金さえあれば、台所や調理器具がなくても私たちはバラエティーに富んだ食事をすることができる。

　グローバル化した現代の食料供給・消費は、新大陸や第3世界で繰り広げられている大規模**モノカルチャー**（単一作物栽培）食料生産システム、あるいは高度成長と技術革新に支えられた食品産業によって大量生産された低廉で画一的な「**工業製品化した食料**」（食品）が大量消費されているところに特徴がある。他方、時代的にはやや遅れるが、食の伝統的価値や地域性、安全・環境などで差別化された多種多様な食品がグローバル市場で消費されている。このような工業化・規格化された食料生産・加工システム形成の背景には、経済のグローバル化と都市への人口集中、経済格差が存在する。都市が巨大化すればするほど、消費者と食べ物が生産されている現場である農業・農村（日本だけでなく外国も含めて）との関係性が稀薄になり、切り離され見えなくなっている。

　そればかりか、高度成長とともに農村の過疎化・高齢化が進み、労働力が劣弱化し、「**捨て作り**」（補助金目当てに転作し、種だけまいて栽培管理を怠ったり、収穫すらしないこと）が多くなっている。耕していた田畑も、引き受け手がいなければ捨てるしかない。こうして**耕作放棄地**が次々と増え[1]、足元の農業がガラガラと音を立てて崩れている。なかでも山村は、「日本農業の縮図」の

極限状況にあり、農業が滅び集落が消えている。

2. ………美食・飽食の裏側で
2-1. 日本型食生活から欧米型食生活へ

かつて農林水産省は、日本人の従来の食生活を欧米諸国と比較して、とくに脂質摂取量が少なく栄養的にバランスのとれた点を「健康的で豊かな食生活」であると評価し、この「**日本型食生活**」を日本人の食生活の将来像として強力に打ち出し、定着を図ってきた[2]。

ところが、21世紀の今日、"飽食の時代"といわれ、日本人の食料消費は、米の消費が激減し、代わりに畜産物、油脂類が激増している。一人一日当たりの平均供給カロリーは2005年が2573キロカロリー、1965年が2459キロカロリーで、大きな変化はない。変化したのは食の内部構造である。1965年時点では米は文字通り日本人の主食であったが、2005年時点の米の供給カロリーは559キロカロリー、1965年（1090キロカロリー）の55％にまで減少し、畜産物と油脂類の供給カロリーは、1965年の2.5倍前後にまで増加した。

こうした食料消費の変化は、日本人の食生活が急速に欧米化・近代化した結果としての「**欧米型食生活**」によってもたらされた。それを支えたのは、農業の工業化・産業化であり、加工型畜産システム、開発輸入、食の産業化を前提とした、加工・冷凍調理食品の普及とファーストフードや調理済食品、中食などの利用増大である。そして、国内の**食料自給率**は一貫して低下している。2008年度の品目別自給率は、米（主食用）100％、小麦14％、豆類9％、野菜82％、果実41％、肉類56％、油脂類13％である。総合自給率では、穀物総合（食用＋飼料用）で28％、カロリー（供給熱量）ベース41％、金額ベースで65％となっている。ちなみに、1960年は穀物総合で82％、カロリーベースで79％、金額ベースで93％であった（農林水産省「食料需給表」）。

内外の価格差や自由化圧力等を背景に農産物の輸入が促進され、いまや日本は世界最大の農産物純輸入国となっている。先進工業諸国のなかでも最低レベルの穀物自給率を前提とした食生活は、果たして「わが国の風土に適した基本食料を中心とした日本型食生活[3]」（傍点筆者）といえるのであろうか。

---
1 「農林業センサス」によれば、1975年から1985年にかけて耕作放棄地比率は2％程度で推移していたが、1990年から1995年に4％前後となり、2005年には9.7％に急増した。
2 農政審議会報告「『80年代農政の基本方向』の推進について」1982年8月。
3 注2に同じ。

洋風化した食生活は、日本人の健康を脅かし、地域に根ざした伝統的食習慣や食文化を壊し、日本農業の存立基盤や自給構造を突き崩している。

2-2. 肉食・過剰栄養をめぐる問題

肉食や脂肪摂取の過多によって、日本人の高血圧や心臓病、糖尿病などの生活習慣病の罹病率が増加した。

もともとは草しか生えない土地で牛・豚に草を食べさせ、乳や肉に変えて人間が食べていたのを、穀類で家畜を飼育するようになったのが加工型近代畜産である。機械化・化学化した農業による穀類生産と安い輸入穀物に依存した家畜の飼育システムが組み合わされ、畜産は経済的な付加価値をもったビジネスとなっている。

穀類を肉に変えて食べる肉食は、供給熱量のエネルギー収支からみてロスが大きく、「**エネルギーの迂回生産**」となっている。アメリカ農務省の報告によると、牛の場合は16ポンドの穀類や豆類を食べさせて1ポンドの肉しか得られないのである（丸元1992）。1ポンドの牛肉のハンバーグのかわりに16ポンドの穀類を人間が食べたとしたら、21倍のカロリーと8倍のタンパク質が得られる。FAO（国連食糧農業機関）の報告（1999年）では、現在、慢性的に**飢餓**状態にある人の数は7億9000万人（発展途上世界の5人に1人）と推計されているが、肉食は発展途上国でも増えている。食糧問題の研究家F.ラッペは、「肉を中心にした食事、もっと正確にいえば穀類で育てた肉を中心にした食事が飢餓を生んでいる原因の一つ」と指摘している（Lappe1971＝1982）。

環境庁の試算によると、1994年度に日本が輸入した主な農産物を生産するために必要な海外での作付け面積は約1200万ha（国内の作付け延べ面積の2.4倍に相当）に上っている（『環境白書（総説）（平成9年版）』）。また、アメリカに代表される大量の残飯や廃棄を前提にした飽食と**肉食**（動物性タンパク）過多の食事を世界中の人々がとった場合、現状の世界の農耕地の生産では、いまの半分の世界人口も養うことはできないといわれている。**穀菜食**を主としたインド的な食生活ならば、世界人口は現状の倍になっても養えるのである。

次に、食料自給率40％という現実を農地利用の視点からみると、日本人の食料のために使われている国内の農地は465万ha、海外の農地は1245万ha、合計1710万haで国内農地比率は27.2％という試算がある（図1）。この試算は、日本人の食生活が日本の土地から離れてしまっていること、さらには、日

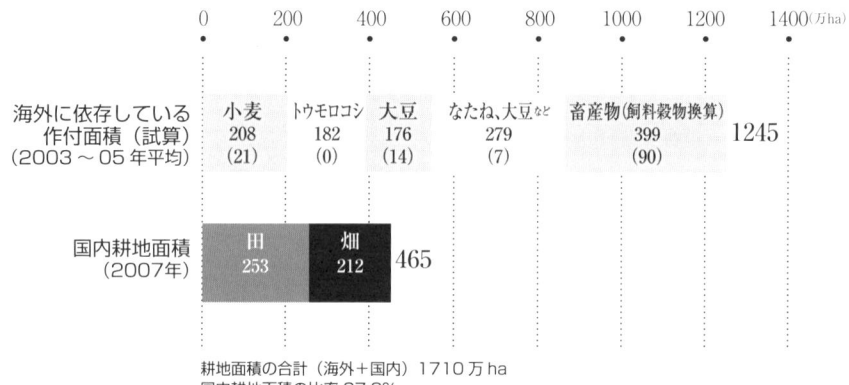

```
                            0      200    400    600    800    1000   1200   1400(万ha)
海外に依存している          小麦   トウモロコシ 大豆  なたね、大豆など 畜産物(飼料穀物換算)
作付面積（試算）          208    182    176    279           399          1245
(2003〜05年平均)          (21)   (0)    (14)   (7)           (90)

国内耕地面積                田     畑    465
（2007年）                 253    212
```

耕地面積の合計（海外＋国内）1710万ha
国内耕地面積の比率 27.2%

(出典)農林水産省『平成20年度版食料・農業・農村白書』「食料需給表」「耕地及び作付面積統計」「日本飼養標準」、財務省「貿易統計」、FAO「FAOSTAT」、米国農務省「Year book Feed Grains」、米国国家研究会議（NRC）「NRC飼養標準」をもとに、農林水産省で作成。
(注1) 単収は、FAO「FAOSTAT」の2003〜05年の各年の日本の輸入先上位3ヵ国の加重平均を使用。ただし、畜産物の粗飼料の単収は、米国農務省「Year book Feed Grains」の2003〜05年の平均。
(注2) 輸入量は、農林水産省「食料需給表」の2003〜05年度の平均。
(注3) 単収、輸入量ともに、短期的な変動の影響を緩和するため3ヵ年の平均を採用。
(注4) （ ）内は日本の作付面積（2007年）。

図1　おもな輸入農産物の生産に必要な海外の作付面積

本人の食生活が世界の限られた農耕地のいわば「地力」（肥料成分）と「水資源」を輸入し、いかに環境に負荷を与えているかを端的に示している。

　また、現代は食をめぐる各種の情報がメディアに溢れている。アメリカのジャーナリスト・M.ポーランは、その著書 *The Omnivore's Gilemma*（2006）（邦題『雑食動物のジレンマ』）で、伝統社会において代々継承されてきた食に関する伝承や知識が、あふれかえる加工食品やジャンクフードを目の前にして無力化し、人びとは何をどのように食べるかについて、さまざまな情報に依拠せざるを得なくなっている。ところが、人間は雑食動物であり、食選択における多様性を有しているがゆえに、伝統的食習慣や食文化、伝承の希薄化は、人間をジレンマに陥らせ、洪水のような情報に過敏に反応してしまう状況に陥らせていると指摘している。まさに、「**身土不二**[4]」や「**地産地消**」「**地域の自給力**

4　食養道の創始者石塚左玄の思想が「身土不二の原理」と称され広まった。「身土不二」とは、身体とそのおかれている風土とは別のものではなく、人間はその土地に合った作物に順応して生きてきたものであるから、人の健康は地域の農とつながる食によって保たれるという仏典由来の言葉である。

に合わせた食べ方」などといった「**食べ方の基準**」や「道理」が失われてしまったところに、現代における食の荒廃・病弊の奥深さがある。

3. 農業の工業化──農と食の分断
3-1. 農村と都市の分断

　高度成長期以降の急速な工業化は、農村（生産者）と都市（消費者）を分断し、農と食の荒廃をもたらした。工業化が進行し、農村から工業生産を支える労働力として若者を中心に人口が都市に流出し、農村は過疎と高齢化に悩んでいる。他方、都市は膨張し、巨大化していった。

　1960 年代の後半までは、農村（農業）は急増する都市に安定的に食料を供給することが期待された。ところが、1965 年前後には、コメは一時的に不足し、安定した供給がおぼつかなくなって、年間 100 万トン前後のコメが緊急輸入されたこともあった。これは、都市の膨張に農村が大量生産という「対応」をするのが、間に合わなかったために起きた現象とみられる（原田 1997，p. 113）。

　1960 年代よりアメリカ農業を手本として生産力向上・食糧増産をめざす農業政策が進められた。これがいわゆる「基本法農政」である（1961 年**農業基本法**制定）。そして、同法を中心に「**産業としての農業**」の確立、「効率化」の方向に日本農業を誘導していった。

　単作化（モノカルチャー）（同じ作物を集中・継続して栽培する）・大量生産・大量販売の体制を、「**選択的拡大**」と呼んで奨励した。農村では生産力拡大主義のもとで、「**農業の工業化**」（＝大規模化・機械化・化学化）が進められ、農家は生産した農産物を「商品」として販売するようになった。具体的には、種や苗、農薬・除草剤・化学肥料、耕作機械を購入して伝統的農法から近代農法に切り替えること、収穫物を農協へ出荷し販売すること、経営形態を零細自営から大規模化・法人化すること、が奨励された。これらは各地域の行政・農業協同組合が各農家を「指導」するかたちで進められた。農家は専業化して都市のサラリーマン並みの現金収入を得ることが「農業近代化」の目標とされ、日本中で農業構造の転換がめざされた。

3-2. 日本農業の兼業的性格の喪失

　ところが、日本の農家は、かつては農業だけでなく林業（造林や炭焼きな

ど）や漁業、小規模な畜産、自然の資源や農産物の加工生産など、地域の生活と生産における循環を維持する「**農業的な兼業**」（多辺田 1986, p.339）を組み合わせ、自給を基礎に経営と生活を組み立ててきたのである。いわば、「農業的な兼業」や複（々）合経営で成り立っていたのが、日本のごく一般的な農家の経営形態であった。

　守田志郎が述べているように、「農業をやっている農家が、農業以外の仕事に、ときどき出ていくというのは、その家の農業的な生活を続けるために必要なことであれば当然のことでもあるし、それこそが、農家というものの特徴でさえあるとおもうのである。兼業をやっているからといって、やっていない農家と区別して、とくに『兼業農家』などとらく印を押してよいような性質のことではないはずなのである」（守田 1975, p.52）。

　工業化が進展する以前、日本においては地域の食べ物や資源、エネルギーの自給構造が保たれ、物質と生命・生活の循環システムが生きていた。ところが、高度成長期を通じて、商品を媒介とする市場経済が農村の末端まで浸透し、自給構造が崩れ、生産や生活に必要な資材を地域外に依存した生活が一般的になった。「作って食べて余ったら売る」という日本の自給的で持続可能な農の論理が成り立たなくなった。「農業近代化」はむしろ、日本の農家にとって「兼業」のもつ積極的な意味を見失わせる結果となった。

3-3. 人体被害・食べ物の汚染と環境への負荷の拡大

　工業と農業の本質的な違いを無視して、食べ物を商品化し、工業の論理によって生産力の向上、効率化、省力化を図るため、化学肥料や農薬に依存する**近代農業**を推し進めた。その結果、**人体被害**や**食べ物の汚染**、**環境への負荷の拡大**が深刻化した。

　20世紀の半ば以降の工業生産力の飛躍的な展開を背景に、化学肥料や農薬をはじめとする外部投入資材に依存する近代農業に持続性・永続性があるかのような観念が広く社会を支配していた。しかし、それは錯覚であったことが1970年代初め頃から明らかになった。

　化学肥料も農薬も石油産業に依存しており、近年の原油高は、農業機械や農業雇用労賃など、農業コストの増大と相俟って、農業経営に深刻な影響を及ぼしている。また、リン酸、カリ、ミネラルなど、天然資源に依存する資材は、**資源枯渇**の壁にぶつかりつつある。

日本の稲作における農薬使用は、世界でも突出して多い。1986年度のFAO（国連食糧農業機関）の統計によると、世界の水田面積の1.6％しか占めていない日本の水田230万haに散布された農薬金額の全世界比率は、除草剤62％、殺虫剤39％、殺菌剤70％、3剤合計55％（1814億円）となっており、アメリカや韓国の稲作と比べても群を抜いて多量の農薬が使用されている。2002年のOECD（経済開発機構）のデータでも、単位面積当たりの農薬使用量は日本が第1位（1.5 t/農地 km^2）となっている。

　農薬や化学肥料の田畑への投入は、人体・食料・環境を汚染し、生物相を攪乱し、土壌微生物や土壌動物や天敵の働きを妨げる。化学肥料や土壌改良材を大量に投入し続けてきた田畑は深刻な栄養過多の状態に陥る。多肥化の傾向が強い野菜畑などでは栄養過多による生理障害や病虫害の多発などが恒常化し、農産物の品質が劣化する。それが、農薬多投の原因ともなっている。

　さらに、農薬の使用によって害虫が耐性をもつようになる。こうしたメカニズムは、害虫の「**リサージェンス**」（resurgence、復活）といわれており、R.カーソンが『沈黙の春』で警鐘をならした現象で、さらに強い農薬を投入が必要になるという悪循環に陥っている（Carson1962＝1974）。

　最近では、有機リン系殺虫剤に代わり1990年代半ばから使われだしたネオニコチノイド系殺虫剤の使用が急増し、新たな農薬問題が起きている。松枯れや水稲のカメムシ防除などに多用され、神経毒であり、分解しにくく残留性が高い。2005年の岩手県でのミツバチ大量死の原因とされ、2009年来、日本では交配用ミツバチの供給不足が問題となっている。ヒトの脳にも蓄積し、水溶性・浸透性をもち植物の根や茎、葉から植物の体内に取り込まれ、水系を通して流域住民の健康や海の生物への影響が懸念されている。さらに問題なのは、日本の**ネオニコチノイド農薬**の残留基準値が米国やEUと比べて非常に高いことである（青山2010）。

　輸入飼料依存の**加工型畜産システム**から大量に排出される家畜糞尿と、下水処理場から排出される汚泥（活性汚泥の死骸）とを合わせると、年間約4億1900万トン（2007年度）にものぼる産業廃棄物の約65％を占めている。尿尿や糞尿などの有機物を堆肥化して田畑に返さなくなり、化学肥料に置き換えたことにより、人間・家畜→尿尿・糞尿→堆肥化→作物→人間・家畜という有機物の循環の輪（物質循環）が切断され崩れてしまった。その結果、輸入穀物・食料に依存した食生活のもとで廃棄された大量の有機性廃棄物は、**廃棄物**

問題を深刻化させているだけでなく、地下水や川、湖沼、海の**富栄養化**などの環境汚染を招いている。

　また、都市住民（消費者）の需要にあわせた季節はずれのハウス栽培（施設内で重油をたいて季節はずれの野菜や果物を栽培する）は、化石燃料の無駄使いであり、地球温暖化の原因といわれている二酸化炭素の排出源ともなっている。

3-4．土壌の疲弊と食べ物の質の低下

　単一作物の連作は、作物は病虫害にかかりやすくなり、土壌は疲弊する。化学肥料と農薬の使用は土壌をいっそう疲弊させ、**土壌流出**や**砂漠化**を招く。有機農業によって「死んだ土」を「生きた土」にしないと、味がよく栄養価が高い「健康な作物」は育たない。化学肥料や農薬の使用、日射量が弱まるハウス栽培の増加、旬を無視した通年栽培、生育の早い品種の導入などによって、野菜の栄養価が下がっている[5]。栄養価の低下は野菜が工業製品化され始めた1970年代から進んでいるといわれている。

　農薬や食品添加物などの人工合成化合物で汚染された食料を摂取すると、体内に「活性酸素」が作られ、遺伝子を傷つける。遺伝子に傷がつくと、タンパク質の合成や、一連の生化学反応やタンパク質相互の働きに異常を生じて、奇形、細胞のガン化・老化を引き起こすようになる。

　また、近年、日本の子どもたちのあいだでも増えている H-LD（hyperkidnesis-learning disability）病[6]は、アメリカ人医師 B.ファインゴールドによれば、食品添加物などの摂取がその原因ではないかとみられている（Feingold1975＝1978）。

3-5．環境ホルモン、O157の脅威

　人間を含む生物をメス化する「内分泌攪乱物質」（**環境ホルモン**）の危険も注目されている。除草剤に含まれていたダイオキシンなど、農薬の大半は「内分泌攪乱物質」である。1996年、アメリカで *Our Stolen Future*（邦題『奪われし未来』）という書物が出版され、動物の生命活動にとって決定的に重要な

---

[5]　北海道立中央農業試験場は、「野菜のビタミンCや鉄分などの栄養価が12年前の食品成分表の値よりも低い」という調査結果を発表した（『北海道新聞』1994年1月7日）。
[6]　脳細胞のごくわずかな機能障害による病気。この病気の患者は、肉体的な異常はなく、知能も劣らないが、じっとしていること、心を物事に集中することができず、仲間につっかかり、教師に反抗的で、教室や社会でいざこざを起こす。

役割を担っているホルモン作用を異常にする「内分泌攪乱物質」（環境ホルモン）が微量でも食物連鎖にともなう生物濃縮によって濃縮され、結果として種が絶えてしまうような現象を生み出していることが明らかになった。除草剤に含まれていたダイオキシンなど、農薬の大半は「内分泌攪乱物質」である。この現象は食物連鎖の頂点に立つ人間にもっとも濃縮されたかたちで返ってくるという、絶望的な未来を描き出している。

　さらに、家畜に輸入飼料を与え抗生物質を使用する、工業的畜産の問題も大きい。抗生物質の予防的投与や多投が耐性菌を産み、病原性大腸菌 O157 などの増殖を促すという問題が生じている。高松修は近代畜産を批判し有機畜産を提唱してきたが、「生き物に工業化の論理を適用すると、家畜は虚弱化し新しい病原体がはびこり悪質化することは、畜産の歴史が示して」おり、「O157 は生産効率を上げるために牛を濃厚飼料と抗菌剤、それにホルモン剤で攻めたときに、大腸菌が突然変異しベロ毒素を出すウィルスを組み込み、怖い大腸菌に変身したものである」（高松 2000；2001）と断定している。

　また、1980 年代半ばにイギリスで発生し、ヨーロッパに広がった狂牛病（BSE）が、2001 年 9 月、ついに日本に上陸し、大きな脅威となっている。

4. ………世界市場システム（WTO 体制）に組み込まれた農と食
4-1. GATT から WTO へ——食料生産の国際分業と農業の「産業化」の進行

　第二次大戦後、1950 年代から 60 年代にかけては世界中で食料増産がめざされた時代であった。日本においても 60 年代は生産力拡大・食料増産のための農業政策が推進された。ところが、70 年代以降、巨大アグリビジネスが急速に成長し、穀物を中心とした農産物が工業製品と並んで輸出品目として世界市場に進出・拡大していった。その結果、さらなる市場を獲得するために農業部門における貿易自由化、つまり、関税の引き下げや撤廃が叫ばれるようになった。

　アメリカは「世界のパン籠」と呼ばれ、巨大な食料輸出国となった。また、ヨーロッパは、戦後復興期の農業保護政策などの成果が徐々にあらわれて、80 年代以降、過剰となった農産物を世界各地にダンピングして輸出し始めた。そのため、アメリカとの対立が起こり、両者のさらなる市場獲得のために、関税引き下げや補助金の削減、非関税障壁の撤廃など、農産物の貿易をめぐる「規制緩和」の動きがでてきた。このような米国対ヨーロッパの争いは、工業製品

を中心とした世界市場のなかに、農産物も引きずり込んだ。

　これがまさに、1986～94年のGATT（貿易と関税に関する一般協定）ウルグアイ・ラウンドから95年のWTO（世界貿易機関）成立までのプロセスのなかで起きたことである。こうしてGATTのウルグアイ・ラウンドにおける自由貿易の原理は歯止めなく「**食料生産の国際分業**」を進めていった。

　さらに、農業生産・食料供給システムの「産業化」が進行している。農業近代化のもとで営農の大規模化・機械化・化学化を主軸とする「農業の工業化」が進行したが、今日のアメリカ農業においては、「**農業の産業化**（industrialization of agriculture）」と呼ばれる現象が加速度を増して進行している。「農業の産業化」とは、契約生産などの垂直的調整（coordination）、大規模企業経営への集中化（concentration）、生産・加工・流通各局面でのグローバル化（globalization）といった現象の総称である（立川1999, p.19）。現在のところ、基本的にアメリカにおいて生起している現象ではあるが、日本はもとより世界の農業に対して大きな影響を与えていくであろう。食料輸出国主導のもとに進められようとしているWTO（世界貿易機関）などにおける国際貿易交渉や遺伝子組み換え作物の生産開始などは、農業の「産業化」と深く関わっている現象である。現在、農産物の貿易自由化は、国際分業論と自由競争擁護の名のもとに強力に進められており、WTO体制として強固な世界市場システムを形成しつつある。

4-2. 日本の食料自給率の低下

　日本農業の基幹作物であるコメは、1960年代後半の生産調整政策（いわゆる「減反政策」）が始まって以来、減反を強制されつづけ、ついに輸入自由化への扉をあけた。コメは国内自給が充分できる作物だが、ウルグアイ・ラウンド合意にもとづき、関税化（輸入数量制限をやめて関税に転換すること）猶予の代わりに、1995年から2000年にかけての6年間、国内消費量の4～8％（年間40～80万トン近く）の輸入を、ミニマムアクセス（義務づけられた最低輸入量）として受け入れた。このため、コメの自給率は95％（1999年）に低下した。1999年4月に農業協定上の特例措置から関税措置への切り替えを行ったが、2001年以降も2000年のミニマムアクセス量（77万トン）を引き続き輸入している。

　穀類だけでなく、野菜や肉類などの生鮮品や加工品の輸入も増加し、食料自

給率は低下が続いている。近年、とりわけ野菜・果実・肉類の自給率の低下が目立っている。商社や食品産業が介在し、国産よりも割安な野菜・果物の流入は、国内の生産者・農家に脅威を与えつづけている。つまり、日本における「豊かな食卓」や「選択の拡大」は、世界市場システムに食と農が組み込まれた結果として、実現している。

世界市場において農産物を貿易品目として位置づけることに対して、日本政府は、環境保全や水管理、景観保全など**農業の多面的機能**を主張して自由化の圧力に対抗しようとしている。これは、環境政策をタテに農業の国土保全機能を打ち出していくというヨーロッパ諸国の動きと、ある部分では一致している。

4-3. 世界規模で進行する生命と環境の危機

輸入や広域流通にともなう食料の長期保存・長距離輸送は、確実に食べ物の質の低下につながる。鮮度が落ちるのはもとより、収穫後や貯蔵中に使用する**ポストハーベスト農薬**や添加物、防疫措置として行われている臭化メチルガスや青酸ガス薫蒸など、人体に有害な農薬汚染にさらされる。食料の輸送距離（「**フードマイル**」Food Miles, T.Lang の用語）が長くなると、化石燃料の消費量や二酸化炭素等の排出量が増加し、地球温暖化や大気汚染、騒音被害などをともなう。

近代農業がもたらす汚染と危険はすでにふれたとおりであるが、同じ問題は、輸出大国であるアメリカやヨーロッパの農業国も同様に抱えている。欧米でも、**連作**や**塩害**による土壌流失や過放牧による森林生態系の破壊、過密肥育による糞尿汚染、化学肥料の多投に伴う硝酸態窒素による地下水の汚染などが顕在化し、農業による環境汚染・破壊が問題になっている。農産物を世界中に輸出しているアメリカ農業も、土壌流出や大規模な灌漑農業による地下水の枯渇や塩害などを伴い（Kramer1980＝1981）、1970 年代ごろから「農業の工業化」への批判、反省から**有機農業運動**が展開されるようになった。1972 年には、欧米の有機農業生産者団体が中心となって **IFOAM**（国際有機農業運動連盟）が結成された。有機農業運動の国際的な連携は、その後アジアや中南米の国々へと拡大している。

さらに、いま、遺伝子組み換え技術などバイオテクノロジーにもとづく世界市場が形成されつつあり、そこでの主導権争いにアグリビジネスや食品産業がしのぎを削っている。日本ではまだ本格的な**遺伝子組み換え作物**の栽培は行わ

れていないが、遺伝子組み換え作物の世界最大の輸入国となっている[7]。

遺伝子組み換え作物については、未知の毒性やアレルギー性、組み換え遺伝子がウイルスなどに取り込まれる危険性（**水平遺伝子伝達**）などが指摘されている。また、遺伝子組み換え作物を栽培している圃場からの花粉などによる組み換え遺伝子の拡散が、環境・生態系に及ぼす汚染（**遺伝子汚染**）も懸念されている（Fagan1994＝1997；河田 2001）。

ヨーロッパの消費者は遺伝子組み換え食品に反発して拒否している。FAO／WHO 合同の国際食品規格委員会（コーデックス委員会）の有機農産物ガイドラインでは、「有機的生産の原則（栽培及び製造、加工のどちらとも）と相容れない」として、遺伝子組み換え作物を認めていない。つまり、**国際有機ガイドライン**では、遺伝子組み換え技術と有機農業・環境保全型農業とは相容れないものとなっている。

日本においても、遺伝子組み換え技術は環境や食べ物の安全性にとって潜在的に危険な技術であるとして、遺伝子組み換え食品の表示の義務化（2001 年 4 月から一部食品について実施）と厳しい安全性評価とともに、国産大豆やナタネなどの自給率を高め、有機農業・環境保全型農業の推進を要求する消費者や農民の声が高まっている。

また、巨大アグリビジネスは農産物の貿易自由化を進める陰で農作物の種子を支配し、品種の画一化と単作化が進んでいる。それは、生物多様性の喪失と同時に、病害などに対する抵抗力を低下させ、生産の不安定性をもたらしている[8]。

基本法農政が目指してきた大規模な近代農業は、地理的・歴史的・社会的条件からみてもともと日本に移入しても生産性をあげる基盤はなく、農家は単作化した商品作物への依存度を高めたことによって、かえって経営困難に陥った。また、特に基幹作物であるコメの消費量と価格の落ち込みにより、日本農業は際限のない縮小・衰退の過程を歩んできたといっても過言ではない。

---

[7] 「毎日新聞」（2009 年 11 月 2 日）によると、1996 年に GM 大豆やトウモロコシが商品化作物として栽培が始まったアメリカでは、飼料トウモロコシの栽培面積の約 8 割、大豆の約 9 割が既に GM になった。家畜飼料をほぼその輸入に頼っている日本は、世界で最も GM 作物を輸入する国になった。三石誠司・宮城大教授（経営学）の試算では、日本に輸入されている全穀物は年分約 3200 万トンで、半分以上の約 1700 万トンが GM という。また、三石誠司（2008）でも、同様の試算が報告されている。
[8] 発展途上国において「緑の革命」やバイオテクノロジーが引き起こす問題に対して、インドの女性科学者で科学・技術・自然資源政策研究財団を主宰する V.シヴァは、(Shiva1991＝1997a)(Shiva1993＝1997b) などで批判的な検討を加えている。

5. ………農と食をつなぐ
5-1. 山形県長井市のレインボープランの事業展開

「食べ物を食べれば生命が削られるんじゃなくて、生命が永らえていく。そういう安心して食べられるコメや野菜をつくることも農業の希望なのだ。その視点にたてば、これはもう絶望だなと思った。絶望の未来がある中で、俺は何に向けて自分の農業をつくっていけばいいのか、訳がわからなくなった。そういう悶々とした毎日が一年くらい続いた後に、**レインボープラン**の原型となる構想に気づいたんだ。だから、百姓として、これは何としても成功させなければなんねえと思いましたね」（植木 1998）。

リーダーの一人である菅野芳秀さんは、レインボープランを構想していた当時をこのように述懐している。

山形県長井市は、最上川の上流域に位置する小さなまちである。人口約33000人で9000世帯、そのうち市街地に5000世帯、周辺の農村部に4000世帯が住んでいる。市域の食料自給率は5％程度で、優良な農作物はすべて大都市に出荷され、市民は商品にならなかったUターン野菜やよその産地の食品に頼っていた。このようなまちで、「台所と農業をつなぐながい計画」（略称レインボープラン）という、家庭や事業所から分別収集した生ごみで堆肥を作り、その堆肥を農家に供給し、農家が生産した農作物を市民や事業所が購入するという事業が、1997年冬から本格的に始まった。

この事業は、1988年に「自分たちが住みたくなるようなまちを構想しよう」という長井市の呼びかけに応じて、市民約100人が集まったのがきっかけとなり、まちづくり構想が具体化した。以来、7年あまり200回をこえる会議が開かれ、「レインボープラン」と名付けられた。

市民が家庭の生ゴミ類を台所から分別し、さらに農家のモミ殻など、これまで廃棄されていた有機物をすべて集めて堆肥センターに投入する。堆肥センターでできた堆肥は農協を通して農家に販売されるが、その価格は堆肥センターの製造コストに関係なく、農家が買いやすい価格に設定する。差額は、経費として行政が負担する。畑では、この堆肥を利用してなるべく農薬や化学肥料を使用せずに作物を作るというものである[9]。つまり、有機資源である生ゴミが

---

[9] レインボープランの構想を練っていた頃、尿尿（人糞）を主要な堆肥源として考えていた。ところが、長井市の尿尿処理場で、以前に人糞を原料とした堆肥から、肥料としての安全基準を数十倍も上回る水銀が検出されたことを聞かされ、循環システムに組み込めないことがわかり、人糞の堆肥化を断念した。つまり、大都市だけでなく地方都市においても尿尿の汚染がひどく、循環農業の基盤が揺らいでいるのである。

その姿を変えながら、台所 → 堆肥センター → 農地 → 台所と循環する。しかも、循環のシステムにのって市民の台所に戻ってくるのは、一般に流通する農作物ではなく、減農薬・有機栽培の健康によく味もよい野菜やコメである。

「生ゴミを減らし、土を健康に保ち、やがては安全な食べ物が市民に還元される」。長井市のこの「**有機資源の地域循環システム**」に、全国から視察者が押し寄せた。また、この事業は、「21世紀に向けた循環型社会の構築のために」という副題がつけられた『環境白書（平成10年版）』にも取り上げられた。

5-2. 地域自給と自治の試み

ではなぜ、この事業がこれほど多くの関心を呼んだのであろうか。それは、つい数十年前まではごく当たり前にどこでも行われていた地域循環型農業が、行政と市民が一体となってじつに見事に目の前に再現されているからではないだろうか。もう一つは、このレインボープランが、地域の農民と消費者の話し合いのなかで生まれ、行政を動かしたという点ではないか。長井市のこの事業は、地域循環と自治を基盤とするまち（**循環型地域社会**）づくりの取り組みなのである。

そして、こうした地域循環・**地域自給**の空間が日本列島をモザイク状に覆い、それぞれの地域で余ったものを交換し合うという、これまで近代化と開発が作り上げてきたものとはまったく違う生産と交易の仕組みを作り上げることによって、大規模・長距離を前提にしたグローバリズムの波に対抗していこうとしている。レインボープランの創設当初から関わってきた農民、菅野芳秀さんはこれを「おすそ分けの経済」と呼んでいる。長井市では、農と食の地域循環を基礎に、環境、教育、商・工業を作り直そうという総合的な地域づくりが始まっている。これらの動きに一貫しているのは、**自治**を地域に取り戻そうとする意志である。

台所と農業は、いまや大都市だけでなく、市街地を農村地域が取り囲んでいる地方都市でも離れてしまった。だから、長井市のような地方都市でも、地域循環農業を構築し直すには、レインボープランのような仕組みを作る必要があったのである。

5-3. 有機農業が拓きつつある世界

近代農業に対する根源的批判から出発した有機農業運動は、有機農業者と消

費者が直結して〈提携〉のネットワークを形成し、これまで述べてきた農と食をめぐる問題状況を包括して受け止め、農と食の分断を超克する新しい地平を切り拓きつつある位置価をもった運動である。

1970年代初め、近代農業が日本を席巻し始めた頃、生命の危機や土の疲弊、食べ物の質の低下、環境の汚染・破壊を敏感に感じとった農民のなかに、自己防衛的に農薬や化学肥料、抗生物質等に依存しない農法や家畜の飼養を実践的に試みる動きがでてきた。他方、都市の消費者のあいだには、残留農薬や食品添加物等による食べ物の汚染や質の低下に不安を感じ、「安全な食べ物」を求める運動が起きた。この都市の消費者による「安全な食べ物」を求める運動は、それまでの消費・流通過程における「かしこい選択」によって消費者主権を確立していこうとする消費者運動とは異なる新しい質をもった生活者運動であった。それは、消費者が食べ物の生産過程（作られる過程）にも目を向け、生産過程における食品添加物や農薬、抗生物質等の合成化学物質の使用を排除して、「安全な食べ物」を手に入れていこうとする運動であった。

有機農業運動は、食べ物を「商品化」し、農と食を世界市場システムに組み込んでいった近代化・産業化を、根底から問い直す農民と消費者の相互変革運動である。それはまた、生活文化の創造・復権運動[10]でもあり、ライフスタイルそのものが「社会システムのなかに組み込まれている」[11]事実に気づく過程でもあった。グローバル化した市場経済システムに組み込まれることなく、〈オルターナティブ〉なライフスタイルや生活文化をつくりだそうとすれば、農民と消費者は自ら「提携」という新しい生産・流通・消費システムを創り出し、資源・エネルギー・環境問題を視野に入れて社会経済システムそのものの変革や農山村の再生に向かわざるをえなかったのである。だが、1990年代に入ってから、日本の提携運動は、アグリビジネスの台頭や有機農産物の第三者認証（**有機JAS**）の導入、女性の社会進出への対応など、大きな転機に立たされ、そのシステムの再点検を迫られている。

他方では、農業・食料供給システムのグローバル化が過激に進行するなかで、

---

10 古沢広祐は、「我々の生活文化が企業に根こそぎ吸い取られ、いわば『飼い殺し』のような状態になっていくという世界ビジョンは、すでに現実化している。そういう構造をもう一度転換し、広げていくための拠点として農業、食文化を位置づけ、一種の文化的復権運動としてとらえていく視点」の重要性を指摘している（古沢1999）。
11 舩橋晴俊（1995, p.11）は、これを「構造化された選択肢」（選択肢が構造化されている）ととらえ、それが環境問題の克服の障害になっていると指摘した。また、鳥越皓之（2004, pp.117-118）は、舩橋の指摘や最近の人間科学の成果をふまえ、これを「用意されている選択肢」と表現している。ただし、人間科学は人間の理解やコミュニケーションというものが状況に埋め込まれているものとみなしているが、必ずしもマイナスにとらえていないと指摘している。

さまざまなオルターナティブな生産・流通・消費のあり方を模索する動きがでてきている。アメリカでは1985年頃、**有機農業**をも産業化した生産・供給システムに組み込んでいく危機的な状況のもとで、生産者とともに農業（農場）経営の責任を分かち合っていこうという人びとがでてきた。それは、消費者が地域の有機農業（持続的農業）を支える **CSA**（Community Supported Agriculture、「地域が支える農業」）運動へと発展していった。日本の「産消提携」に似たCSAは、またたく間に全米、カナダに広がった。

日本の有機農業運動を支えてきたのは、生産者と消費者の「顔の見える関係」であり、〈提携（関係性）の経済〉（associative economy）であった。そうした都市と農村を結ぶ親密な「**有機的関係**」、いわば「**親密圏**」[12]としての内実をもった**ネットワーク**が地域を組織化し、持続的な社会経済システムへと転化しつつある。その萌芽と担い手が、世界各地で同時多発的に多様に展開されている有機農業や提携・産直運動、CSA、AMAP（Association pour le Maintien d'une Agriculture Paysanne、「農民農業を支える会」）、直売（**ファーマーズ・マーケット**）、イタリアのスローフード運動などのなかに生まれつつある。

5-4. 都市生活の問い直しから帰農へ

かつて筆者らが「地域自給と帰農農家」をテーマに調査した和歌山県那智勝浦町色川地区は、鉱山の閉鎖や農林業の不振により過疎と高齢化がすすみ、集落の機能維持が難しくなっていた。そのような色川地区に、1977年、関東地方から3世帯が有機農業を目指して移住した。彼らは「耕人舎」を結成し、耕地が狭い段々畑で苦労を重ねながら山間農業を営み、地域の人びとの協力もあって有機農業を志す人びとの体験研修の受け入れなどを行い、**Iターン者**を増やす取り組みを進めてきた。その結果、現在ではIターン者が人口のおおよそ3分の1（466人中119人、2004年1月現在）を占める地区となり、全国的に注目を集めている（町村ほか編2010）。

また、1971年から一人の有機農業者・金子美登さんの取り組みから始まった埼玉県比企郡小川町では、Iターン者による有機農業の実践が広がっている。1989年以降2006年まで、ほぼ1年に1.5人の割合でIターン者（世帯）が就農しており、この26人のうち17人が有機農業者である（小川町農業委員会調

---

12 ここでいう親密圏とは、血縁・地縁関係ではなく、身体性をそなえた他者同士、および他者の生／生命への配慮や関心によって形成・維持される生命共同体的関係性である（桝潟2008, p.21）。

べ)。直近6年間では1人を除いて有機農業者で、その全員が町外の非農家からの移住者である(高橋2007, p.97)。

高度成長期以降、農山村から都市に向けて奔流のような人口流出が続いてきたわけだが、そうした大きな流れに逆らうかのように彷彿とあらわれてきた**帰農運動**は、「家としての世帯交代」が困難となっている農業を「世代として継承」し、農山村の再生に大きな活力を与えていくのではないだろうか。

「巨大化した都市、という状況のなかにあるときが、都市人間にとって小農の意味について考えることのできる状況のときだとも言えよう。なぜか。そう私が言うのは、大きいということのもっている意味の小ささをいちばんよく理解することのできる状況がそのときつくられていると思うからなのである」(守田1978, p.233)。「はみだしものである都市人間が、自分のなかに人間の本源的存在形態としての小農の片鱗を見いだすことに成功するとすれば、それは都市じたいが可能性を発見したときでもあろう」(守田1978, p.237)と、守田志郎が透視していたように、ようやくいま、都市にその転轍手があらわれてきたのである。

◆討議・研究のための問題◆
1. 近年、穀類だけでなく、野菜や肉類などの生鮮品や加工品の輸入も増加し、日本の食料自給率の低下が続いている。日本では全流通量の30%にのぼる野菜が、主として中国、アメリカ、その他のアジア諸国などから入っているといわれている。しかし、スーパーや八百屋の店ではそれほど多くの輸入野菜をみかけない。輸入野菜はどこにいってしまったのであろうか、調べて討論してみよう。
2. 日本のような輸入依存の食生活は、なぜ食べ物の安全性をそこない、地球温暖化や大気汚染、富栄養化などを引き起こすことになるのでしょうか。
3. 農業・食料システムのグローバル化が激しく進行するなか、分断された農村(生産者)と都市(消費者)をむすぶ親密な「有機的関係」、いわば「親密圏」としての内実をもったネットワーク(提携やCSAなど)が、世界各地で形成され多様な展開をみせている。具体的にどのような動きがあるのだろうか。データベースを利用するなどして文献を入手したり、サイトを検索して調べてみよう。
4. なぜ、近代農業から有機農業への転換が必要となってきたのでしょうか。また、帰農者(Iターン者)に有機農業をめざす人が多いのはなぜでしょうか。各地で展開されている事例を調べて考えてみよう。

[文献]
青山美子, 2010, 「農薬と人体被害の実態(1)―ネオニコチノイド中毒をご存じですか?」

『土と健康』No.419，2010年10月号，pp.2-11．
Carson, Rachel., 1962, *Silent Spring*, Greenwich, Conn.: Fawcett．（＝1974，青樹簗一訳『沈黙の春』新潮社．この作品の最初の邦訳は，1964年に『生と死の妙薬』として刊行された）．
Colburn, Theo, Dianne Dumanoski, and John Peterson Myers, 1996, *Our Stolen Future: Are We Threatening Our Fertility, Intelligence, and Survival?—A Scientific Detective Story*, New York: Dutton, Penguin Books．（＝1997，長尾力訳『奪われし未来』翔泳社）．
Fagan ,Jhon, 1994, *Genetic Engineering-Hazards: Vedic Engineering-Solution*, New York: MIU Press．（＝1997，自然法則フォーラム監訳『遺伝子汚染』さんが出版）．
Feingold, Benjamin F., 1975, *Why Your Child is Hyperactive*, New York: Random House．（＝1978，北原静夫訳『なぜあなたの子供は暴れん坊で勉強嫌いか』人文書院）．
原田津，1997，『食の原理　農の原理』農山漁村文化協会．
舩橋晴俊，1995，「環境問題への社会学的視座―『社会的ジレンマ論』と『社会制御システム論』」『環境社会学研究』1号，新曜社，pp.5-20．
古沢広祐，1999，「WTO市場原理に対抗する動きが生まれ始めている」『月刊オルタ』1999年10月号，アジア太平洋資料情報センター（PARC）．
河田昌東，2001「高まる遺伝子組換え食品反対　しかし汚染は広がっている」『土と健康』No.337，pp.2-11．
Kramer, Mark, 1977, *Three Farms: Making Milk, Meat and Money from the American Soil*, Boston: Little, Brown．（＝1981，逸見謙三監訳『病める食糧超大国アメリカ』家の光協会）．
Lappe, Frances Moore, 1971, *Diet for a Small Planet*. New York: Ballantine Books．（＝，1982，奥沢喜久栄訳『小さな惑星の緑の食卓―現代人のライフ・スタイルをかえる新食物読本』講談社）．
町村敬志・一橋大学社会学部町村ゼミナール編，2010，『重なる景色，重なる時間〈増補版〉―色川と移住』（和歌山県那智勝浦町・色川地区調査報告書）．
三石誠司 2008，「遺伝子組換え作物―世界の動向と今後の日本の展望」『植物保護ハイビジョン 2008―遺伝子組換え作物の現状と課題』報農会，pp.49-57．
丸元淑生，1992，『生命の鎖』飛鳥新社．
桝潟俊子，1986，「農山漁村の再生は都市の課題―提携の役割」国民生活センター編『地域自給と農の論理―生存のための社会経済学』学陽書房，pp.371-382．
―――，2008，『有機農業運動と〈提携〉のネットワーク』新曜社．
守田志郎，1975，『小農はなぜ強いか』農山漁村文化協会．
―――，1978，『日本の村』朝日新聞社．
大野和興編，山形県長井市・レインボープラン推進協議会，2001，『台所と農業をつなぐ』創森社．
Pollan, Michael, 2006, *The Omnivore's Dilemma*, New York: The Penguin Press．（＝2009，ラッセル秀子訳『雑食動物のジレンマ―ある4つの食事の自然史［上］［下］』東洋経済新報社）．
Shiva, Vandana, 1991, *The Violence of the Green Revolution*, Penang Malaysia: Third World Network．（＝1997a，浜谷喜美子訳『緑の革命とその暴力』日本経済評論社）．
―――，1993, *Monoculture of the Mind*, Penang Malaysia: Third World Network．（＝1997b，高橋由紀・戸田清訳『生物多様性の危機―精神のモノカルチャー』三一書房）．
多辺田政弘，1986，「〈もう一つの戦後〉の可能性」国民生活センター編『地域自給と農の論理―生存のための社会経済学』学陽書房，pp.328-341．
高橋巌，2007，「有機農業の地域展開とその課題―埼玉県小川町の取り組み事例を中心とし

て」『食品経済研究』第 35 号,pp.90-118.
高松修,2000,「在来種があれば遺伝子組み換え作物はまったく必要ない」『土と健康』No. 328,2000 年 8・9 月合併号,pp.24-30.
————,2001,『有機農業の思想と技術』コモンズ.
立川雅司,1999,「農業の産業化とバイオテクノロジー」『村落社会研究』No.11,pp.19-29.
鳥越皓之,2004,『環境社会学』東京大学出版会.
植木慎二,1998,「『理想のリサイクル』を実現した男の物語」『現代』1998 年 7 月号.

column
棚田保全

堀田恭子

　棚田という言葉を聞いたことがあるだろうか。それは傾斜地に階段状に広がっている田んぼのことであり、中山間地域に多く見られる田んぼだ。より詳しく定義するならば、「傾斜 1/20（20 メートル進んだときに 1 メートル上がる）以上の斜面にある水田」のことをいう（棚田学会, 2009,『棚田学会 10 周年記念誌　ニッポンの棚田』p.8）。

　最新の農林業センサス（2005 年）によると国内の耕作放棄地面積は約 38.6 万ヘクタールあり、その 6 割が棚田を中心とした中山間地域にある。棚田は耕作条件も悪く、さらに担い手の高齢化をむかえ放棄地を増やしてきた。棚田は今「絶滅」の危機に瀕しているといってもよいだろう。

　しかし、1990 年代後半以降、棚田を保全する動きが生じてきた。なぜだろうか。実は棚田は平地の田んぼと違っていくつかの機能を持っていることがわかってきた。食料の生産機能はもちろん（昼夜の温度差が大きく、また棚田米は平地米と違って手間がかかっている分だけおいしいと言われる）、斜面に開かれた田んぼは、地滑り地帯に開かれていることが多いため、「小さなダム」として地滑り防止／洪水調節機能を持つ。また後背地に山林、灌漑施設を持つことで、水源のかん養／保水機能も持っている。そして棚田特有の生態系とさらに棚田独特の景観が形成される。耕作するという生活の場が人びとの癒しの場として保健休養機能を持ち、重要文化的景観の対象として選定されるまでにもなった。その景観美は多くのカメラマンを引きつけている。

　棚田保全は耕作することである。その耕作をいかに維持し続けたらよいかという思いのもとに、営農者、自治体、都市住民、研究者が棚田を維持する諸組織を設立し、それぞれの立場で棚田と関わってきた。1995 年 9 月設立の全国棚田（千枚田）連絡協議会（http://www.yukidaruma.or.jp/tanada/）は棚田を有する自治体を中心とした組織で、毎年「全国棚田サミット」を開催し、情報交換や開催地での棚田見学会、そして交流会を開いている。1995 年 12 月設立、2002 年に NPO の認証を受けた棚田応援団である棚田ネットワーク（http://www.tanada.or.jp）は、棚田営農者と都市住民を結ぶべく棚田への多様な誘いを実践的に行っている。1999 年設立の棚田学会（http://www.tanadagakkai.com/gattukai/main.html）は、学会誌の発行、棚田の現地見学会、棚田検定などを企画し、棚田の価値を学術レベルから調査研究している。

　棚田保全の方法として、都市住民が耕作の担い手となる棚田オーナー制度や、直接補償制度としての中山間地域等直接支払い制度が実施されてきた。しかし、放棄地の現実はなかなか解消されない。

　棚田保全は食を支え、景観を保全し、生態系も保全する。さらに高齢化社会を迎えた農村を再生する方向にも向かう。農の問題でありながら、食の入口の問題でもあり、まさに二次的自然の環境保全にもつながる棚田保全の問題は、コモンズの視点、運動論／市民活動論の視点、政策論的視点等を内包する。放棄地解消、耕作維持のために、環境社会学の豊かなまなざしが、今、必要とされているのである。

第8章
生物多様性問題への環境社会学的視座
―森林との関わりを中心に

●平野悠一郎

1. ………はじめに

「生物多様性をまもらねばならない」という警鐘は、2010年8月の生物多様性条約締約国会議（COP10）の名古屋での開催に前後して、殊更に強く鳴らされるようになった。しかし、「生物多様性」とは、そもそもどのようにして生まれた概念であり、なぜ「まもらなければならない」とされるのか。そして、今日、「生物多様性の維持」を目指す取り組みは、私たち人間社会にどのような影響を与えるものであり、我々、人文・社会科学を学ぶ立場の人間は、それにどのように向き合っていくべきなのか。本章では、これらの問いについて、陸上の生態系の基幹であり、生物多様性の維持に不可欠とされる森林との関わりを通じて検討する。

2. ………「生物多様性の維持」をめぐる議論

2-1.「生物多様性」とは何か？

そもそも、「生物多様性」を意味する英単語のBio-diversityを初めて公式に用いたのは、著名な生物学者であり社会生物学を提唱したE.O. Wilsonを中心として編集された、1986年のアメリカでの第1回生物学的多様性フォーラムの報告書[1]であるとされる[2]。それ以前から、生態学・生物学者の間では、近代化等に伴う人間活動の急速な広がりによって自然破壊が深刻化し、動植物が次々と姿を消していることに対して危機意識が示されてきた。しかし、これらの議論においては、Bio-diversityではなく、Biological-diversity（生物学的多様性）という表現が用いられてきた。すなわち、動植物の生態・役割や相互関係を科学的に研究するにあたって、踏まえるべき概念とされていたのである。

---

1 Wilson, Edward O. ed., F.M. Peter associate ed., 1988, *Biodiversity*, Washington D.C.: National Academy Press.
2 例えば、エドワード・O・ウィルソン著、大貫昌子・牧野俊一訳、1995、『生命の多様性（下）』岩波書店、p.253.

しかし、1980年代に入ると、この問題は、次第に学術的なレベルを離れ、人間社会の未来を左右するものと捉えられるようになった。この背景には、1960〜80年代にかけて、『沈黙の春』[3]出版等を通じて、刹那的な生産力向上のみを追求した人間活動が、多くの生物を死に追いやっているという人々の意識の高まりがあった。また、上述の生態学・生物学や、ヨーロッパのロマン主義的懐古の中で積み重ねられてきた、生態系破壊への懸念や、「自然・生態系のメカニズムに沿った形で人間も生きなければならない」という**エコロジー思想**も、この傾向を後押しした[4]。この流れを受けて、1992年のリオ・デジャネイロ国連環境開発会議では、地球温暖化と並んで、国際社会を挙げて取り組まねばならない問題と位置づけられ、「**生物多様性条約**」が採択されるに至ったのである（翌1993年発効、日本は1994年に締結）。この条約において生物多様性は、「すべての生物の間の変異性を指すものとし、種内の多様性、種間の多様性及び生態系の多様性を含む」と定義された。すなわち、種内の遺伝子レベル、種レベル、そして、気候や水土等の条件に基づく種の相互関係によって形成される生態系レベルの多様性を、総合的に示した概念として、以後、世界に広く知られていくことになったのである。

2-2. 生物多様性はなぜ「まもらねばならない」のか？

　では、生物多様性は、どのような理由からまもらねばならないのだろうか。端的に言えば、それは、「今日に至るまでのあらゆる生物の生活と生存が、生態系・種・遺伝子が多様であることを前提とした自然淘汰（自然選択）、及びその結果としての進化の歴史によるものである」という、これまでの生態学・生物学等の自然科学の研究成果に基づいている。例えば、地球上を見渡せば、どんな種といえども1種それのみでは生きていくことができない。必ず、他の種との捕食・被食、もしくは共生の関係が必要となっている。また、どんな種であっても、1個体ではその種を維持していくことができず、他個体との生殖という形での遺伝子伝達・交換が必要となる。各種の遺伝子は、その個体の形態・生理・行動等に対する様々な可能性を提供するものであり、その可能性は、環境等に適応し生き延びる上で有利なように自然に選択されていく。その結果

---

[3]　レイチェル・カーソン著、青樹梁一訳、1986、『沈黙の春』新潮社。
[4]　エコロジー思想の成立と普及のプロセスについては、ブラムウェル等に詳しい（アンナ・ブラムウェル著、金子務監訳、1992、『エコロジー——起源とその展開』河出書房新社）。

として個々の種は、絶滅や種の分化を孕みつつ進化を遂げてきた。すなわち、各種における遺伝子の多様性と、多様な種同士の相互作用を育む生態系の多様性とは、こうした進化の歴史の積み重ねの上に成立したものである。そして、一度、この積み重ねが失われてしまえば、生態系というシステム全体にわたって計り知れない影響が及ぶことが想起される。

　現在において叫ばれている生物多様性の危機とは、この積み重ねが、「人為的活動」による多くの種の急速な個体減少と絶滅という形で脅かされていることを意味しており、ゆえにその傾向を改めなければならないというものである。国連のミレニアム生態系評価は、これまでの数百年間を通じて、かつてないほどのスピードで動植物種が絶滅しており、かつ多くの種が絶滅の危機に瀕しているとする[5]。この絶滅は、自然淘汰による進化の過程での絶滅と異なり、人間の都合に基づいて急激に引き起こされるため、生物・遺伝子に適応・進化の時間を与えず、ゆえに新たな種分化を伴わない。その結果、上記の積み重ねとしての生物多様性が失われていくことになる。以上の観点に基づき、生態学の分野では、健全な生態系を持続させるために、生物多様性の保全を明確に掲げる「保全生態学」の立場が形成されてきた[6]。

2-3. 生物多様性の維持における森林の重要性

　生物多様性の喪失が問題とされるにあたって、特に陸上において重視されているのが森林の動向である。天然林・人工林を含め樹木に覆われた森林空間・土壌では、極めて多様な動植物、昆虫、微生物等の生物種が、水、土壌、空気などの無生物要素とともに、複雑な相互関係（**森林生態系**）を形成している。森林生態系は、陸上生態系の中でもっとも生物多様性が高いとされ[7]、特に熱帯雨林には、地球上の種の大半が生息しているとも考えられている。

　そして、これらの多様性を育む森林が、農地・牧草地の拡大、及び木材生産を目的とした伐採や焼失によって減少してきたことが、近年の生物多様性の危機に直結していると認識されている。森林減少の影響は、具体的に「種の生息・生育場所の喪失と分断・孤立化」として問題化する。すなわち、森林の伐採・転換によって棲家そのものを奪われ、あるいは生息地の分断によって他個

5　例えば、Millennium Ecosystem Assessment 編、横浜国立大学 21 世紀 COE 翻訳委員会責任翻訳，2007，『国連ミレニアムエコシステム評価―生態系サービスと人類の将来』オーム社，p.62.
6　鷲谷いづみ，1999，『生物保全の生態学』共立出版株式会社，p.12.
7　巌佐庸・松本忠夫・菊沢喜八郎・日本生態学会編，2003，『生態学事典』共立出版，pp.282-283.

表1　生態系サービス

生態系サービス		
〈基盤サービス〉 栄養塩の循環、土壌形成、一次生産、その他	〈供給サービス〉	食糧、淡水、木材及び繊維、燃料、その他の供給
	〈調整サービス〉	気候調整、洪水制御、疾病制御、水の浄化、その他
	〈文化的サービス〉	審美的、精神的、教育的、レクリエーション的、その他

出典：Millennium Ecosystem Assessment 編，横浜国立大学21世紀COE 翻訳委員会責任翻訳，2007，『国連ミレニアム エコシステム評価―生態系サービスと人類の将来』オーム社，p.84 を転用

体との遺伝子交換・伝達の多様性が失われた結果として、絶滅に至る種が増えている。加えて、人間によって高い商品的な価値を付与された動植物も、乱獲によって減少・絶滅を強いられてきた。

2-4.「生態系サービス」と森林の多面的機能

　以上が、科学的知見に基づいて理解されてきた、生物多様性とそれにおける森林の重要性である。しかし、これらの知見を人間社会に広め、人々の行動様式や社会の方向性を改変していくためには、「生物多様性の重要性」を人間側の利害に引き付けて捉える具体的な指標が必要となってきた。

　この観点に基づき、経済学の分野では、生態系の役割を経済的な価値で表そうという試みが行われはじめ、その中から「**生態系サービス**」という概念が結実していった。これは、国連の呼びかけで2001～05年に行われた世界各国の科学者によるミレニアム生態系評価において、生態系が人間社会にもたらす役割として改めて整理され、脚光を浴びている[8]（表1）。すなわち、生態系が提供する物質（供給サービス）、生態系プロセスの調節（調整サービス）、生態系に関わることによる文化的な蓄積（文化的サービス）、それらのサービスを支える基盤としての生態系機能（基盤サービス）という形で整理されたそれぞれのサービスが、安全、豊かな生活の基本資材、健康、良い社会的な絆、選択と行動の自由といった人間社会の福利に結びつくと理解されている[9]。個別のサービスは、生物多様性を前提とした生態系の働きが提供するものと考えられるため、これらの多様なサービスの持続的な享受には、健全な生態系システムの機能が欠かせず、だからこそ生物多様性が維持されねばならないということになる。

8　Millennium Ecosystem Assessment 編，前掲書．
9　同上書，p.84．

表2 森林の多面的機能

森林の多面的機能	
〈生物多様性保全〉 遺伝子保全 生物種保全（植物種保全、動物種保全（鳥獣保護）、菌類保全） 生態系保全（河川生態系保全、沿岸生態系保全（魚つき））	〈快適環境形成機能〉 気候緩和（夏の気温低下（と冬の気温上昇）、木陰） 大気浄化（塵埃吸着、汚染物質吸収） 快適生活環境形成（騒音防止、アメニティ）
〈地球環境保全〉 遺伝子保全 地球温暖化の緩和 (二酸化炭素吸収、化石燃料代替エネルギー) 地球気候システムの安定化	〈保健・レクリエーション機能〉 療養（リハビリテーション） 保養（休養（休息・リフレッシュ）、散策、森林浴） レクリエーション（行楽、スポーツ、つり）
〈土砂災害防止機能／土壌保全機能〉 表面侵食防止 表層崩壊防止 その他の土砂災害防止（落石防止、土石流発生防止・停止促進、飛砂防止） 土砂流出防止 土壌保全（森林の生産力維持） その他の自然災害防止機能（雪崩防止、防風、防雪、防潮など）	〈文化機能〉 景観（ランドスケープ）・風致 学習・教育（生産・労働体験の場、自然認識・自然とのふれあいの場） 芸術 宗教・祭礼 伝統文化 地域の多様性維持（風土形成）
〈水源涵養機能〉 洪水緩和 水資源貯留 水量調節 水質浄化	〈物質生産機能〉 木材（燃料材、建築材、木製品原料、パルプ原料） 食糧 肥料 飼料 薬品その他の工業原料 緑化材料 観賞用植物 工芸材料

出典：林野庁ホームページ（http://www.rinya.maff.go.jp/j/keikaku/tamenteki/con_1.html）（取得日：2010年8月31日）

　一方で、陸上の生物多様性の維持に大きく関わる森林の働きに対しては、これまでの森林科学の研究成果を背景に、「森林の多面的機能」という概念が生み出されてきた（表2）。林野庁は、生物多様性保全、地球環境保全、土砂災害防止機能／土壌保全機能、水源涵養機能、快適環境形成機能、保健・レクリエーション機能、文化機能、そして物質生産機能を多面的機能として区分し、それらの効果的な発揮を「森林・林業基本計画」（平成18年改訂）の基本理念に掲げている。その内容を見比べてみると、「生態系サービス」と多くの部分がオーバーラップしていることがわかる。この相関は、生物多様性の維持におけ

る森林の重要性を改めて表しているのと同時に、「森林生態系」という形で対象を全体的に捉え、それが人間にもたらす恩恵を、科学的知見に基づいて整理区分するというスタンスが共通しているからでもある。

ただし、これらの整理区分において留意せねばならないのは、人間による個別のサービス・機能の追求が、生物多様性の維持や森林生態系の保全に必ずしも結びつかない、という点である[10]。例えば、供給サービスを例に取ってみると、森林から木材をはじめ山菜・キノコや動物肉などの色々な物質を継続的に得たいと思う場合は、遺伝子・種・生態系の多様性の維持が必要となる。しかし、例えば「木材」に特化した供給サービスが短期的に必要とされた場合、それに適した樹種による人工林造成が選択され、生物多様性が低下する場合が多い。また、生物多様性の低い人工林でも、水源涵養や防風などの調整サービスを果たす場合があり、そちらの方が二酸化炭素吸収源としての機能発揮に適する場合もある。また、文化的サービスや文化機能に端的なように、個別のサービス・機能の評価は、地域や個々人における価値や文化の違いに依存するものでもある。

3. ………「生物多様性の維持」をめぐる問題点──人文・社会科学の視座から
3-1. 科学的な「不確実性」に伴う政治性

以上のプロセスを経て確立されてきた「生物多様性の維持」という理念と取り組みは、実際の社会において多くの問題を内包しているのも事実である。

まず、多くの場面で指摘され、生態学者も認めている問題は、生物多様性喪失の影響が不確実であり、科学的な予測が難しいというものである。個々の生態系は、極めて多様な動植物から構成されており、地球上の生物種の総数は、数百万から数千万にのぼると見積もられている。現時点で把握されている種は、そのほんの一部に過ぎず、それらですら生態が十分に理解されている訳ではない。ましてや、それらの複雑な相互関係が形成する生態系のメカニズムについては、完全な把握がほぼ不可能となる。どの種がどれだけ増減したら、どのような影響がもたらされるのか、その答えは根本的に不確実なのである。この点が自覚されているからこそ、現状で保全生態学においては、潜在的な危険を予防するために、「現状」の生物多様性を「維持」するのに越したことはない、

---

10 生態系サービスについては、中静透がこの点を指摘している(中静透, 2005,「生物多様性とはなんだろう?」, 日高敏隆編『生物多様性はなぜ大切か?』昭和堂, pp.1-41)。

という考え方が取られている[11]。

　この不確実性を前提とした取り組みのあり方は、「歴史的な進化の積み重ね」を一瞬で壊してしまいかねないペースで種の絶滅が進んできた現代にあって、確かに妥当な戦略であろう。しかし、人文・社会科学の視座に立つと、この影響予測の不確実性は、取り組みにおける政治性という新たな問題を孕むことになる。

　生態学をはじめとした自然科学の知見は、「なぜ生物多様性を維持せねばならないか」ということを経験則や理論的考察に基づいて提起できても、影響予測が不確実であるため、「何をどこまでまもらなければならないか」ということに対して、100％明確な答えを出すことができない。この科学的実証が難しい以上、具体的な保全への取り組みにおいて、「何をどこまでまもらなければならないか」は、個別の地域・生態系・動植物種の保全計画を立てる政策担当者や科学者等の知見や裁量、もしくは、それらをめぐる開発・利用者、居住生活者、旅行者等といったアクター間の利害調整によって決められるしかない。そしてこの決定には、後述のように、個々のアクターの政治的な力関係や価値認識を含めた、「多様な人間社会側のメカニズム」が働くことになるのである。

3-2. 人文・社会科学の立場から見た生物多様性問題

　しかし、影響が不確実であるとはいっても、様々な自然崩壊に直面した現代にあって、地球の歴史の中で育まれてきた現状の生物多様性を維持せねばならないという主張は、様々な立場を超えて人々を動かすだけの説得力に満ちていた。人文・社会科学の研究も、実際に様々な生物との触れ合いや森林との繋がりを体感する中で、この考え方に少なからず共鳴させられてきた。

　この共鳴を反映する形で、アメリカでは、理論体系自体のパラダイム転換を求める議論が行われてきた。例えば、R. Dunlap は、「生態系の中での相互依存によって人間も生きている」という前提の下に人間社会を捉え、その生態系の制約や作用を組み込んだ形で、社会現象や社会的事実の分析・理解を行うべきという議論を、社会学の領域においてリードしてきた[12]。彼は、それまでの社会科学が、全般的に人間社会を自然や生態系に対置させ、その利用をめぐる

11　鷲谷, 前掲書, pp.18-19, p.71.
12　Dunlap, Riley E., 1980, "Paradigm Change in Social Science: From Humana Exemptionalism to Ecological Paradigm," *American Behavioral Scientist* 24: 5-14, Dunlap, Riley E., 1995, "Toward the Internationalization of Environmental Sociology : An Invitation to Japanese Scholars, " 『環境社会学研究』1, pp.73-80.

多様な人間主体の便益の調整や最大化を目指してきたとし、その人間中心主義的なスタイルでは環境問題を根本的に解決することにはならないと主張する。そうではなく、自然や地球の生態系を調和の取れた総体として捉え、その調和を乱す人間活動や社会現象の発生原因と克服方法を明らかする姿勢が、環境社会学（エコロジー社会学）に求められているとした。

　一方、生物多様性（Bio-diversity）という用語を世に広めた Wilson は、人間は本来的に他の生物に関心をもち、それらとの多様な関わりを通じて、様々な喜びや快楽、生の実感を得ることができると考えていた。彼は、この生得的な傾向を**バイオフィリア**（Biophilia）と呼び[13]、それがゆえに人間は、自然や生態系のメカニズムの中で、親和性をもって生きられるとした。この前提に立って、S. Kellert は、そもそも人間社会が自然に対してどのような「価値」を感じているのかを、社会学・文化人類学的なフィールド調査に加え、心理学・言語学などの理論・手法を駆使して、実践的に導きだそうとした。彼の研究によれば、人間は自然に対して、それをモノ・財として利用し富を蓄積するという功利的価値のみならず、支配的価値、美的価値、科学的価値、自然的価値、道徳的価値、人間的価値、象徴的価値、否定的価値という、9つに区分できる価値を本来的に抱いているという[14]。そして、これらの9つの価値が社会に十分に意識されている状態こそがバイオフィリアの体現であり、今日の生物多様性の喪失を含めた環境問題の深刻化は、社会において功利的価値等の一部の価値が過剰に重視されているからだと説明する。

　これらの研究・議論には、エコロジー思想、及び生物多様性の維持を求める自然科学者が、明に暗に想定してきた「自然・生態系のメカニズムに調和した人間社会」という理想像が色濃く反映されている。しかし、前述の通り、そもそも「生態系のメカニズム」とは一体何なのか、明確な理解はなされていない。そのため、これらの議論は、「何が人間社会のあるべき姿か（どういう状態をもって調和と呼ぶか）」という問題解決の段階に踏み込んだ時点で、個々の主張者の価値観の発露になってしまう傾向にある。例えば、Dunlap が自然・生態系との「調和」を前提としても、「何が調和であるか」の基準は、見るものの選択によって異なってくる。となれば、その議論が孕んでいるのは、それら

---

[13] エドワード・O・ウィルソン著, 狩野秀之訳, 1994, 『バイオフィリア』ちくま学芸文庫.
[14] Kellert, Stephen R., 1997, *Kinship to Mastery: Biophilia in Human Evolution and Development, Washington*, Washington D.C.: Island Press. Kellert, Stephen R., 1996, *The Value of Life*, Washington D.C.: Island Press.

の複数の基準の中から、地球の未来に責任を感じている（とされる）エコロジストや研究者の描く調和像のみを抽出して正当化するという事態である[15]。Kellertの分類した9つの価値は、それらを客観的な研究手法によって発見・導出していく過程自体、非常に興味深いものである。しかし、それらが「すべて意識されるべき」と言った時点で、もはや客観的な社会分析概念としては色褪せてしまう。なぜなら、それぞれの価値の認識、及びそのバランスのあり方は、まさに自然との関わりや社会関係を背景とした、個々人の立場の違いによって異なるものだからである。

3-3. 「生物多様性の維持」をめぐる社会的問題の具体例

以上に見てきたように、生物多様性の維持をめぐっては、その影響予測は不確実であり、生態系メカニズムと人間社会の客観的な調和の基準を提示するのも難しく、その「解決」を模索する上では、何らかの主観主義や政治的決断を免れ得ないという構図が存在する。そして、今日、この決断を含めた生物多様性維持への取り組みは、関連するアクターの政治的立場の強弱等を内包した、「人間社会のメカニズム」に沿って行われているのが実情である。

かつて「森の王国」と呼ばれたタイでは、1950年代から過剰伐採等によって急速に熱帯林の減少が進み、近年の「生物多様性の危機」を体現する地域の一つとなってきた。これを受けて、1990年代にかけては、貴重な景観や野生動植物を育む森林生態系の保全を掲げた保護区が、各地に数多く設定されるようになってきた。ところが、この取り組みが、地域に暮らす立場の弱い人々の生活を脅かすことに繋がっている。佐藤仁は、野生動物保護区や世界自然遺産等の設定に伴い、昔から当地で暮らしてきた少数民族等の人々が、自給・生計の場であった森へのアクセスを禁じられ、厳しい状況に置かれていくプロセスを明らかにしている[16]。この時期にタイ政府・森林局が、保護区の拡大を行った大きな理由は、生物多様性維持と森林生態系保全への重要性認識が国際的に広まった結果、各種の国際援助が期待できるようになったためであった。すなわち、保護区の設定・管理者は、財源・仕事の確保という便益をもって森林生態系の保全を捉えていた。そして、彼らは、保護区内の住民による焼畑・伐採が森林減少の原因であるとして、その制限と排除を自らの主要な管理業務と位

15　藤村美穂, 1996, 「社会学とエコロジー：R.E.ダンラップの理論の検討」『環境社会学研究』2, pp.77-89.
16　佐藤仁, 2002, 『稀少資源のポリティクス』東京大学出版会.

置づけていく[17]。結果として住民は、保護区外へと追い出され、場合によっては困窮のあげく、「違法」とされる開墾・伐採等の行為に走ることになった。

　筆者のフィールドとする中国でも、近年、代表的な生態系や絶滅の恐れのある動植物の生息域が「自然保護区」に指定されてきた。その多くが森林を中心とした陸上生態系の保護を目的に掲げたものであり、今日、それらの保護区は国土面積の10％以上に達している。しかし、この指定をめぐるアクターの思惑は、複雑な社会背景を反映して様々であり、必ずしも上記の目的に沿った働きかけをもたらさなかった。1978年末に改革・開放路線に転じた中国では、対外交流を通じた経済発展を図る上で、国際社会の潮流やルールを踏まえることが求められていた。その中で、中央の政策担当者は、世界的な生態系保全の意識の高まりを受けて、「自然保護区」の指定・拡大を、中国の国際性・開明性をアピールする手段と位置づけていく。当時の中央政府の通達は、「高度に発展した先進国では国土面積の10％以上が保護区であるのに対して、我が国は現状で1.6％に過ぎない」とし、速やかな指定増加を求めている[18]。この後、「期限内にこれだけの自然保護区を設定せねばならない」という目標が、地方政府に指示されていく。地方政府は、そのノルマを満たす必要から、中では強引な土地収用を通じて保護区の拡大に努めていった。その結果、保護区の面積は国土の10％を超え、政策担当者の体面は保たれたものの、それまで保護区内に居住してきた人々は、身の回りの森林からの便益享受を制限され、わずかな補償で村ごとの退去を余儀なくされることもあった。一方、計画的に拡張された自然保護区が、地方政府と外部の開発・観光業者によって、地域振興の名の下に大々的にリゾート開発され、かえって生物多様性の喪失に繋がるケースも見られる[19]。

　これらのプロセスが端的に示しているのは、保護区の設定という「生物多様性の維持」を目的に含んだ取り組みが、実際の地域社会においては、様々な立場のアクターが織りなす複雑な利害関係に取り込まれてしまうという図式である。この中で、政治的指導者・官僚等の権力を有するアクターは、自らの存在基盤の確保や財の蓄積に励むことができるのに対して、立場の弱いアクターは、

17　しかし、多くの場合、住民は森林の中で最低限の収穫が確保できれば良いという立場であり、過去において商業伐採を主導してきたのはむしろ政府の方であった（同上書）。
18　林業部ほか「自然保護区管理・区画と科学考察の強化に関する通知」（中華人民共和国林業部辨公庁編，1980，『林業法規彙編：第13輯』中国林業出版社，pp.41-44）。
19　沈孝輝「従長白山旅遊開発看自然保護区体制転型的困局」（自然之友編・楊東平主編，2010，『中国環境発展報告：2010，『中国環境発展報告：2010』社会科学文献出版社）。

森林生態系からの便益享受を制限され、移転などのコスト負担のみを強いられることになる。現状では、「生物多様性の維持」という認識の広まりに反して、こうした不平等を内包した人間社会のメカニズムに対する十分な注意が払われていない。生物多様性の維持・回復の取り組みに伴って、森林生態系をめぐる人間側の利害関係が複雑化し、場合によっては、政治的立場の強弱を反映した、新たな加害 ― 被害の構図が形成される可能性があることも見落としてはならないだろう。

　すなわち、「生物多様性」や「生態系サービス」等の概念を、多様化・複雑化した自然・森林をめぐる利害関係の中で捉え直し、「人間側の多様性」をも組み込んだ解決の枠組みを構築することが、人間社会の仕組みや有様を理解する役割を担ってきた人文・社会科学の研究において、今日、求められている[20]。この必要性を分かりやすくクローズアップさせるために、次節では、視点をもう一度、「人間側」に転じることで、生物多様性の維持や森林の保全といった問題に、環境社会学としていかに向き合うべきかを再考してみよう。

4. ………人間側の価値・便益からの生物多様性問題再考

　森林生態系と向き合った時に、人間社会の利害関係が複雑化するのは、そもそも人間が森林に対して、それこそKellertが9つに区分したように、多様な「価値」を抱いているからである。例えば、我々が森林空間に身をおいたり、財として利用したり、動植物と触れ合ったりすることを通じて得られる「豊かである」、「美しい」、「愛らしい」、「安らげる」、「面白い」、「畏敬」、「達成感」等といった感情は、これらの多様な価値の存在を確認するのに十分である。それらの価値に基づいて、人間は知覚によって捉えた森林や、その変動の善し悪しを判断・評価することになる。その評価の結果として、森林との関わりの「便益」（メリット）が想起され、それが具体的な意志・欲求・働きかけを導いていく。

4-1. 新たな価値体系の再編・創造

　この自然・森林をめぐる多様な価値・便益という人間側の視点に立ってみる

---

[20] この点に関して、佐藤仁は、「森林問題を単に生態系の保全問題として捉えるのではなく、その開発や利用に伴って生じる利権分配の手段として見なくてはいけない」（佐藤仁編著, 2008,『資源を見る眼―現場からの分配論』東信堂, pp.4-7）と述べている。

と、今日にかけての生物多様性の維持への取り組みは、人間社会の価値体系の新たな再編・創造を促すものであったと捉えられる。すなわち、前世紀後半にかけては、生物多様性の危機とそれがもたらす非持続的な未来の可能性に対して、多くの警鐘が鳴らされてきた。それらは、ある程度の不確実性を含みつつも、積み重ねられた科学的知見をもって、個別の問題を掘り起こして発信し、人々の価値の構図を変える役割を果たしてきた。再びKellertの価値分類を借りるならば、功利的価値に支えられた財の蓄積という便益に基づき、森林からのモノの生産・獲得のみを追求していた状態から、森林生態系の営みの重要性の理解に基づき、生命・健康の維持、生活の安寧、知的好奇心の満足、美観・愛着の追求といった多種多様な価値・便益の持続的な追求が目指されるという変革である。通俗的に言えば、自然との関わりの持続性・多様性を志向する「環境意識の向上」がもたらされたということになろう。すなわち、「生物多様性は、様々な生態系サービスの基盤であり、まもらねばならない」という主張は、人間社会の価値体系の再編・創造を促すという啓蒙的作用を果たすことになってきた。

　この啓蒙的作用の内実を理解することが、環境社会学の研究課題としてまず挙げられよう。すなわち、生物多様性の維持・回復を目指した取り組みが、どのようにして自然・森林をめぐる価値・便益の構図や社会関係の改変に繋がったのかを明らかにすることである。持続的な価値体系を創り出す試みが、誰のどのような知見やイニシアティブによって、いかにして行われているのか。その結果、自然・森林との関わりにどのような変化が見られてきたのかを、客観的な視座をもって観察することが求められる。その中で、実際の取り組みに参与することで、自らが価値体系の改変を積極的に促していくという立場もあり得よう。ただし、この参与に際しては、自ら利害関係者となりつつ、対象となる自然・森林をめぐる諸アクターの立場・価値・便益の変化を把握・総括するという、極めて難しい作業が要求される。

4-2. 異なる立場・価値・便益を踏まえた問題解決の必要性

　しかしその一方で、今日の生物多様性問題とその取り組みは、森林生態系に対する多様な価値・便益を認識したアクター同士のせめぎ合いという側面も有している。世界各地の森林生態系をめぐっては、先進国と発展途上国、政治的指導者や官僚等の政策担当者、科学者、NGO、企業、都市・農村住民、観光

業者、旅行者といった、異なる文化や社会関係によっても規定されたアクターが、異なる価値・便益に基づいて働きかけを行っている状況にある。前節で見た通り、「生物多様性の維持」を目的に含んだ取り組みにおいては、それらの異なる立場・価値・便益を選択・調整するという決断が求められることになる。そして、その選択・調整においては、人間社会における政治的な力関係が反映されるケースが多いのである。一見、森林生態系の保護・回復を目指しているような取り組みが、実は政治力を有する立場にある主体の価値・便益を反映しているに過ぎない場合もある。だとすれば、生物多様性の維持と森林生態系の保全を目指すにあたっては、「誰がどのような価値・便益をもって自然・森林と関わっているのか」をよりよく理解・把握し、公平かつ持続的な視点から、特定の価値や基準の押し付けとならず、なるべく多くの価値・便益が踏まえられるような調整・合意・調和のあり方を探っていく必要がある。

　先に紹介した「生態系サービス」や「森林の多面的機能」といった分類は、多様な人間の価値・便益の存在を前提とし、それらを目に見える形で把握・評価していこうという考え方に基づいてもいる。しかし、現時点のサービス・機能区分は、森林生態系が人間生活に及ぼす役割を一般的に評価し、その重要性を人々に認知させるという性格が強く、既存の「人間側」の立場・価値・便益を正確に反映したものではない。実際の地域社会において、森林生態系をめぐる人々の利害関係は、これらのサービス・機能区分を超えて、はるかに複雑かつ多様なものとなっている。例えば、タイや中国の保護区指定をめぐっては、当地の住民の森林からの物質利用や精神的な繋がりといった価値・便益が、政策担当者の財源・仕事の確保や国際的な体面、あるいは開発業者の財の蓄積といった便益追求によって制限されるという構図であった。

　このような現状にあっては、生態系サービスや森林の多面的機能を超えて、異なる立場のアクターが、どのような自然・森林を視る眼（価値・便益）を形成し、それに基づいて働きかけを行ってきたのかを、改めて丁寧に問い直していく必要がある[21]。この自然・森林をめぐる利害関係の把握については、これまでの社会学において確立されてきた多彩な手法に基づく詳細なフィールドワークの積み重ねが、疑いなく重要となる。地域の自然・森林をめぐって、そこ

21　丸山康司は、生態系サービスの概念・区分に内包されている価値が、実際には、個々人と自然物との具体的な関係や文化的な差異を反映した動的なものであるとの観点から、やはり環境社会学としての再検討の必要性を指摘している（丸山康司, 2008,「"野生生物"との共存を考える」『環境社会学研究』14, pp.5-20）。

に暮らしてきた人々がどのような社会関係に基づいて何を期待しているのか、それは外部のアクターの期待と何が違うか、そこには相容れる余地があるのか。また、現状の利害の調整過程にあって、社会的立場の強弱に基づく便益享受やコスト負担の不平等という、新たな加害 － 被害関係が生み出されないか。こうした点を、「汗をかき、聞き、汲み出していく」ことが、環境社会学の研究において求められる。

　この「汲み出し」に際しては、各地域の森林生態系をめぐる「価値・便益」の導出に向け、周辺諸学のアプローチを積極的に応用していくことも必要であろう。その点、例えば、Kellertが導出・区分を試みたような、人間が自然や生態系に対して抱く「価値」そのものを理解していく研究も注目に値しよう。生理学や臨床・社会心理学の方面では、すでにこうした努力が積み重ねられつつあり、例えば、人間が森林空間において感じる美的な快楽、安らぎ、一体感等の内実についてもある程度の解明が進んでいる[22]。これらの検討と実社会への反映を通じて、公平に保障されるべき諸アクターの価値・便益を、よりクリアに描き出すことが可能になるものと思われる。こうした価値・便益の内実理解を深めることで、その認識の構図や性質の差異という形での事例比較が容易となり、あわせて各地域における社会関係や文化の違いも浮かび上がらせることができよう。また、生物多様性の維持を求める主張が、いかなる価値や社会背景に基づくものであるのかを解き明かし、その立場を相対化するような研究も重要となる。その結果として、各地の自然・森林生態系を「なぜまもらなければならないのか」に対して、より充実した議論が導かれることになるからである。

5. ………おわりに

　以上のように、人間側の視座に立ってみると、今日の生物多様性の維持と森林生態系の保全を目指す取り組みは、人間社会の価値体系の再編・創造という側面と、既存の自然・森林をめぐる異なる立場・価値・便益の反映という2つの側面を持っていることが分かる。

　環境社会学の研究は、それぞれの側面の観察と明瞭化において重要な役割を果たすことになる。しかし、より大きな期待は、この両側面の「有機的な結

22　例えば、宮崎良文, 2002, 『木と森の快適さを科学する』(林業改良普及双書) 全国林業改良普及協会, 森本兼襄・宮崎良文・平野秀樹編, 2006, 『森林医学』朝倉書店.

合」という点にある。本章で述べた通り、「生物多様性の喪失」による影響とは、多様かつ複雑な生態系メカニズムの不確実な動向を前提としたものであり、生態学・生物学をはじめとした自然科学の知見の積み重ねによって、少しずつ理解していくしかない性質のものである。ゆえに、その維持に向けての取り組みには政治的判断が不可避となる。そのプロセスにおいては、場合によっては社会的な立場の強弱を反映した、新たな加害 ─ 被害構造が生み出される可能性もある。これまでの環境社会学は、そうした構造を浮き彫りにし、また、それが新たな問題を帯同することを示しつつ、アクター間の便益享受の公平性を踏まえた解決策を提示しようとしてきた。生物多様性の維持を掲げた人間 ─ 森林の関係改変においても、そのような批判的視座をもって臨む必要があろう。その意味では、価値体系の改変を目指す科学者やNGO等も、「ひとつの利害関係者」として捉えられなければならない。

　その一方で、今後も、自然科学の研究成果の積み重ねを前提に、「生物多様性をまもらねばならない」という保全・啓蒙活動は続けられていくであろう。それに伴って、自然・森林と向き合う人間の価値体系も、（エコロジー思想的な予定調和に沿うかどうかは別として）変化していくことが予想される。この段階で、環境社会学者は上述の批判的視座に則り、この価値体系の再編・創造のプロセスを、各アクターの抱く価値・便益の多様性と公平性に配慮する形で、方向付けていくことが期待される。例えば、菊池直樹は、このプロセスにおいて環境社会学者の果たしうる役割を、「聞く」という学問的手法に集約し、①多元的な価値観を調整・統合する役割、②科学的な知見（≒価値）を持って取り組みにあたる専門家と市民（住民）の間を繋ぐ役割、③地域で生活する人々等の暗黙知（≒価値）の発掘と現場知としての紡ぎ出しであると整理している[23]。すなわち、個々の地域や問題において、誰がどのような価値・便益をもって森林生態系に関わっているのかをしっかりと把握した上で、場合によっては、不平等な便益享受やコスト負担を導くような急進的な保全への取り組みを、仕切り直していく役割も果たさねばならない。

　このようにして、「生態系の多様性」と「人間社会の多様性」の双方を踏まえた形で、自然をめぐる社会関係を明らかにし、そこから持続的であり公平な問題解決の道を見出していくアプローチが、「我ら共通の未来」をまもるにあ

23　菊池直樹．2008．「コウノトリの野生復帰における"野生"」『環境社会学研究』14．pp.86-99。括弧内は筆者。

たって、環境社会学に求められていくことになろう。そこでは、科学的な知見のみに基づいて硬直的な生態系保全を行うのではなく、各アクターの価値・便益の多様性に基づき、地域の文化的特徴を組み込んだ「柔軟な保全」のあり方が、模索されることになるように思われる。

◆討議・研究のための問題◆

1. 生物多様性は、なぜ「まもらねばならない」とされているのか。
2. 自然・森林生態系に対する人間の価値・便益にはどのようなものがあるだろうか。それは、「生態系サービス」や「森林の多面的機能」の分類と何が違うだろうか。
3. 「生物多様性の維持」という問題をめぐって、自然科学（生態学・生物学等）と人文・社会科学（環境社会学等）の研究は、異なる立場にあるのだろうか。もし、そうであるならば、「なぜ」、「どのように」異なるのだろうか。
4. 森林生態系の保全をめぐって、環境社会学に期待されていることは何か。

column
近くの山の木で家をつくる運動

大倉季久

　林業経営の存続が困難になり、管理放棄林が拡大していくなか、新たに木材供給を組織化する取り組みとして林業経営者のあいだで立ち上がったのが「近くの山の木で家をつくる運動」である。

　現状の木材市場から離脱して林業、製材業、施工業とのあいだで新しい木材売買のネットワークを構築したり、あるいは木材価格が低迷する中で途絶えていった取引関係を修復する取り組みとして展開しているが、この取り組みが、林業経営者たちが森林管理を続けられるように、生活者と林業とを結ぶ「つなぎ役」をめざしていることに変わりはない。

　そのなかで、既存の木材市場から離脱して新たに木材売買のネットワークを構築することをめざして1995年8月に徳島県の5人の林業経営者が結集して立ち上がった「TSウッドハウス協同組合」は、住宅用の構造材（徳島スギ）を専門に生産・販売する協同組合組織である。製材業を兼業する林家の参画も得て、住宅一棟分の構造材を同じ環境で育った木材で揃えることができる点が特徴である。

　80年代、思うような価格で木材が売れない状況に直面し、現状の木材市場では計画的な森林管理に必要な費用を安定的に調達できないことを察知した林業経営者たちは、木材の生産と供給の両面で組織の再編を始めた。まず、木材の生産では、供給する木材への信頼を高めるために、保有する木材の強度を究明する実証実験に着手する一方、高い強度をもつ木材を持続的に生産するための施業組織の見直しを一致して進めた。さらに供給面では、このような木材を施工業者からの注文に応じて迅速に供給するために、年間通してまとまった量の木材の確保と販売を担う新たな木材供給組織の結成を急いだ。このような、施工業者とのあいだで安定的な売買のネットワークを新たに形づくっていく取り組みから立ち上がったのが、「TSウッドハウス協同組合」である。

　とかく木材価格の低迷とのかかわりが強調される日本の森林荒廃問題だが、「近くの山の木で家をつくる運動」の展開からは、今日の森林管理が、価格変動以前に、林業経営を支える長期的で安定的な取引関係の衰退という問題に直面していることが見えてくる。日本の木材市場は、長期にわたる取引関係から形づくられたローカルな売買のネットワークによって用途ごとに組織され、その中で過度な価格競争を回避し、危機的状況には協調して対応してきた歴史をもつ。「近くの山の木で家をつくる運動」は、木材市場のグローバル化が進行する中で、環境・資源の維持管理を支える組織的基盤としてのローカルな市場の価値を問いかけている。

【参考文献】
松井郁夫，2008，『「木組」でつくる日本の家』百の知恵双書016，農文協．
緑の列島ネットワーク編，2000，『近くの山の木で家をつくる運動宣言』農文協．
丹呉明恭・和田善行，1998，『建築家山へ林業家街へ』林業改良普及双書129，全国林業改良普及協会．

第9章
地球環境・温暖化問題とグローバル世界の展望

●古沢広祐

1. ………はじめに

　本章では、環境問題のなかでも**気候変動**というグローバルレベルで問題化しているテーマをとりあげる。公害（大気・水汚染など）や特定地域の自然破壊などの問題は、加害者と被害者を明確に特定しやすい特徴があった。しかし、本章で扱うテーマは、地域性や加害・被害の関係の枠組みだけではとらえがたい側面をもつ。そのため、ここでの分析視角はより全体構造に視野を広げたものとなっている。すなわち構造分析的なアプローチに基づいた論述と展開なっていることに留意いただきたい。本稿では、地球環境・温暖化問題について、全体的な視角を重視しながらとくに**グローバリゼーション**の視点を軸にして多角的に考察していく。

2. ………グローバリゼーションの諸相
2-1. 歴史的転換点──グローバリゼーションの動向

　20世紀末から21世紀初めにかけて、私たちの目の前で起きている一連のでき事は、歴史的画期として位置づけることができる。その一連のでき事とは、生活、環境、社会経済、国際政治など全般にわたって地球規模で進行する構造的変化であり、私たちはグローバル社会のただ中にあって様々な対応を迫られている。

　1989年のベルリンの壁の崩壊から続く東西冷戦構造の終焉（社会主義体制の自壊）、**地球サミット**（1992年、国連環境開発会議）や**京都議定書**（1997年）に象徴される**地球環境問題**の深刻化、そして2001年の9.11同時多発テロ事件、2008年秋（リーマンショック9.15）の**世界金融危機**の進行など、世紀を画するでき事が続発してきた。とくに、環境問題とりわけ気候変動問題への対応とし

ては、温室効果ガスの世界的削減取り組みを定めた京都議定書の削減実施の約束期間が2008年からスタートした（08～12）。折しもその時期に、世界最大の排出国であった米国の排出量を中国が凌駕する事態が起きたのだった（2007年度）。その後、09年の第15回気候変動枠組み条約会合（COP15、コペンハーゲン）において京都議定書（先進工業国のみの削減義務）以後の枠組みが話し合われたが政治的合意文書が採択できず、翌年のCOP16（メキシコ、カンクン）において拘束力を持たない政治合意を何とか採択したのだった（後述）。

　近年の環境危機は英国を発祥地とする産業革命が進む中で進行してきたもので、貿易の活発化と経済活動のグローバル化が急速に進む20世紀以降に深刻化した。産業革命が力を発揮した背景にはエネルギー革命があり、従来からの水力、風力、家畜などといった自然に依拠した利用状態から、石炭そして石油という地下資源（化石燃料）の利用が急増した。産業革命と工業化は、エネルギー革命を梃子にして発展し、人類活動の一体化を急速に押し進めた一方で、近年の地球環境への人類の影響力は、まさしく飛躍的に拡大したのだった。それは、気候の大異変を引き起こし、地球の生物種の大量絶滅をもたらすレベルにまで達したのである。この傾向がこのまま続けば、環境問題の深刻化、生物多様性の崩壊（種の絶滅）、資源枯渇など破局的な状況は避けられない。現在進行中の地球環境をめぐる状況は、人間社会のみならず生命・生態系への不可逆的なダメージを引き起こし、取り返しのつかない深刻な事態へと私達を導きつつあるといってよかろう。

2-2. グローバリゼーションと経済危機の諸相

　経済活動の世界的拡大という狭義のグローバリゼーションは、2008年の金融危機で明らかになったように諸矛盾を抱え込んで進行しており、環境や資源の制約問題とも相まって大きな調整局面を迎えていると思われる。

　はじめに経済グローバリゼーションの動きについてみていこう。その前史としては19世紀や20世紀前半においても、各国経済が貿易依存度を高めて経済活動を活発化させた時期（日本では養蚕・生糸等にみる外需依存等）があった。だが、あらゆる人々を巻き込む大衆消費社会のレベルにまでグローバル化の波が浸透してきたのは、まさに20世紀後半から21世紀的な特徴である。1900年から2000年にかけて、世界人口は約4倍に増加したが（15.6億人から60億人）、世界のGDP（国内総生産）総額は約18倍にまで拡大した（2兆ドル規

模から 38 兆ドル規模、1990 年基準値、Angus Maddison データ）。

　経済の規模が急拡大してきたが、その原動力になってきたのが様々な産品の生産拡大と交易の拡大であった。それは産業資本主義として経済を発展させてきたが、20 世紀後半から 21 世紀にかけての経済拡大の特徴は、生産を誘導し刺激する投資や金融商品といった分野に重点が移行する傾向をみせてきた。それは 2008 年に起きた金融危機の状況をみてのとおり、**金融資本主義**の過度な展開として暴走状況を引き起こしたのだった（浜 2009）。

　経済規模の拡大過程においては、これまでも実体経済を支える金融や信用機能が実体経済から乖離して膨らみ出す、各種大小のバブル経済の伸縮を起こしてきた。その伸縮の規模が、グローバル経済下で大きな歪みとして出現したのが 1929 年の世界恐慌であり 2008 年の金融バブルの破綻であった。すなわち、サブプライムローンに象徴されたように経済活動がモノの売買の範疇を逸脱して、信用膨張と投機（マネーゲーム）として広がり、それがグローバル化して金融経済が実体経済を大きく侵食する事態を招いたのだった。世界経済が金融資本と不可分に結びつき投機的マネーに揺さぶられる状況は、世界の金融資産規模（証券・債権・公債・銀行預金の総計）が実体経済の約 3.5 倍に達したことに示されていた（総額 167 兆ドル、2006 年度）。なかでも世界のデリバティブ（金融派生商品）の市場規模は 12 兆ドルと 2000 年の約 3 倍に拡大し（2006 年度）、その想定元本は 516 兆ドルと実体経済の約 10 倍規模に達したのだった（『通商白書 2008 年版』）。実体経済がマネーゲームによって大きく翻弄される危うい世界経済構造が創り出されてしまったのである。

　2008 年に顕在化した世界経済が抱える危機的構造を簡潔に描き出すならば、上述したような金融バブルの創出という問題と、そのバブルを可能にした米国経済がはらむ矛盾に集約できる。とくに危機の根底にある最大の矛盾とは、戦後の世界経済の拡大・膨張システムを支えてきた米国経済の構造的歪みである。そこには、近年のグローバル市場経済の拡大において、実物経済の市場拡大（産品の交易関係）以上に人々の期待を膨らませる"煽りたて経済"とでも言うべき需要拡大と信用膨張を加速させてきた構造があった（本山 2008）。

2-3. マネー（金融資本）の肥大化という問題

　米国における国家、家計、企業の負債の総額は膨大なものになり、普通でいえば国家破綻せざるを得ないような状況となっていたわけだが、こうした不均

衡を維持しえたのは、ドル基軸通貨体制（ドルの世界へのばらまき）とともに大量の資金流入を呼び込む様々な手だて（バブルを含む"煽りたて経済"）が効を奏したからであった。その背景には、巨額の貿易黒字（ドル）が日本や中国、産油国などに積み上がる一方で、そのドルによって米国債を購入することでドルが米国へと環流し、この不均衡が維持されてきた経緯があった。そしてついに、煽りたてバブルに穴があいて、100年に1度ともいわれた危機に直面し、08～09の世界経済は縮小を余儀なくされる事態に至ったのであった。

その後はかろうじて各国政府による巨額の財政投入（負債の肩代わり）によって、経済は持ち直し傾向にあるかにみえるが、矛盾の根元を直視するならば先行きは国家破綻のリスクを呼び寄せかねない厳しい綱渡り状況が続くと考えられる。事態は、ドル安による借金（対外債務）の棒引き（価値減少）を組み込みつつ、中国やインド、ブラジルなどの新興国の経済成長（需要創出）を喚起して、成長経済を維持するための次なるバブルの創出に向かう"煽りたて経済"の継続という道筋に入りつつあるかにみえる。

経済のバブル現象として問題を捉えたとき、株式高騰を契機に発生した1929年世界恐慌と対比して昨今の金融危機の特徴は、より高度に複雑化している。サブプライムローンやCDO（債務担保証券）、CDS（クレジット・デフォルト・スワップ）など金融商品の過度な展開として暴走状況が引き起こされ、それは情報の技術革新と金融工学の発展が、経済活動の根幹である資金メカニズムを操作可能な対象として操る事態に至った結果に他ならない。ここでとくに注意したい点は、各産業の個別生産活動で産み出される富の動向（諸資本が産出する富）を把握し、高度な情報の集積・管理・運用によって儲かる投資を操ることで巨額の利益を手にする金融資本主義的拡大が、07～08年の資源高騰や最近の金融バブルを生じさせる大きな要因となったことである。富の肥大化（諸資本の拡大・膨張）の高度展開様式（金融資本主義的発展）をどう制御するのか、本質的矛盾は未解決状態のままに置かれている。

今後の動向としては、当面の金融秩序の調整・回復にとどまるのか、より根本的な経済・社会制度の変革にまではたして踏み込むのか（多国籍資本規制や通貨取引税など経済活動における諸規制、社会的・制度的コントロールの強化等）、各国レベル、世界レベルでの動向が注目される。さらに本章のテーマとの関連でいえば、無限拡大的な**経済成長**システムに対して、外的な規制要因として加わりつつある環境とくに気候変動を防止するための国際的な規制と制度

構築が、今後どのように展開していくのかということが重要性を帯び始めている。すなわち、地球環境問題という新たに巨大にそびえ立つ課題の登場によって、私たちの社会や経済そして世界がどう編成され直していくのかという事態が急速に浮上しつつあるということである。その意味においても、私たちの生きる世界は大きな岐路に立っているといってよかろう。

3. ………気候変動問題にみるカーボン・レジームの形成
3-1. 気候変動にみる世界体制の変化──カーボン・レジームの出現

　経済活動と環境との関係をみたとき、経済の急拡大を下支えしてきたのがエネルギーと資源消費であり、その結果として地球温暖化といった地球規模の環境異変を引き起こすまでに至ったことは、すでにふれたとおりである。とくに化石燃料の消費にともなって大量に放出される CO_2（二酸化炭素）などの温室効果ガスは、ちょうどマントを着たような保温効果を発揮することから地球の気候に甚大な影響をもたらしつつあることが明らかになってきた。世界中の多数の科学者が参加して結成されたIPCC（気候変動に関する政府間パネル、1988年設立）は、ほぼ5年毎に評価報告書を出しており07年に出された第4次評価報告書においても人為的影響が原因であることがほぼ疑い得ない事態とされ、政策決定のよりどころとなってきた（COP15直前に一部にデータ記載での問題が指摘されるなど疑惑が提起されたが、全体としての結論は変わらないとしている）[1]。

　1992年の地球サミットでは、気候変動枠組み条約と生物多様性条約が締結され、前者の条約について1997年に開催された第3回締約国会議（COP3）において、具体的な温室効果ガスの削減目標を定める京都議定書が採択された。議定書締約国のうち法的拘束力をもつ削減目標は先進国（附属書Ⅰ国）のみに課せられ（90年当時は全体の約4分の3を占めていた）、EU（欧州連合）が8％、米国が7％、日本が6％の削減と定められた（先進国全体としては5％削減）。だが、最大の排出国であった米国（全体の約4分の1弱を占めていた）は、京都議定書の米国議会での承認が得られずに離脱してしまった。そのことで議定書発効が危ぶまれたのだが、04年にロシアが批准したことで05年に何

---

[1] IPCC第4次報告書のデータ疑惑問題は、クライメート・ゲート事件として話題となった（2009年11月）。関連して、温暖化懐疑論が提起されていたが、簡単な解説は『環境白書、平成22年度版』の第2章第1節の最後に「温暖化への疑問にお答えします」がある。その他、「東京大学サステイナビリティ学連携研究機構」が、『地球温暖化懐疑論批判』という書籍のPDF版を以下のサイトで無料公開している。http://www.ir3s.u-tokyo.ac.jp/sosho

とか発効したのだった。

　京都議定書に関しては、削減目標のための基準年を90年としたこと、目標数値の恣意的な決定、削減規制に柔軟性をもたらすように定めた京都メカニズムなどについて賛否両論が当初からあり、その後の中国など新興国の排出拡大といった事態もあって、議定書による削減義務対象の総量が全体の約4分の1強を占めるだけとなったことで、実際的な効果に対する期待は低下する状況となっている。しかしながら、大量の化石燃料消費に依存する従来の発展パターンに転換を迫るという意味では画期的な取り決めであることは疑い得ないものであり、次なるポスト京都議定書の動向が注目される（亀山 2003：2010）。

　京都議定書が定めた削減義務の実施約束期間（08～12）以後の取り組みについては、09年12月に開催された第15回締約国会議（COP15）で内容がつめられるはずであったが不発に終わったことは冒頭でふれた。筆者はCOP15の会合にNGOの一員として参加し、そこで目にした会議の動向は、まさしくグローバル社会の枠組みが大きく変化しつつあるという実感であった。それは、一言で表現すれば「**カーボン・レジーム**」（温暖化対応としてのCO_2削減による世界枠組みの編成）と言っていいような展開に向けて、世界が動きつつある状況である。さらにその根底には、かつて1970～80年代に深刻化した南北問題が、新しい様相をおびて再現しつつあるかのような光景を目にすることができた。

　世界は様々な座標軸と諸勢力のせめぎ合いの中でまさしく複雑系として進行している。この複雑系の世界においては、様々な諸要素が自律的かつ連動的に動いており、特定の側面だけ取りあげて動向を見通そうとしても限界に直面するし、あまり細かく諸要素に分け入っても全体状況を見失いがちとなる。すなわち、中核的な要素をうまく取り出してその動態状況をつかむ概念の抽出作業と、そこでの相互関係を含む動態分析的な状況把握が重要となる。なかでも相互貫通的な中核的な要素に注目することで全体状況がより見えやすくなる。

　環境を軸とした展開は、20世紀後半から21世紀にかけて急浮上してきたものである。そして現在、人類の存続をゆるがす地球環境問題として大規模な気候変動の兆候を前にして、人類は待った無しの対応を迫られる状況に立たされている。人類社会は気候変動を引き起こしかねない高炭素社会に突入しており、その削減に向けて低炭素（ロー・カーボン）社会への転換が求められているのである。気候変動を回避すべく国際的な対応が迫られている状況に関して、社

会全般に影響を与える中核的な要素となってきている動きに注目して、カーボン・レジームという視点で論じる意味は大きいと思われる。カーボンは炭素を意味する言葉であり、炭素の大気中への放出を削減すること（低炭素化）が求められている。レジームとは政治形態や制度、体制を意味する言葉で、国際政治学では国際レジームという概念で世界の枠組みについて国家制度を超えて形作される仕組みとして論じてきた。

　ここでいうカーボン・レジームは、国際枠組みのみならず生活、地域、国際社会の隅々まで影響を与えだしている状況を示す言葉として使っている。こうした表現をあえて使用する背景としては、個別企業や諸国家を超えた様々な関係の形成が重要性を増している状況がある。そのダイナミックな動向に着目して、諸勢力の影響や動態をとらえながら今後の展開を考察する意味で使用している。（古沢 2010）

3-2. 気候変動枠組み条約会議（COP15）にみるカーボン・レジーム形成

　主要排出国の削減を求める 97 年の京都議定書は、結局のところ当時最大排出国であった米国が離脱したことやカナダが削減実行の断念を表明するなど、先行き不透明な取り決めであった。その後、人口規模の大きい中国やインドなどの新興国の台頭が進み、2008 年時点で排出最大国の中国（21％）と 2 位の米国（20％）だけでも世界の半分近い排出を占める事態に進展した。その意味で、京都議定書以降のより実効性のある新たな枠組みを定めるはずであった COP15 会合は重要であったわけだが、結果は不十分きわまりないものとなった。しかし、コペンハーゲン合意という政治宣言を全会一致で採択するには至らなかったものの、主要排出国がそれなりの排出目標を示すことや、深刻な温暖化の被害や発展の制約を受ける途上国に対する支援体制づくりという点では、一定の成果を収めたとみることができる。そして翌年メキシコのカンクンで開催された COP16 において、ほぼ同様の内容のカンクン合意が採択されたのであった。

　COP15 では、排出削減に意欲を示す会議開催国デンマークや EU 諸国はリーダーシップを発揮できず、会議後半まで合意文書への異議が続発し、混乱と迷走状態が続いた。途上国を巻き込む削減目標に関しては、先進国側からの技術支援や資金援助が焦点になる一方で、経済発展の制約になりかねない削減義務づけとその検証（監視）への反対など、議論は錯綜した。会議の終盤戦で、

中国、インド、ブラジルなど新興国を含む20数カ国がまとめ上げた最終案で妥協が成り立つかにみえたのだが、20数カ国のみでの合意案形成という協議の不透明さへの反発が起きて採択は見送られ、合意への了解・留意（take note）という形に落ち着いたのだった。

　この番狂わせ的な事態は、戦後のG7やG8サミット（先進国首脳会合）がG20体制に変貌し始めた状況のなかで、その外に置かれた中小諸国家からの反発と自己主張が噴出し出したことを示している。いわば発展の果実を独り占めしてきた当初の先進工業国、それに続き始めた新興諸国に対して、異議の声が上がったのである。これは**南北問題**がカーボン・レジーム下で、新たな様相を示しだしているとみてよかろう。そして、合意の採択ができなかったことや2050年に世界全体で総排出を半減させる目標が明示できなかった点など、問題が先送りされた事態は、温暖化問題への世界的対応がいかに困難かを物語っている。しかしながら、削減に取り組む方向性や目標を掲げることを形だけでも示す道筋ができた点では、世界はまさしくカーボン・レジーム体制へと移行している現実を示していた。とくに資金メカニズムにおいて、途上国に対して新規で追加的な資金が、2010～12年で300億ドル、2020年までに年間1000億ドルが動員される見通しが出された意味は大きかった。その中身や実施体制などには課題が多く存在しているが、規模でいえば世界のODA総額（約1200億ドル、2008年）に匹敵する資金が今後、新たに追加的に動員されていく状況は、どのような結果を導き出すのか注目される。

　今後の課題としては、世界がはたして従来の20世紀型の無限発展パターンを脱却して低炭素社会へと移行できるのか、とりわけ環境や資源の限界を前にして人々が豊かさを公平に確保・配分するような持続可能な社会をどう創り出すかという大問題がある。しかし、従来型の成長志向経済が新興国を巻き込んで再び復活する動きをみせていることから、現在とられようとしている対策や対応自体が、破局的プロセスへ加速化することになりかねない状況も懸念される。例えば、先進諸国の省エネ・省資源体制づくりが、グローバル経済の中では結局のところ重工業を途上国に移転することで達成される状況となり、総排出量の削減につながらない可能性が危惧される。世界最大のCO_2排出国となった中国をみてのとおり、世界の工場として急速に経済発展をとげてきたわけであり、その製品の多くはとりもなおさず欧米や日本などの先進諸国に供給されているのである。あるいは、すべてが市場の力でコントロールされる結果と

して、CO_2 削減の経済的手法として導入が進む排出量取引など**カーボン・マーケット（炭素取引市場）**が、サブプライム問題に象徴されるような破綻（カーボンバブル）につながりかねない懸念もぬぐい去ることはできない（「環境・持続社会」研究センター 2009）。

3-3. NGO フォーラムの根元的問いかけ

　COP15 の政府間協議など本会合を中心とした動きに対して、本会合とは別にコペンハーゲン中央駅近くで開催された **NGO** フォーラム（Klima Forum2009）においては、より根元的な問題提起が表明され、最終的にまとめられた宣言文において現代世界が向き合うべき課題が明解に示されていた。

　気候変動問題に代表される地球的課題は、深刻化するなかで多種多様な利害関係者を巻き込みながら複雑さをきわめている。問題に対する NGO の対応においても、様々な認識とアプローチの違いが表面化しており、COP15 の会合でもその姿がきわ立っていた。気候変動枠組み条約（1992）が締結され、その実行のための京都議定書（1997）が取り交わされて京都メカニズムという仕組みが動き出してきたのだが、そこでは、温暖化問題がはらむ奥深さもあって、複雑かつ専門的な知識をもってフォローしなければならない状況が生じている。問題への対応として、より専門的に関与していく立場と、様々な多様な問題提起を試みる立場といったように多種多様な展開ないし分化状況が出現している。

　実際、COP15 においても本会合に密着して交渉そのものに関与ないし影響力を行使しようとする CAN（Climate Action Network：気候行動ネットワーク、約 500 団体で構成）などの NGO の動きと、本会合とは一線を画してよりラディカルに問題をとらえて変革（交渉自体の否定の立場を含む）を提起しようとする NGO の動きが並行してあった。実際には、どちらの立場も、問題の深刻さへの真摯な対応としては共通かつ問題共有にほとんど差異はないのだが、方法的には異なったアプローチがとられていた。

　様々な懸念に関して、よりダイレクトかつ否定的側面を強く表したグループが、NGO フォーラムを組織していた。その多くが **Climate Justice（気候の正義・公平性）** という南北格差問題を環境問題に重ね合わせた主張を掲げて、問題解決をめざす立場をとっており、上述の CAN と同様に世界的ネットワーク運動の広がりをみせている[2]。それらは多種多様なグループが入り交じっており、ひと括りにはできないのだが、状況的には自主参加による共同行動を基本

として種々様々な動きがみられた。最もラディカルなグループは、本会合の場が各国の利害対立や駆け引きに汲々とする姿を批判し、大規模なデモを呼びかけ直接行動（非暴力）に訴える場面もみられた。

本会合の不十分さを批判して、気候変動問題に関してNGOの懸念の立場を端的に表現したものが、NGOフォーラム09が発表した宣言文である。その立場は、現状の細かな改善策ではなく、あるべき理念の提示であり、より根本的な変革への要請が提起されていた。本文は7ページにまとめられており、以下が大まかな提言内容である。（署名488団体、2010年1月3日時点）[3]

*

「気候変動ではなく、システム変革を」（System change, not climate change）と題された宣言では、危機の解決のために、人々と地球が公正で持続可能な社会へ向けて変革されねばならないとして、変革の道筋が大きく6項目にまとめられている。

1) 化石燃料からの脱却を今後30年以内に実現する。そのために5年毎の目標を立て、とくに先進工業国は2020年までに温室効果ガスを1990レベルから40％削減する。
2) 世界が積み重ねた気候債務（長年の負荷の蓄積）を修復・補償する。それは歴史的には植民地政策（奴隷制度を含む）から今日の過剰消費問題まで引き続いており、とくに先進諸国、多国籍企業、国際機関などが、途上国の人々に対して果たすべき責務である（経済・技術支援や貿易政策などを通して）。
3) 原生林伐採を直ちに世界的に禁止する。森林のみならず天然資源への敬意を取り戻し、先住民の尊厳の回復をはかる。
4) 市場一辺倒と技術中心の危険で偽りの解決策に強く反対する。原子力、バイオ燃料、炭素吸収・貯蔵、CDM（クリーン開発メカニズム）、遺伝子組み換え作物、地球工学、森林劣化対応（REDD）、カーボンマーケットやオフセットなどは、非持続的で取り繕い策にすぎない。
5) 炭素排出に対する公正な税制度の確立。その税収は、適正な配分とともにとくに適応・緩和策にあてられるべきである。

---

2 Climate Action Network (CAN) および Climate Justice（気候の正義・公平性）に関しては、以下のサイト参照。http://www.climatenetwork.org/　http://www.foejapan.org/climate/justice/index.html　http://www.climate-justice-action.org/
3 Klima Forum 2009 と宣言文のサイト。http://declaration.klimaforum.org/　http://09.klimaforum.org/

6) 国際機関と多国籍企業の民主化と公正さの確立。とくに国連憲章に基づいて、WTO（世界貿易機関）、世界銀行など開発銀行、IMF（国際通貨基金）や貿易協定などを再編成していく。

＊

　こうした気候の正義・公平性という立場からのいわば原理主義的な提起は、問題の本質を簡潔かつラディカルに示した点において傾聴に値するものである。しかしながら現実の政治的状況下では、現在のところ残念ながら理想論の域に留まらざるをえない側面があり、その早急な実現をはかるためには、ややもすると一種強権的な力へ依拠していく事態も懸念される。だが、たとえその主張の全てを実現できなくても、目指すべき方向性や手段の提示としてはNGO的な立場からの本質的主張の明示であり、草の根レベルからの政治的圧力として今後も一定の影響力を発揮していくと思われる。その際、具体的な戦略や道筋を創り出す過程において、理想と現実をつなぐ架け橋を慎重に築いていくアプローチが重要となるだろう。

　以下では、もう少し全体構造の矛盾とその特徴をおさえた上で、構造転換の可能性についてみていくことにしたい。

4. ………脱成長・グローバル持続可能社会の展望
4-1. 社会経済システムの環境的適正からの乖離

　経済発展と社会システムの関係をみたとき、20世紀の発展パターンの特徴は、世界人口の2割にすぎない先進工業国が、全体の資源・エネルギーの8割近くを独占的に消費する偏在化に象徴されるように、経済的豊かさが地球規模で一種の階級的社会を形成してきたことである。NGOが上記の「気候の正義・公平性」で主張しているように、一人あたりのCO_2排出量の格差に示されていることは富の偏在・集中度であって、それはまさしく環境負荷の度合を示しているのである。

　さらに富の偏在・集中度から経済発展のパターンを見たとき、大きくは自然密着型の第1次産業（自然資本依存型産業）から第2次産業（人工資本・化石資源依存型産業）、そして第3次産業（商業・各種サービス・金融・情報等）へ移行・拡大し、富の源泉が金融・マネー経済へとシフトしてきた。それは今日の大富豪が、情報や金融分野で巨額の富を築きあげていることに現れている。第3次産業とくに金融・情報関連産業自体が資源・エネルギー多消費というわ

けではないが、それらが諸産業の土台の上に築かれており産業の高度化・高次化の一角としてとらえるべきであり、全体として負荷拡大の構造の中に位置づけられる点を注意しなければならない。

とくにグローバルな社会経済の構成形態としてみた場合、途上国サイドへの製造業の移転などは、先進諸国の資源・エネルギー多消費構造の外部への置き換え現象が起きているととらえられる。経済発展と環境負荷の相関性を脱却するプロセスとは、個別技術（省エネ等）や産業構造の転換のみならず、個々人の消費スタイルや社会編成の在り方や、各国の経済的基盤がグローバルにどう組み立てられているか等、その入り組んだ複雑な構造について詳細に分析し検討していく必要がある。

以上のような状況認識下で、今日のグローバル経済の危機的状況に関しては、逆説的ではあるが様々な矛盾や問題を克服する変革への重要な契機としてとらえる視点が重要だと思われる。その変革の道筋については、早急な解決策を思い描くというより、幾つかの段階を経由する中で少しずつ状況が明らかになっていくプロセスをとるものと考えられる。変革の方向性については、以下に示すように整理することができるだろう。

第1は、金融危機以降に提起され出している**グリーン・ニューディール**政策の推進である。従来の大量生産・消費・廃棄の体制から脱却して、自然エネルギーなど環境産業の育成や環境ビジネスの創出を目指すもので、技術革新や環境投資の方向性として重要な取り組みである。だが、化石燃料依存型の産業や社会構造が百年単位の蓄積の上に形成されたことを考慮すると、転換のプロセスは早くても数十年単位の経過を経ると考えられる。既述したように、途上国は従来型の工業生産や社会インフラ形成の途上にあって大量生産・消費社会へと突き進んでおり、トータルな変革につながる動きが進むかどうかは予断を許さない。変革が限定的かつ対処療法的な域を超えて、グローバルな展開へと向かうプロセスへの課題は多い[4]。

第2は、問題をより幅広くとらえ、経済や社会の歪みの是正を組み入れた政策展開の方向性である。その場合、経済・社会の歪みのとらえ方や改善策でか

4　グリーン・ニューディール政策については、イギリスのニュー・エコノミックス財団が、2008年7月に公表した報告書『グリーン・ニューディール』が有名であり、その後、国連環境計画（UNEP）などが「グリーン・エコノミー」を提唱し（2008年10月）、日本では環境省が「緑の経済と社会の変革」（2009年9月）を公表している。以下が関連サイト。http://www.neweconomics.org/publications/green-new-deal　http://www.unep.org/greeneconomy/http://www.env.go.jp/guide/info/gnd/

なりの幅が出てくる。当面は既存の国際機関や国際政治の枠組みの延長線上で提起されることになるが、その際、より踏み込んだ戦略的構造改革の内容がどこまで練り上げられるか、どのような形で変革の道筋をつけていけるかで内実は大きく変わる。現在、様々な議論が噴出しているが、より長期的かつ本質的な変革の可能性について、その全体像を描き出すような動きはまだ多くはない。

以上のような動きに関連して、全体的な展望をとらえる視点としては近年の**環境思想**研究における試みが注目される。よく知られる動向把握の類型化としては、T.オリョーダンの4つの類型、技術楽観主義、調和型開発主義、エコロジー地域主義、自然中心主義の諸潮流が整理されており（オリョーダン 1981）、筆者もそれら類型について「環境と経済の両立可能性―調和型開発主義の台頭」として論じたことがある（古沢 1995）。松野によれば、環境思想は大きく人間（技術）中心主義と生態系中心主義の2タイプに分けられるとし、とくに後者の生態系の持続性を基礎とした政治・経済・文化制度の構築（緑の社会）の動きに注目している（松野 2009）。

ここでは全体像に関する一つの問題提起として、筆者なりの素描を簡潔に示して本章を閉じることにしたい。

4-2. 脱成長と地域循環をめざす変革方向

20世紀の百年間に化石燃料使用量が十数倍、工業生産量が20数倍に膨れ上がったこの傾向が、将来的にも続くとすれば深刻な事態を避けることはできないだろう。その意味では、2008年からの経済危機的な状況は、人間社会の発展様式を転換させる意味では大きな好機としてとらえる見方も成りたつ。

危機的状況を転機とするという意味では、今日の資本主義的な競争・成長型経済がこのまま永続すると考えるよりは、内外とも行き詰まりを迎えているととらえる視点に立つことは重要ではあるまいか。1980年代からの世界経済の不安定化とバブル経済の動向については、前述したように金融資本主義的な膨張を起因としており、いわゆる生活に密着した実体経済（生活経済）と金融を操って富（儲け）の拡大をめざすマネー経済の離反現象として特徴づけることができる。すでにスーザン・ストレンジが80年代後半に「カジノ資本主義」と名づけた事態が、とくに90年代以降、マネー経済として自己肥大化をとげ利益の源泉を求めて世界中を激流する事態に至っている（ストレンジ 1986；1998）。端的に言って、より利益を生み出すことに駆り立てられ、経済（市場）

規模を拡大せざるをえない仕組みの中で、この成長・拡大の連鎖的活動が、外には資源や環境の限界にぶつかっていく。そして、内には格差と不平等や生活・精神面での質的な歪み（ストレス過多、いじめ、自閉、暴力、生き甲斐の喪失等）を生じさせてきたと考えられる。すなわち**サステイナビリティ**（持続可能性）を実現する持続可能な社会の姿とは、競争一辺倒の経済や無限成長・拡大型システムではなく、相互安定型のシステムへの移行であり、偏在的な富や消費拡大ではなく社会的な平等や公正の重視と、価値の単純化と切り捨てではなく多様性と共存を目指す**脱成長**型社会の実現が目標になるのではなかろうか（古沢 1995、見田 1996：2006、広井 2001：2006：2009）。

あるいは文明パラダイム的視点からきわめて単純化して表現するならば、以下のようにいってもよかろう。かつての自然資源の限界性の中で循環・持続型社会が存続していたが、非循環的な収奪と自然破壊を加速化する現代文明に置き換えられて今日の世界に至っている。それが、地球規模で再び持続可能性の壁を前にすることとなり、新たな循環・持続型文明の形成を迫られているということである。

人間存在を支えるために築かれてきた巨大システム構造は、大きな調整局面にさしかかっており、それは社会経済システムの組み直しというレベルにまで至らざるをえないのではなかろうか。個としての人間の存在様式は、類ないし社会的な存在として支えられており、とくに今日の世界は高度な市場経済システムを土台に編成されている。それを批判的に考察するにあたって、経済史的に観たときに K.ポランニーが提示した経済システムの 3 類型に立ち戻って考える必要があると思われる（ポランニー 1944）。

3 つの類型とは、互酬（贈与関係や相互扶助関係）、再分配（権力を中心とする義務的支払いと払い戻し）、交換（市場における財の移動・取引）である。それぞれは歴史的、地勢的な背景のなかで多様な存在形態をもつが、とくに交換システムが近代世界以降の市場経済の世界化（グローバリゼーション）において肥大化をとげ、諸矛盾を拡大してきた。市場システムの改良ないし改善という方向性を否定はしないが、将来的により重視すべきは 3 類型を今日の**社会経済システム**に当てはめて、システムを再構築するという視点が重要ではないかと考えられる。

4-3. 社会経済システムの転換——3つの社会経済セクター

　今後の展開について全体枠組みを長期的・巨視的な視野に立ってみた場合、社会経済セクターの枠組みの変化として考える必要があるだろう。すなわち、資源・環境・公正の制約下で持続可能性が確保されるためには、新たな社会経済システムの再編が「3つのセクター」のバランス形成、「公」「共」「私」の3つの社会経済システム（セクター）の混合的・相互共創的な発展形態として展望できると思われる。ここでは、機能面に注目した言葉としてはシステムを、社会領域に注目した言葉としてセクターを使用している。

　先ほどのK.ポランニーの3類型との関係性としては、市場交換を土台として「私」セクターが存在し、再分配機能を土台として「公」セクター、互酬機能を土台として「共」セクターが存在しているととらえることができる。実際の現存社会では、3類型の諸要素は重層化して内在している面があるので、あくまで理念型として提示したものである点をご理解いただきたい。3つのシステムの相互関係を明示したものが図1である（古沢2000）。

　とくに第1の市場メカニズム（自由・競争）を基にした「私」セクターや、第2の計画メカニズム（統制・管理）を基にした「公」セクターに対して、第3のシステムを特徴づける協同的メカニズム（自治・参加）を基にした「共」セクターの展開こそが、今後の社会編成において大きな役割を担うと考えられる。

　脱成長型の**持続可能な社会**が安定的に実現するためには、利潤動機に基づく市場経済や政治権力的な統制だけでは十分に展開せず、市民参加型の自治的な協同社会の形成によってこそ可能となると思われる。それは、地域レベルの共有財産、コミュニティ形成、福祉、公共財、地域・都市づくりなどの共同運営から、世界レベルでは環境に関わる国境調整、大気、海洋、生物多様性などグローバルコモンズの共有管理に至るまで、市民的参加や各種パートナーシップ形成が重要な役割を果たすからである。廃棄物処理問題、軍縮・平和維持、社会保障・人権・広義の安全保障などの対応策に関しても同様である。行政のお仕着せ事業や企業の営利活動のみで財やサービスが提供される時代から、公と私の中間域に位置する活動領域が徐々に広がりつつある。すなわち、「社会的経済」（協同組合、NPO等）「社会的企業」などの事業展開や、成熟社会の進展のなかで各種ボランタリーな活動が活性化し始めているのである。

　また社会意識や組織・制度の形成に関わる広義の政治領域でも、社会倫理や

企業倫理（CSR：企業の社会的責任）、市民自治や地方自治、社会保障・福祉、そして国家政策と国際関係、国際機関や多国籍企業の社会的責任をはじめとする、多くの政治的な課題への挑戦が続いている。おそらく、そこでも今後は地域から国際レベルまで多面的な相互協力（政治的枠組み、ガバナンス）が、諸組織の活動によって形成されはじめていくのではなかろうか。ブルントラント委員会報告（1987）や 92 年の地球サミット以来、「**持続可能な発展**」という概念が広範に広まったが、現在は社会経済システムの組み替えを視野においた「持続可能な社会」の形成に向けた取り組みが、21 世紀社会の共通課題として浮上していると思われる。

三つの社会経済システム
(3 Socie-Economic System)

市場経済（自由・競争）　　　　　　　計画経済（調整・統制）
(Market Economy : Money Base)　　(Planning Economy : Control Adjustment)

私（企業）
(Company)
・多国籍企業
(Trans National Corp)
・コミュニティー企業
(Community Businnes)

日本型
第 3 セクター

公（行政）
(Government)
・国連
(United Nation)
・国家・地方自治体
(Community Businnes)

協同組合
(Coop)

市民事業
コミュニティー
トラスト

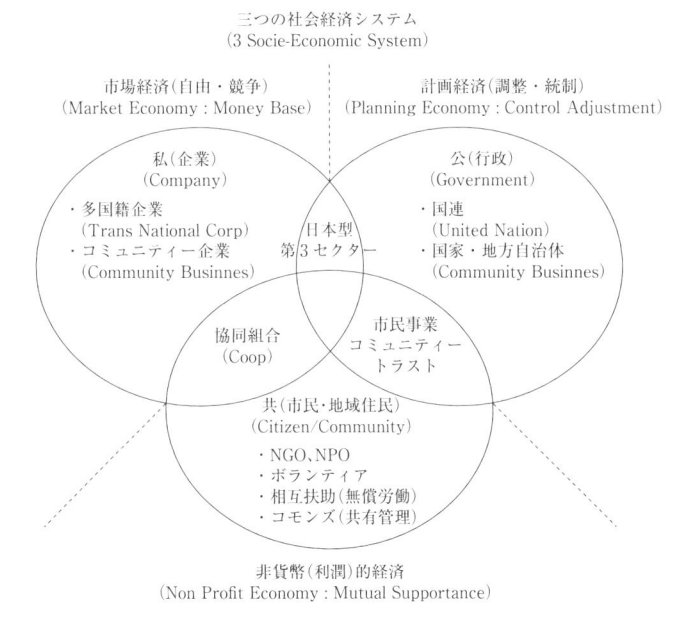

共（市民・地域住民）
(Citizen/Community)
・NGO、NPO
・ボランティア
・相互扶助（無償労働）
・コモンズ（共有管理）

非貨幣（利潤）的経済
(Non Profit Economy : Mutual Supportance)

図 1　3 つのシステムの相互関係

◆討議・研究のための問題◆
1. 20 世紀に顕著だった文明発展パターンの特徴に注目して、そのメリット（長所）とデメリット（短所）を箇条書きにしてみよう。とくにそのデメリットに対

して、どのような解決策が考えられるか、具体的な対策や政策について、思いつくかぎり箇条書きにしてみよう。
2. 気候変動・地球温暖化をめぐって、世界各国ならびにNGOの立場と取り組み状況について、その特徴を整理するとともに幾つかグループ分け（類型化）をしてみよう。とくに最近の国際交渉（COP15、COP16）に注目して、ポスト京都（97年の京都議定書が定めた枠組み以降）の国際枠組み動向（カーボン・レジーム）がどうなるか、予想シナリオを思い描いてみよう。
3. 成長経済のメリット、デメリットを箇条書きにしてみよう。脱成長経済は可能かどうか、その際にどんな困難が伴うかについて、課題をあげるとともに、実現可能性について自分なりの意見や展望を書きだしてみよう。
4. 図1の3つの社会経済システム（セクター）を参考にして、それぞれのシステムの具体的な担い手（主体）や活動の特徴について、箇条書きにしてみよう。とくに「共」セクターの活動に関して、具体的に思いつく事柄や取り組み状況があれば書き出してみよう。

【参考文献】

オリョーダン：原著の邦訳はないが，加藤久和，1990，「持続可能な開発論の系譜」『地球環境と経済』（講座・地球環境3）中央法規などが参考になる．
O'Riordan, T., 1981, *Environmentalism*, London, Pion Books.
亀山康子，2010，『新・地球環境政策』昭和堂．
―――，2003，『地球環境政策』．
「環境・持続社会」研究センター編，2009，『カーボン・マーケットとCDM』築地書館．
Karl Polanyi, 1944, *The Great Transformation*（吉沢英成・野口建彦・長尾史郎・杉村芳美訳『大転換―市場社会の形成と崩壊』東洋経済新報社，1975.新訳版：野口建彦・栖原学訳，2009）．
Susan Strange, 1986, *Casino Capitalism*, Basil Blackwell（小林襄治訳『カジノ資本主義―国際金融恐慌の政治経済学』岩波書店，1988．
Susan Strange, 1998, *Mad Money：from the Author of Casino Capitalism*, Manchester University Press（櫻井公人・櫻井純理・高嶋正晴訳『マッド・マネー世紀末のカジノ資本主義』岩波書店，1999）．
広井良典，2001，『定常型社会』岩波新書．
広井良典，2006，『持続可能な福祉社会』ちくま新書．
広井良典，2009，『グローバル定常型社会』岩波書店．
浜 矩子，2009，『グローバル恐慌』岩波新書．
古沢広祐，2010，「転機に立つ世界と地球環境政策 カーボン・レジーム形成の今後」，「環境・持続社会」研究センター編『カーボン・レジーム 地球温暖化と国際攻防』株式会社オルタナ．
古沢広祐，2000，「共・公益圏とNPO・協同組合」協同組合研究（日本協同組合学会），Vol. 19（No.3）2000.3.
古沢広祐，1995，『地球文明ビジョン』日本放送出版協会．
ブルントラント委員会，1987, *Our Common Future*, Oxford University Press.（環境と開発

に関する世界委員会，大来佐武郎監・環境庁訳，1987,『地球の未来を守るために』福武書店．
松野　弘，2009,『環境思想とは何か』ちくま新書．
見田宗介，1996,『現代社会の理論』岩波新書．
見田宗介，2006,『社会学入門』岩波新書．
本山美彦，2008,『金融権力』岩波新書．

column
ヒートアイランド現象

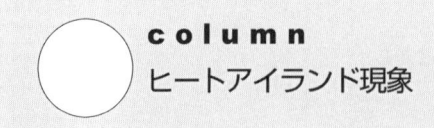

小田切大輔

　ヒートアイランド現象とは、都市の中心部の気温が郊外に比べて島状に高くなる現象である。等温線を描くと都市を丸く取り囲んで島のような形になることから「ヒートアイランド」（heat island＝熱の島）と呼ばれる。19世紀にロンドンやパリなどの都市でこの現象が報告されており、20世紀に入ると観測に基づく等温線図から実態が認識されるようになった。日本でも1920、30年代に旧東京市内等での観測により、この現象の出現が確認されている。

　世界の平均気温は、この100年で約0.7℃上昇しており、それは地球温暖化が主な原因と考えられている。一方、東京や名古屋など、日本の大都市の平均気温はこの100年で約2.2℃〜3.0℃上昇している。そのため、都市では、地球温暖化に加え、ヒートアイランド現象の悪化という「二つの温暖化（熱汚染）」が進行していると言われている。

　この現象は都市でより顕著に現れる気候の一種であり、中小都市や小規模の住宅団地でも現れる現象である。また、郊外地域で放射冷却が著しい冬季において、風の弱い、よく晴れた夜間から早朝にかけての時間帯に、一般的にはこの現象が最も顕著に現れる。しかし、近年では、冬季よりも夏季の気温上昇とこの現象の影響が関連づけられ、問題視されることが多くなった。

　日本では特に2004年以降この現象が注目されるようになった。2004年の夏は、東京・大手町で観測史上最高の39.5度を記録し、東京や大阪の真夏日、熱帯夜の日数記録が更新されるなど、まさに記録的な暑さとなった。この時、日本を覆う高気圧や地球温暖化の影響のほか、高層ビルの乱立など都市化によるヒートアイランド現象の悪化が都市部の異常な暑さの原因としてマスコミで多く取り上げられた。その頃から、打ち水イベントや局地的な集中豪雨（いわゆる「ゲリラ豪雨」）、熱中症患者の増加などと合わせて紹介されることが増えた。

　この現象の主な原因は、人工排熱の増加（建物や工場、自動車などの排熱）、地表面被覆の人工化（緑地の減少とアスファルトやコンクリート面などの拡大）、都市形態の高密度化（密集した建物による風通しの阻害や天空率の低下）の3つが挙げられる。一方、対策としては、省エネの促進や排熱利用などによる都市の排熱総量の削減、緑化や地表面の保水化や打ち水などといった水の活用、建物の配置などを配慮した都市の中の風通しの確保などがある。

　日本では、政府、東京都などが2000年頃から対策に力を入れ始めているが、その主な内容は、緑化制度、クールルーフ（高反射率塗装）制度、都市化・開発に関する制度などである。一方、海外では、緑化制度、クールルーフ制度、気候に配慮した都市計画に関する制度（韓国ソウル市における清渓川の復元事業など）、グリーンビルディング評価制度（米国のLEED（Leadership in Energy and Environmental Design）制度）といった取り組みが行われている。

【参考文献】
環境省，2009，『ヒートアイランド対策ガイドライン』http://www.env.go.jp/air/life/heat_island/guideline.html（参照 2010-07-29）．
社団法人環境情報科学センター，2009，『平成20年度ヒートアイランド対策の環境影響等に関する調査業務報告書』http://www.env.go.jp/air/report/h21-06/index.html（参照 2010-07-29）．

第10章
エネルギー政策の選択

●平林祐子

　日本の**エネルギー政策**の基本的方針を定めた「**エネルギー政策基本法**」（2002年6月公布）は、私たちの社会に欠かせないエネルギーの需給において達成すべき政策目標として、**安定供給の確保、環境への適合、市場原理の活用**、の3つを掲げている。これを実現するには、多様なエネルギー源を利用する技術や省エネ技術、エネルギーを効率的に使うための社会的仕組みなども含めたいろいろな手段を用いることになる。

　人間が利用できる自然の中にあるエネルギーは限られており、またエネルギーの利用は多くの環境問題の原因ともなっている。日本は世界有数のエネルギー消費国でありながら**エネルギー自給率**は極めて低く、エネルギーの9割以上を輸入に頼っている。そこでどんなエネルギーをどのように使うかは、自動的に答えが用意されている問題ではなく、社会が選択して決めることである。

　この章では、公共的性格が強く、同時に環境問題の主要な原因でもあるエネルギーをとりあげ、社会的選択を行うにあたって何が大事なのかを検討する。章の組み立ては次のようになっている。1節でエネルギーの基礎知識と日本のエネルギー政策を踏まえたうえで、2節で日本のエネルギー需給の現状と、エネルギーの何が問題なのかを示す。3節で日本のエネルギー政策およびそれらを選択する**社会的意思決定**の特徴について説明し、4節で今後の私たちの選択について述べる。

1. ………エネルギーの基礎知識
1-1. エネルギーとは
　エネルギーは「仕事をなしうる能力」と定義される[1]。私たち自身の体を動

1　日本エネルギー学会編, 2005『エネルギー・環境キーワード辞典』コロナ社.

かすのも、私たちが作り出した色々な道具を動かすのも、エネルギーである。つまりエネルギーとは、物を動かす力だと考えれば良い。

　地球上のすべてのエネルギーのもとは太陽光である。植物は光合成によって二酸化炭素（CO_2）と水からブドウ糖などの有機物をつくりだし、酸素を放出する。動物は植物を食べて、ブドウ糖を体を動かすエネルギーに変換して生きていく。さらに人間は、生活を豊かに便利にするためにさまざまな道具を考え出した。それらを動かすために使われるようになったのが、**化石燃料**や**原子力**をもとにしたエネルギーである。これらは電気や熱や動力などに変換され、道具を動かす力となる。

1-2. エネルギーフローとエネルギー消費

　エネルギーは変換の段階ごとに区別される。最初の段階のエネルギーは、**一次エネルギー**と呼ばれる。自然から直接取り出される、いわば原料状態のエネルギーだ。今の私たちの文明を支える主な一次エネルギーは、化石エネルギー（**石炭、石油、天然ガス**）と**原子力**（ウラン）である。太陽光や風力も一次エネルギーに含まれる。日本で供給されている一次エネルギーの種類別の割合は、石油が41.9％、石炭22.8％、天然ガス18.6％、原子力10.4％（ここまでで93.7％）、**水力**3.1％、太陽光・風力・地熱などの**再生可能エネルギー**0.3％、廃棄物発電などの未活用エネルギー2.8％である[2]。

　この一次エネルギーをさまざまな用途に合うよう転換したものを、**二次エネルギー**という。たとえば石油から転換したガソリン、天然ガスから転換した都市ガスなどである。**電力**は代表的な二次エネルギーである。日本の電力化率（最終エネルギー消費量に占める電力消費量の割合）はどんどん伸びて2007年には23％に達し、1970年の12.7％の倍近くになっている。家庭でも「オール電化」の普及は着実に進んでいる。

　転換されたエネルギーは、実際に使う人のところに渡る。この段階を、**最終エネルギー消費**という。一次エネルギーから最終エネルギー消費までの流れが、エネルギーフローである。ここでひとつ注意すべきは、エネルギーは変換するたびに、**ロス**、つまり無駄になってしまう部分が出ることだ。たとえば火力発

---

[2] 資源エネルギー庁「総合エネルギー統計平成20年度版」
http://www.enecho.meti.go.jp/info/statistics/jukyu/resource/pdf/100415honbun.pdf
なお再生可能エネルギーは「自然エネルギー」と「地熱エネルギー」を合わせた数字。

電所では石油を燃やして蒸気を発生させ、タービンを回して電気に変えているが、このとき同時に発生する大量の熱は大気中に放出されてしまうので、熱に変わった分のエネルギーはロスしていることになる。送電などエネルギーを運ぶときも、途中で失われる分が出る。量的には、一次エネルギー供給を 100 とすると、最終エネルギーは 68 程度（2008 年度）である。貴重なエネルギーが、実際に使う前にこれほど失われてしまっている。エネルギーの**効率的利用**はまだ改善の余地があるのだ。

エネルギー消費量は、私たちがより多くのモノを製造し、より多くの機械を動かし、よりたくさんの商売をし、より便利で豊かな生活をするようになったことに比例して伸びてきた。逆に言えば、エネルギーなしにはそれらの変化はありえなかったのである。日本の最終エネルギー消費は、1965 年の 4.4（10^{18} J）から 2007 年には 15.8（10^{18} J）と約 3 倍[3]に増えた。この間の経済活動を示す実質 GDP は、112 兆円から 562 兆円と約 5 倍に増えている。1 人当たりの一次エネルギー消費量でみると、1960 年には 859 kg、2007 年には 4,019 kg[4] と 50 年間で約 5 倍増となっている。ただし景気の低迷などのため、2004 年をピークに最終エネルギー消費は減少傾向にある。

最終エネルギー消費の量は、消費する人（主体）と用途によって大きく 3 つの「部門」に分けてカウントされている。製造業などの「**産業部門**」、車や飛行機などの燃料になる「**運輸部門**」、そして「**民生部門**」である。民生部門は、家庭と業務（店、オフィスなど）の二つを含む。日本でつかわれるエネルギーのすべては、産業、運輸、民生、の 3 つの部門のどれかにカウントされるわけだ。全体のうち、産業部門で消費されたエネルギーは 42.6％を占め、運輸部門が 23.6％、民生部門が 33.8％となっている（2008 年度）。工場などの産業部門は割合は大きいものの、1973 年のオイルショック以降は省エネ技術の取り入れなどが進んだため、1973 年から 2007 年までではほとんど増えておらず、2008 年にはさらに大きく減った。伸びが大きいのは、2.5 倍に増えた民生部門、ついで 2 倍に増えた運輸部門[5]である。ここ数年減少してはいても、この 2 部門では、京都議定書に定められた CO_2 削減の基準年である 1990 年度よりも 2008 年度のほうが消費量が多くなっている。

---

3 エネルギー白書 http://www.enecho.meti.go.jp/topics/hakusho/2010energyhtml/2-1-1.html
4 世界銀行ウェブサイト http://data.worldbank.org/indicator/EG.USE.PCAP.KG.OE/countries/1W-JP?display=graph
5 運輸部門は 2001 年をピークに減少に転じた。

ここで**電力産業**についても簡単に触れておこう。前述したように電力化率は上昇を続けているが、それを支える日本の電力産業は全国で 10 の電力会社によって成り立っている。この 10 社は、それぞれ地域ごとに基本的には独占する形（**地域独占**）で、電力供給つまり発電、送電、配電、売電をすべて行っている（**垂直統合**）。電気料金は、発電にかかったコストに電力会社の取るべき利益を上乗せして決められている（**総括原価方式**）。公益性の高い電力産業を保護する方法だが、このこともあって、日本の電力料金はほとんどの主要国よりも高いものとなっている[6]。

　現在、1995 年に電気事業法が改正されて電力会社以外の会社が発電事業に参入できるようになるなどの変化が起きたのを皮切りに、「**電力自由化**」へ向けた動きが進んでいる。電力自由化とは、独占的な電力会社の価格や事業内容を規制する政策的手法から、複数の会社が電気をつくって顧客と取引するという、何らかの競争を伴う市場をベースにした手法への移行のことである。1990 年代から欧米では自由化が進み、EU では 1999 年 2 月に電力自由化に踏み切って、ドイツ、イギリス、北欧諸国では消費者が電力会社を自由に選べるようになり、電気料金も 96 年から 99 年の 3 年間で平均 6％下がった[7]。

　日本ではまだ一般の消費者が電力会社を選ぶことはできないが、自由化されれば、たとえばより料金の安い電力会社や、再生可能エネルギーだけで発電している電力会社などを選べるようになる。いっぽう自由化の進展により、電気料金だけでなく電力会社がどの一次エネルギーを選択するかも変わる可能性があり、新たな政策課題が生じることも考えられる。

1-3. 戦後日本のエネルギー政策

　戦後日本のエネルギー政策の変遷は、二度の**石油ショック**（1973 年、1979 年）、為替レート安定化の合意により円高を招いたプラザ合意（1985 年）、**温室効果ガス**の排出削減が決まった京都議定書の採択（1997 年）、という主要な転換点を区切りとして次のようにまとめることができる[8]。

　まず、第一次石油ショック以前の時期は戦後復興期から高度経済成長期にあ

6　ただし、一部自由化以降、価格差は縮小している。経済産業省「電力自由化の効果：電力料金の国際比較」
http://www.enecho.meti.go.jp/denkihp/shiryo/kokusaihikaku.pdf
7　谷江武士・青山秀雄, 2000『電力』大月書店, p.16.
8　主に次の文献に依拠。資源エネルギー庁『エネルギー白書 2006 年版』第 2 部
http://www.enecho.meti.go.jp/topics/hakusho/2006EnergyHTML/html/i2000000.html
十市勉・小川芳樹・佐川直人著, 2001『エネルギーと国の役割』コロナ社.

たるが、復興期には国産の石炭の増産が優先されたのに対し、1962年以降の高度成長期には石油から石炭へと基軸エネルギーの転換が行われた。

既に日本の一次エネルギーの7割以上が石油となっていた1973年に起きた第一次石油ショックは、石油依存のリスクを露呈することになった。いっぽう電力需要は1979年までの間、毎年4～8%（1974年を除く）も増え続けた。政府はエネルギーの安定供給を「国の将来を左右する最重要課題」と位置づけ、石油代替としての原子力と新エネルギーの開発・普及のための制度づくりを進めた。1974年には、発電所の立地点に多額の交付金を出すことなどを定めた**電源三法**（「発電用施設周辺地域整備法」「電源開発促進税法」「電源開発促進対策特別会計法」）が制定され、これによって原発の新規建設が進むことになった。同年新エネルギーの開発を目指す「サンシャイン計画」[9]も発足した。

1979年の第二次石油ショック後は、1979年に「エネルギーの使用の合理化に関する法律（省エネ法）」、1980年に「石油代替エネルギーの開発および促進に関する法律」が制定され、新エネルギー・産業技術総合開発機構（NEDO）も設立された。日本の**省エネ**技術は政策的後押しもあって世界最高水準に到達する。二度の石油ショックを経た日本のエネルギー政策は、エネルギー需要が増え続ける前提のうえで安定供給を確保するため、石油の安定供給、石油代替エネルギー（原子力を含む）の推進、省エネ推進、の3つに力を傾注してきたのである。

1985年のプラザ合意以降、円高が進むと、輸出品の国際的競争力を保つためにエネルギーコストの削減が必要となった。いっぽう、ますます豊かになった社会では、民生部門（冷暖房、大型家電、OA化、24時間化）や運輸部門（自動車保有台数や物流の増加）のエネルギー消費が大きく増えた。これを受けて、電力分野では自家発電などの電力系統（送電線）への連携を簡単にできるようにしたり、自家発電で余った電力を売ることができる対象範囲を広げるなどの規制緩和が進められた。

1980年代後半から問題となっていた地球温暖化については、1997年の京都会議で具体的なCO_2削減の数値目標が決定され、日本は1990年の排出量より6%減らすことになった。これに対応して1998年には「地球温暖化対策推進法」が策定され、エネルギー政策に地球環境問題への対応という新たな柱が加

9　省エネ技術開発の「ムーンライト計画」と統合した「ニューサンシャイン計画」が1993年に始まり、太陽光発電や風量発電などの技術開発で成果を挙げ、2000年に終了した。

わった。そして 2002 年に、安定供給、環境との調和、市場原理の活用を基調とする「エネルギー政策基本法」が成立したのである。

2. ………エネルギーをめぐる問題
2-1. 資源の有限性

エネルギー問題は、エネルギー自体の有限性の問題と、エネルギーの使用によって起きる環境問題の二つに分けられる。

有限性の話からはじめよう。今の文明を支えているエネルギーには限りがある。世界の一次エネルギーの 93.6%（2007 年）を占める化石エネルギーと原子力は遠くない将来枯渇する。石油はあと 41.6 年、石炭は 133 年、天然ガスは 62 年、ウランは 81.6 年でなくなると予測されている[10]。私たちはまだ、これらに代わり得るエネルギーを持っていない。

いっぽうで地球上の人口は増え続けており、2050 年までには 90 億人に達する見込みである。さらに、現在世界の人口の 4 分の 1 近くにあたる 14.4 億人は電気の通っていない生活をしている[11]が、これらの人々が先進国の人々と同じような暮らしをするようになれば、より多くのエネルギーが必要となる。経済発展は必ずエネルギー消費の伸びを伴う。中国やインドを筆頭とする国々のエネルギー消費は飛躍的に伸びている。世界の人口の 76% が居住する途上国は現在、世界のエネルギーの 30% を消費しているが、2030 年には 50% 近くを消費することになると予測されている[12]。地球にある限られたエネルギー資源をめぐる争奪戦は今後ますます激しくなっていく。

このような状況下、日本が抱える大きな問題は、エネルギーの 9 割以上を輸入に頼っていることである。日本には石油もウランもほとんどないし、石炭もほぼ掘りつくしてしまった。先進国のなかでエネルギー自給率がここまで低い国は他にない[13]。日本のエネルギー自給率は、1960 年には石炭や水力を中心に 57% もあった。しかし 60 年代に起きた「エネルギー革命」で石油が石炭に取って代わったため、自給率は 1970 年には 14% に激減し、これ以降も下がり続けて 1 割を切った。2008 年度は 7.1% である[14]。

---

10 『エネルギー白書 2009』pp.133-147. 石炭は 2008 年、その他は 2007 年の数値。
11 IEA, 2009, *World Energy Outlook 2009*.
12 Chevalier, Jean-Marie, 2007, *Les Grandes Batailles de l'Energie*, Paris：Gallimard.（＝2007, 増田達夫監訳『世界エネルギー市場』作品社), p.32.
13 資源エネルギー庁「原子力をめぐる状況」http://www.enecho.meti.go.jp/policy/nuclear/pptfiles/gairyaku.pdf

一次エネルギーのうち石油が占める割合すなわち石油依存度が高い（2009年度で41.1％）のも日本の特徴だ。そのため石油供給の安定性とその価格は、日本の経済や社会に極めて大きな影響を与えるファクターとなっている。

日本は、エネルギー需給構造を今後大きく変えない限り、他国にあるエネルギー資源をめぐる争奪戦を勝ちぬかなければならない。そしてもし勝ち抜くことができたとしても、その価格は今より高くなる可能性がある。石油の値段が大幅に上がり、それに伴って電気料金が上がれば、日本でつくられる様々な製品の値段も上げざるを得なくなる。値段が上がれば国際的競争力を失う。エネルギー資源の有限性が、自給率の低い日本にとって持つ意味とはそういうことである。

2-2. エネルギーの使用が引き起こす問題

およそ現在までに私たちが経験してきた主要な環境問題のほとんどは、エネルギーの使用に端を発している。人間が薪にするために木を切るようになったことは、人間のエネルギー利用による環境改変の最初の一歩だった。しかし、人口の爆発的増加や機械の使用などもなかった近代以前の時代は、エネルギー使用による自然破壊はそれほど深刻なものではなかった。大きく状況を変えたのは、産業革命と化石燃料使用の発明である。

日本の近代化は環境問題を伴ってやってきた。明治期の主要産業であった足尾銅山などの鉱山業においては、石炭を大量に燃やす精練所から排出される亜硫酸ガスが周囲の人々の健康を害し、木々を枯らした。各地の製鉄所では、コークス（石炭）を燃やす煙が大気を汚染した。当時はその煙は繁栄のシンボルとして、むしろ誇らしいものとされていたのである[15]。

石炭に代わって石油が使われるようになると、プラスチック製品・化学製品の大量生産・大量消費・使い捨てによる便利な生活が可能になったが、石油の利用は新しい問題もたくさん生み出した。まず、生産（掘削）や輸送の段階では、地中に閉じ込められていた原油が環境に放出されてしまうリスクがある。2010年4月にメキシコ湾で起きた史上最悪の海底油田爆発事故では約490万バレルの原油が海中に流出し、東西720 kmに広がって生態系に壊滅的な打撃

---

14 資源エネルギー庁総合政策課，2010「平成20年度におけるエネルギー需給実績」http://www.enecho.meti.go.jp/info/statistics/jukyu/resource/pdf/100415honbun.pdfより算出。
15 飯島伸子，1993『改訂版 環境問題と被害者運動』学文社，p.34.

を与えている。石油の燃焼によって排出される亜硫酸ガスや自動車の排気ガスは、世界中で深刻な大気汚染を引き起こしてきた。

利用した後の処理方法も問題だ。石油からつくられた製品は不適切な燃やし方をするとダイオキシンなどの有害物質を発生する。化学的に合成された薬品や洗剤などが川や海に流されれば水中の生態系を破壊する。ゴミとなったプラスチックは土に還らないので[16]、処分場の不足から深刻なゴミ問題が生じる。典型7公害の多様な事例を思い浮かべてみても、そのほとんどが、化石燃料の大量使用がなければ起こらない問題であることが理解できるだろう。

そして、近代以降の爆発的な化石燃料使用が地球全体に与えた影響が、1980年代になってようやく私たちの目に見え始めた。今世紀の世界的な課題となっている温暖化である。石油や石炭を燃やすことで放出されるCO_2は、日本で排出される温室効果ガスの95％を占めている[17]。そしてそれが地球全体の気温を変え、気候、生態系を変え、生物多様性を脅かしている。同じく地球規模の環境問題である**酸性雨**もまた、化石燃料を燃やすことで発生する硫黄酸化物が主な原因である。

サハラ以南のアフリカ諸国では現在もエネルギーの8割以上を薪や家畜の糞などに頼っている[18]。森林の伐採と消滅がすさまじいスピードで進み、生物多様性に大きな影響を与えている。一度喪われた森林とその生態系を復活させることは不可能だ。

薪から化石燃料まで、エネルギーの使用こそは公害／環境問題の最大の原因なのである。

2-3.「ファウストの取引」――原子力の魅力とリスク

ここに、「資源の不足（とくに自給できるエネルギーの不足）」と「環境問題」という、化石燃料の2つの限界を突破できる代替案がある。原子力だ。

日本政府は2006年に発表した「新・国家エネルギー戦略」で「**原子力立国計画**」という言葉を用い、原子力発電の推進を「我が国エネルギー政策の基軸をなす課題」と位置づけている[19]。2010年時点で全国で54基の原発が運転されており、日本はアメリカ、フランスに次いで世界で3番めの原子力発電国と

---

16 生分解性プラスチックも開発されているが、石油由来のものはわずかである。
17 環境省編, 2009『環境白書 平成21年度版』p. 110.
18 IEA, 2009 *World Energy Outlook 2009*.
19 経済産業省, 2006「新・国家エネルギー戦略」http://www.meti.go.jp/press/20060531004/senryaku-houkokusho-set.pdf

なっている。さらに2020年までに9基、2030年までに14基の新増設を目指す計画だ[20]。しかも日本は、先進国のほとんどが放棄した**核燃料サイクル**計画を現在も推進している。これは、原発で一度使った使用済み燃料を**再処理**して**ウラン**と**プルトニウム**を取り出し、高速増殖炉（研究開発中）の燃料やMOX燃料[21]の原料にするという、燃料のリサイクルを中心とする計画である。

世界的に見ると、20世紀の終わりにはドイツの「脱原発合意」（2000年）に象徴されるように特にヨーロッパで「**脱原発**」へと向かう潮流があったが、21世紀に入ってCO_2削減へのプレッシャーなどを背景に原発推進へ向けた揺り戻しもあり、「原子力ルネッサンス」といわれる状況も出てきている[22]。さらに日本の民主党政権は、これから原発をつくろうという国々への「原発輸出」を今後の重要な産業と位置づけてもいる。

このように日本にとっては基幹的エネルギーとなっている原子力だが、魅力も大きい代わりに極めて大きなリスクを伴うのが特徴である。「ファウストの取引」とも呼ばれるゆえんだ。原発を運転すると、きわめて毒性が強く寿命の長い**放射性物質**が生成される。その最大のものはプルトニウムである。プルトニウムは10グラムで1000万人の致死量に匹敵する[23]という強い毒性をもち、その力は2万4千年かかってやっと半分になるだけである。原発の主な問題点は、このような物質が放出されてしまう事故のリスクの大きさと、これらを大量に含む**放射性廃棄物**の処理方法が確立していないことである[24]。

1986年4月に起きたウクライナ（当時はソ連）のチェルノブイリ原発4号炉事故では、これまでに放射線被ばくにより5万～9万人が死亡した[25]と推定されている。事故後、原発から30km圏内は激しい放射能汚染のため居住不能とされ、住んでいた11万6千人の人々は強制的に移住させられた。事故から20年以上経った今も、この地域は居住禁止である。事故の影響は国境を越え、当時は200km以上離れた西ヨーロッパの国々でも高濃度の放射能が観測された。現代社会が抱える多様な**リスク**のなかでも、事故の空間的・時間的影

20　経済産業省, 2010「原子力発電推進行動計画」http://www.meti.go.jp/press/20100604004/20100604004-2.pdf
21　ウラン・プルトニウム混合酸化物燃料。これを通常の原発で燃やすことを、プルサーマル計画という。
22　ただし実際には世界の電力に原発が占める割合は約13%に過ぎず、2009年には2%減少している。今後も減るという予測もある（マイケル・シュナイダー「原子力のたそがれ」『世界』2011年1月号）。
23　消化器に入るとほとんど吸収されないが、吸入摂取すると、たとえば骨の場合は50年など、体内に長くとどまり、発ガンを引き起こす。
24　このほか、核拡散につながる危険性や原発労働者の被爆、長引く紛争による社会的コストなども問題点として挙げられる。
25　今中哲二, 2006「チェルノブイリ事故による死者の数」『原子力資料情報室通信』386. 死者数については多様な推計がある。この記事ではそれらについても解説している。

第10章　エネルギー政策の選択

響の大きさにおいて原子力は突出している。

原発から出るゴミ、すなわち放射性廃棄物の問題はより差し迫った問題である。高レベル放射性廃棄物は極めて強い放射能を持つため、長年にわたって厳重に管理しなければならない。日本では最終的には、安定した地層を深く掘って埋設する「**地層処分**」をすることになっている。ところがその場所が決まっていない。原子力発電環境整備機構（NUMO）は2002年から最終処分場の建設地を公募しているが、手を挙げかけたいくつかの自治体は、住民の強い反対で応募を取り下げる結果に終わった。

青森県**六ヶ所村**の再処理工場は2010年までに18回の延期を重ね、完成が大幅に遅れている。このため全国の発電所で年間に900～1000トン・ウラン発生する使用済み燃料は再処理されないまま、各原発の敷地内で「中間貯蔵」という名目で貯蔵されている。青森県むつ市に中間貯蔵施設（リサイクル燃料備蓄センター）の建設が計画されているが、再処理計画の困難から、中間貯蔵ではなく半永久の貯蔵施設になる可能性も指摘されている[26]。しかも六ヶ所村の再処理工場は、稼動できたとしても処理能力は年間800トン・ウランで、日本の原発から出る使用済み燃料のすべてを処理することはできない。

放射性廃棄物は確実に増え続ける。そして数十年の運転期間を終えて寿命を迎えれば、原発自体が巨大な放射性廃棄物になる。このとてつもなくやっかいなゴミを、いったいどこにどう「捨てる」のか。この問いへの答えを持たないまま、私たちは毎日、原発を動かし続けているのである。

3. ………日本のエネルギー政策と策定過程

エネルギーをめぐる社会的意思決定としてのエネルギー政策は、**公共性**が高く、**社会インフラ**の整備を伴うため長期的見通しを必要とし、さらに社会の将来ビジョンのシンボルとして捉えられる場合が多い[27]、という性格をもつ。このことは、政策の内容だけでなくその決めかた、すなわち政策策定過程のあり方をも大きく規定している。

日本のエネルギー政策の第一の特徴は、包括性を欠いていることである。統一的な法制度や計画体系が近年まで存在せず、代わりに電気事業法、原子力基本法、地球温暖化対策推進法などのように個別のエネルギーや問題ごとに法律

---

26 西尾漠，2003『なぜ脱原発なのか？』緑風出版．
27 鈴木達治郎・城山英明・松本三和夫編著，2007『エネルギー技術の社会意思決定』日本評論社，p.8.

が制定され[28]、**縦割り行政や省庁間の縄張り争い**を招いてきた。2002年にエネルギー政策基本法が成立したものの、「総合的な視点でエネルギー選択肢の評価を行い、政策代替案を明確に評価するような場」[29]の設定は現在もきわめて難しい課題である。

　第二の特徴として、**政策決定過程の閉鎖性**が挙げられる。エネルギー政策の策定は**経済産業省**をはじめとする省庁と関連業界の合意によってすすめられてきた部分が大きく、国民の代表である国会も含めて、それ以外の人々が関与する余地はきわめて限られている。日本のエネルギー政策の具体的指針を示す「**エネルギー基本計画**」のもとになる「**長期エネルギー需給見通し**」[30]は、経済産業大臣の諮問機関である「**総合資源エネルギー調査会**」によってつくられる。「エネルギー基本計画」は内閣で閣議決定され、国会には報告されるだけである。総合資源エネルギー調査会の審議が原則公開となるなど、閉鎖性の打破に向けた改善は行われているが、「国民は自分たちの意見が十分に反映されているとは思っていない[31]」のが現実である。

　第三の特徴は、「国策」として国レベルで政策決定が行われ、きわめて**中央集権**的であることだ。電源つまり発電所の設置は、内閣総理大臣を議長とする「電源開発調整審議会」（1952年発足、2001年廃止）によってオーソライズされる形が取られてきた。現在では、重要な電源開発に係る地点については経済産業大臣が「重要電源開発地点」の指定を行い、地元合意形成や関係省庁における許認可の円滑化を図ることになっている。90年代以降、地方分権改革が進み、立地点の自治体が意思決定に与える影響力は相対的に大きくなったが、「一電力会社の一発電所の建設計画でさえ、それが国策によってオーソライズされている限り、国家計画の一部」[32]になる状況に変わりはない。

　1960年代以降、各地の原発立地点住民が展開した激しい反対運動は、原発そのものへの反対と合わせて、自分たちの住む環境や命にかかわるリスクを許容するかどうかについて自分たちの全く知らないところで決定がなされ、それが国家の計画として押し付けられたことに対する反発であったといえる。そし

28　田中充, 2002「自治体エネルギー政策の構築に向けて」『環境社会学研究』8, pp.38-53.
29　電力中央研究所, 2003「エネルギー政策への提言：強靭なエネルギー政策に向けて」.
30　1967年に始まって約3年ごとに改定され、最新版は2008年に発表（2009年再計算）された。「見通し」では、一定の前提条件のもと、エネルギーの需要と供給についてのいくつかの予測パターン（ケース）が提示される。これが日本のエネルギー政策を形づくる。
31　電力中央研究所, ibid.
32　吉岡斉, 1999『原子力の社会史―その日本的展開』朝日選書, p.27.

て、意見表明の機会が限られていることによって、推進主体と地元住民、さらに地元住民同士の間に相互不信と鋭い対立が生まれ、建設計画と**紛争**の長期化による大きな社会的損失をもたらしてきた[33]。

第四に、**公共政策**としてのエネルギー政策についての、蓄積した経験に基づく専門的知識と実践・統合能力をもった人材や、分野や業界を超えたそのような**人材のネットワーク**が確立されていないあるいは弱いこと[34]も、現在のエネルギー政策策定過程の特徴であり今後の課題である。

中央集権的で閉鎖的な策定過程は、日本の公共政策一般に共通する特徴であり、裏から見れば、中央の指令が全国各地域に徹底するという点で効率的で政策の一貫性が保たれやすい[35]。経済発展を至上命題とし、そのための最重要公共財であるエネルギーを、関連するインフラとともに全国に公平に供給するシステムを確立しようとしていた昭和時代の日本には、そういうやり方が適合的であったろう。そして、最初からすべての選択肢がそろっていたわけではなく技術開発が進むにつれて新しいエネルギーが使えるようになってきた経緯もあり、全体をトータルで見渡して「**ベストミックス**[36]」を考えるようなやり方は近年まで難しかったともいえる。

しかし、過去に適合的であったやり方が今後もそうであるとは限らない。エネルギー政策とその策定方法にはオルタナティブはないのだろうか？　最後にそれを考えてみよう。

4. ………これからのエネルギー政策

化石エネルギー依存から脱却しなければならないという認識はどこの国も共通してもっている。そのために進めるべきは、日本のエネルギー政策にも表れているように、**需要（消費）サイドと供給サイド**の両方における取り組みである。

まず、需要サイドの管理（Demand Side Management）とは、エネルギーをより効率的に使うことを意味する。これには、節電・省エネといった個人個人の行動パターンの改善から、エネルギー効率の良い技術や製品への転換、「**スマートグリッド（賢い電力網）**」のようなエネルギーロスの少ない社会イン

33　長谷川公一、2003『環境運動と新しい公共圏』有斐閣、p.224.
34　飯田哲也、2009「日本の環境エネルギー革命はなぜ進まないか」『世界』5月号、pp.159-169.
　　またそのようなネットワークは、知の共同体（エピステモロジカル・コミュニティ）とも呼ばれる。
35　長谷川、ibid.
36　特定のエネルギー技術に頼るのでなく、多様なエネルギー技術のそれぞれの特徴を活かして組み合わせて使うことをいう。

フラの導入まで実にさまざまな方法がある。たとえば最近日本でも大きな効果を挙げた「エコポイント制度」は、消費者がモノを買うとき、エネルギー効率の良い製品を選ぶとお金の面でも得になるようにする仕組みだ。このような仕組みをつくって、環境配慮型の製品を選ぶよう誘導するやり方は「**誘導的手法**」と呼ばれ、世界各国で導入されている。

いっぽうの供給側では、化石燃料の代わりになるエネルギー技術を増やしていかなければならない。何を代わりにするのかは国によって大きく違う。前節までに見たように、日本は「原子力立国」を宣言している。しかし、現在の原発依存度つまり発電電力量に占める原子力の割合が4分の1程度と日本とほぼ同じであるにもかかわらず、今後新しい原発は作らず、2020年ごろには原発を全廃することを法律で決めている国がある。この国では、1990年から2006年までの16年間に、風力・太陽光・バイオマスなど水力以外の再生可能エネルギーの発電電力量が35倍[37]になり、2008年には発電電力量の15.9%を水力も含めた再生可能エネルギーで賄った[38]。今後さらに増やす予定で、2020年には全発電電力量の25〜30%、2050年には80%を賄う計画になっている[39]。ポスト化石燃料の基軸エネルギーとして再生可能エネルギーを選んだこの国は、ドイツである。脱原発という決定は、1998年に**政権交代**が起きて脱原発を公約した社民党・緑の党の連立政権ができたことで可能になった。

再生可能エネルギーとは、風力・太陽光・バイオマス（動植物起源のエネルギー。薪や木材由来の燃料、動物の排泄物を発酵させてガスに転換した燃料など）地熱・小規模の水力など、使っても再生可能で有害なゴミを出さない、環境負荷の少ないエネルギーだ。一つ一つの規模が小さく、導入に適した地域が地形等により決まっていることから、各地域の自然環境を活かし、それぞれ自分のエネルギーは自分でつくる形の分散型のエネルギー供給になる。また、風が吹かなければ動かないというように稼動率は低いため、多様なエネルギー源を組み合わせて賢く使うことが必要になる。

ドイツで爆発的に再生可能エネルギーが増えたのは、1991年から段階的に、立法という制度的な形で再生可能エネルギーを支えたからである。ドイツで導入した仕組みは「**固定価格買い取り制度**（Feed In Tariff、略してFIT）」という。

---

[37] 和田武，2008『飛躍するドイツの再生可能エネルギー』世界思想社，p.37.
[38] International Energy Agency http://www.iea.org/stats/renewdata.asp?COUNTRYCODE=DE
[39] 資源エネルギー庁『エネルギー白書 2009年版』p.61.

再生可能エネルギーで発電された電力、たとえば個人の家の屋根につけた太陽光発電パネルや、地域でお金を出し合って立てた風車で発電した電力は、電力会社が必ず買い取る。しかもその価格は、導入年数やエネルギーの種類別に、それぞれ売る人が損をしないように決められている。つまり再生可能エネルギーの発電機を持てば、できた電気の売電で利益が得られ、風車などを経営することは良いビジネスになったのである。FITは世界各国で導入され、再生可能エネルギーの普及にきわめて効果的な手段であるとされている[40]。

日本では、過去にはNPOや一部国会議員などを中心にFITの立法化を目指した動きが展開されたが、電力業界と経済産業省などの反対により、実現しなかった[41]。その後、太陽光発電の余剰電力に限っての固定価格買い取りが2009年度から始まり、現在、経済産業省主導でFITの制度化に向けた検討がすすめられている。

ドイツと日本の例から分かることは、特定のエネルギー技術が普及するかどうかは、社会的仕組みをどうつくるかにかかっているということだ。高額な出費を負担してでも環境配慮型のエネルギーを選ぶ、という人は日本でもドイツでも少数派のはずである。しかし、環境配慮型であると同時に金銭面でもメリットがあるとなれば、多くの人が買ったり出資したりするだろう。個人の心がけやボランティア精神だけに頼るのでなく、環境配慮型製品が多くの人にとって魅力的な選択肢となるよう工夫することが重要なのである。「グリーン・ニューディール」という言葉を思い出すまでもなく、環境配慮型製品や技術の開発や普及が、今後の経済を引っ張る可能性は大いにある。そういう産業がしっかりテイクオフできるように、前述の「誘導型手法」や直接的に規制する「**規制的手法**」などによって後押しするのが政府の役割である。

そして、今後どんなエネルギーを選ぶのかという意思決定を、誰が参加してどのように行うのかがきわめて重要である。ドイツの原子力から再生可能エネルギーへのエネルギー転換は、政権交代によって脱原発派が政権につき、脱原子力の実現と再生可能エネルギーの促進を法制度で明確にしたことによってできた。政策の大転換はやはり、本来は、有権者の選択の結果起きる政権交代に伴って起きるケースが多い。

---

40 たとえば和田武、2003「自然エネルギーの普及を促進する電力買取補償制度」『環境展望』3, pp.43-68.
41 代わりにRPS法という法律ができた。電力会社に対し、決められた量の再生可能エネルギーの買取を義務付けるもの。飯田哲也, 2002「歪められた「自然エネルギー促進法」」『環境社会学研究』8, pp.5-23; 飯田, 2009.

環境政策はガバメントから**ガバナンス**の時代に入ったといわれる。ガバナンスとは、多様な主体がそれぞれの役割を果たし相互作用しながら行っていく統治のことである[42]。社会の変化とともに価値観は多様化し、中央省庁の官僚のようなエリート以外の人々も多くの知識を持ったり情報にアクセスしたりできるようになった。とくに地域レベルでの社会選択においては、十分な情報を知ったうえで自分で判断したい、意思決定過程に参加したいと考える人が多いだろう。このような社会では、閉鎖的、中央集権的な意思決定に比べて、より分権的で開かれたそれのほうが、最終的に多くの人が納得して受け入れる結論を導きやすい。

　鈴木らは、エネルギー政策の社会的意思決定プロセスを設計するにあたっての留意点として、「技術の公共目的を議論する場」すなわち「どうやってやるか」ではなく「何をするか（選ぶか）」を根本から話し合うことのできる場の設定、議論をより実りあるものにするための非公式プロセスの活用、十分な情報に基づいた選択肢と評価基準の提示、意思決定の段階に合った議論の目的設定、小さな失敗や社会実験の活用、アウトサイダーの活用、を挙げている[43]。

　エネルギー政策は、将来どんなエネルギー技術を使っていくのかのみならず、将来の社会のあり方にも大きな影響を及ぼす社会的選択である。そこでどんな選択をするのかは、私たちのガバナンス力にかかっている。

◆討議・研究のための問題◆

1. 1970年代からの民生部門、運輸部門のエネルギー消費の伸びと私たちの生活の変化はどのように関係しているか。
2. デンマーク、ドイツ、スペインなどにおける、再生可能エネルギー導入に至った経緯、政策決定のあり方や社会的背景などはそれぞれどうなっているか。再生可能エネルギーが増えるにはどのような要因が重要だろうか。
3. 自分の住む町で原発建設計画が持ち上がった場合、どのような形で意思決定を行えば良いか。

42　松下和夫, 2002『環境ガバナンス』岩波書店.
43　鈴木ほか, ibid., pp.264-270.

column
JCO臨界事故

平林祐子

　1999年9月30日、茨城県東海村にある株式会社JCO東海事業所の核燃料製造工場で、作業中のウラン溶液のなかで臨界（核分裂反応が連鎖的に起きる状態）が起きた。つまりそこに小さな原発が出現したような状態になったのである。事故の際に扱っていたウラン溶液は、核燃料サイクル開発機構の実験炉「常陽」で使うMOX燃料の原料として発注されたもので、核燃料サイクル推進の一端で起きた事故といえる。

　臨界になったことで大量の放射線が放出され、それを浴びた作業員3人のうち2人が死亡した。事故は、冷却水を抜き、ホウ酸水を注入して連鎖反応を止めることにより、発生から20時間後に終結したが、この臨界停止作業の際に24人が被曝した。周辺住民にも身体的・精神的影響が及んだほか、風評被害により農作物等が売れなくなるなどの影響が出た。JCOの親会社である住友金属鉱山は事故後3年間に、約8000件の損害賠償請求における示談で総額147億円あまりを支払った[1]。

　この事故は、原発関連施設で放射線被曝による死者を出し、国際原子力事象評価尺度（INES）の評価尺度で「レベル4」となった国内唯一の事故である[2]。さらに刑事事件ともなり、JCO東海事業所所長、同社製造部長など6人が業務上過失致死罪で、株式会社JCOと事業所所長が原子炉等規制法違反および労働安全衛生法違反罪で起訴され、2003年3月3日、水戸地裁で所長ら6人に執行猶予付き有罪判決、JCOに罰金100万円の判決が言い渡された。

　事故の直接的原因は、そもそも使用目的が異なり、また臨界安全形状に設計されていない沈殿槽に、臨界量以上のウランを含む硝酸ウラニル溶液を注入したこと[3]、つまり正規手順から逸脱した条件で作業をしたことにある。JCOでは保安規定違反の手順書（いわゆる"裏マニュアル"）による作業が日常化しており、この日の作業ではそれさえも逸脱し、しかも作業員らは作業の危険性等についての十分な知識を持っていなかった。核燃料を扱う工場におけるリスク管理の信じられないほどのずさんさと、それに対するチェック体制が事実上存在しないことが明らかになったのである。また工場周辺の住民でも何の工場なのか知らなかった人が多いなど、地域におけるリスク・コミュニケーションの圧倒的不足が露呈した。

　この事故を受けて、原子力災害のリスク管理と防災体制が見直され、1999年12月に原子力災害対策特別措置法が公布された。初期動作の迅速化と国と地方自治体の連携強化、原子力災害の特殊性に応じた国の緊急対応体制の強化、原子力防災における事業者の責任の明確化などが盛り込まれ、災害時に現地の拠点となるオフサイトセンターの設置が定められた。

【関連文献】
読売新聞編集局, 2000, 『青い閃光—ドキュメント東海臨界事故』中央公論社.

1　中国新聞2002年10月2日。これ以外に示談に応じず民事訴訟になったケースがある。
2　原発で犠牲者を出した事故としては、2004年の美浜原発3号基の事故（配管からの蒸気が漏れて熱傷などで5人死亡）などがあるが、放射線被曝による犠牲者ではない。また、事故以外では、原発労働者のなかに放射線被曝によって死亡した者がいる。
3　原子力安全委員会1999「ウラン加工工場臨界事故調査委員会報告」http://www.nsc.go.jp/anzen/sonota/uran/siryo11.htm

第11章
科学技術と環境問題

●立石裕二

　地方都市に住むAさん家族は、夫婦と娘一人の三人暮らしである[1]。結婚してすぐに新築の住宅を購入し、引っ越して暮らし始めた。しかし、引っ越し直後から家族全員が体調不良になってしまった。頭やのどが痛かったり、ゼイゼイしたりして、全身がだるい。最も症状の重い妻は、家事も満足にできないほどだった。引っ越し疲れかとも思ったが、いつまでも治らない。病院に行っても原因がわからない。症状は次第に悪化していった。

　体調不良の原因がわかったのは引っ越してから約二年後である。娘がアレルギーの治療のために通っていた病院で、身の回りにあるごく微量の化学物質に反応してしまう「化学物質過敏症」という病気があることを耳にした。そして、専門の医師を受診したところ、化学物質過敏症と診断されたのである。Aさん一家の場合、原因は住宅の床下にまかれたクロルピリホスというシロアリ防除剤だった。玄関部分の施工不良もあって、換気扇を回すと床下の空気が室内に入ってしまっていたのである。また、フローリングに使われた合板からもホルムアルデヒドという化学物質が発散され、室内空気を汚染していた。Aさん一家のように、（おもに新築の）住宅が原因となって起こる体調不良のことを「シックハウス症候群」という。

　Aさん家族が家を建てた1990年代半ばとは違い、現在ではシックハウスの対策が進んでいる。クロルピリホスはシロアリ防除剤として使われていないし、住宅用合板からのホルムアルデヒド放散量も規制されている。それに対して、化学物質過敏症については対策が順調に進んでいるわけではない。それはなぜか。

1　このエピソードは柳沢ほか（2002）掲載のものを一部改変したものである。

1. ………化学物質過敏症・シックハウス症候群とリスク社会

　ここで、化学物質過敏症とシックハウス症候群について手短に説明しておこう（柳沢ほか2002）。**化学物質過敏症**とは、ごく微量の化学物質に接しただけで頭痛、呼吸困難、眼・のど・胸の痛み、脱力感などの症状が複合的に出るという病気である。防虫剤や化粧品、洗剤など匂いの強いものに加えて、普通の人は気づかないような、ごく微量の化学物質にも反応して体調が悪くなる。**シックハウス症候群**は新築・改築の住宅から発散される化学物質による体調不良であり、症状は化学物質過敏症とほぼ同じである。シックハウス症候群の患者のうち、転居しても全快しない人は化学物質過敏症を発症しており、化学物質過敏症の発症に至る原因の一つがシックハウスである（ほかの原因は農薬散布、有機溶剤など）、と理解されることが多い。ただし、これには異論もあり、両者の関係のとらえ方自体が一つの争点になっている。治療・対策はおおむね共通しており、原因となる化学物質を取り除くことが最も重要である。これらの問題の経緯をまとめたのが表1である。

　じつは現在でも、そもそも化学物質過敏症という病気があるのか、という点から意見が分かれている。一方では、化学物質過敏症は、ごく微量の化学物質によって引き起こされた深刻な健康被害だと考える医師・研究者がいる。他方では、化学物質を浴びることと症状が出ることの間に因果関係はなく、この病気はほとんど実体のないものだと考える医師・研究者がいる。一口に化学物質といっても、農薬と化粧品では成分が違うし、人体への作用も違う。多様な化学物質に対して、ごく微量でも反応するというのは本当なのか。化学物質への接触とは無関係であり、精神的なストレスや、化学物質に対する意識過剰・恐

表1　化学物質過敏症・シックハウス症候群問題の略史

年	事項
1988	この頃から米国の「シックビル」や化学物質過敏症の紹介が始まる。
1993	『化学物質過敏症ってどんな病気』刊行。
1996	「化学物質過敏患者の会」発足。「シックハウスを考える会」ウェブサイト立ち上げ。建設省、厚生省、通産省、林野庁、業界団体などから成る「健康住宅研究会」発足。
1997	厚生省「快適で健康的な住宅に関する検討会議」、ホルムアルデヒドの室内濃度指針値を提示。
1999	住宅生産団体連合会、シックハウス症候群予防のため指針をまとめる。
2000	環境庁の「本態性多種化学物質過敏状態に関する研究班」、報告書公表。
2002	建築基準法改正案、成立。クロルピリホスの使用禁止、ホルムアルデヒドの使用制限。
2004	厚労省、保険病名に「シックハウス症候群」を認める旨、周知要請。

怖から来るものではないか。こうした疑問が一部の研究者から出されている。この病気が問題になってから20年以上が経つが、何が本当なのか、まだわかっていないのが実情である。

環境問題をめぐって対立があるのは珍しいことではない。新しい環境問題が出てきたとき、すぐに解決策が見つかり、社会全体が合意して対策が進むほうが珍しい。行政や企業、環境運動、学者などのアクターにはそれぞれの利害・立場があり、互いの主張がぶつかり合って対立が生じる。被害の発生は誰もが認める場合でも、ほかに原因はないのか、どの対策が効果的か、どこまで補償するべきかなど、論争の種はいくらでもある。環境問題が見つかり、原因が絞りこまれ、対策が進められる過程では、つねに論争・対立がつきまとう。

化学物質過敏症の問題は、本当にそういう病気があるのか、という根本的な部分で大きな**不確実性**を抱えている。不確実性とは「何が起こるかわからない」「まだわかっていないが、重大な危険があるかもしれない」ということをさす。化学物質過敏症だけでなく、地球温暖化や遺伝子組換え作物など、現代の環境問題では不確実性がしばしばクローズアップされる。これらの環境問題では、どこに被害があるのかが見えにくく、何が原因であるのかもはっきりしない。そのため、誰かに責任を問うことは難しい。しかし、気づかぬうちに社会全体へと影響が広がり、将来的に私たちの社会に深刻な影響を及ぼす危険性をもっている。目に見える被害だけでなく、将来的に被害を受ける可能性（リスク）が焦点になるため、これらの問題は「**環境リスク**」と呼ばれる。ドイツの社会学者U・ベックは、環境リスクをはじめとする、さまざまなリスクを日々否応なく突きつけられ、個々人が選択を迫られる社会を「**リスク社会**」と呼んだ（Beck 1986 = 1998）。

環境リスクの多くは、近現代における**科学技術**の発達がもたらしたという側面をもっている。科学技術が発達することで、私たちの生活は便利・快適になる一方で、多くの副作用も出てきた。化学物質過敏症やシックハウス症候群の原因となる化学物質も、私たちに危害を加えるために作られたものではない。便利で快適な暮らしを実現するために開発された化学物質が、意図せざる結果として健康への脅威となっているのである。

今日のリスク社会において、私たちは環境リスクとどう向き合っていくべきか。不確実性が大きい環境リスクに関しては、科学技術の専門家であっても適切な答えを得るのは難しく、専門家だけに任せるわけにはいかない。かといっ

て、市民一人ひとりが十分な知識を身につけて対応していくのも難しい。こうした状況のなかで、私たちは環境リスクの問題とどう向き合っていくべきか。こうした問いについて考えるのが**科学技術社会学**の課題である（立石 2011：松本 2009）。本章では化学物質過敏症とシックハウス症候群を事例として、環境問題と科学技術の関係について考えていこう。

2. ………科学技術の専門家とその役割

　化学物質過敏症やシックハウス症候群という病気の特徴は、まわりの人から理解されにくいということである。ホルムアルデヒドなどの化学物質への反応は、人によって大きく違う。ある人は平気なのに、別の人は体調が悪くなるということが起きる。平気な人から見れば、何の問題もない環境なのに文句ばかりいっている、「気のせい」ではないか、というふうに見える。これが家族のなかで起こると、妻の体調不良が夫には理解されないなど、家族関係の悪化にもつながる。このように環境問題による被害は、本人の健康だけにとどまらず、生活全般にわたる「派生的被害」へと広がっていくことがしばしばある。

　化学物質過敏症やシックハウス症候群のことをわかってもらえないのは、周囲の人だけでなく、医師でも同じだった。病院に行っても何の病気かわからない。検査を受けても異常は見つからず、とりあえず解熱・鎮痛剤を処方されたり、精神的ストレスではないかといわれたりする。それでも体調が良くないから、別の病院にかかるというのを繰り返す。その結果、多くの患者たちが強く要望するようになるのが「病名がほしい」ということである。体調不良に名前がつくことで、まわりに説明しやすくなる。自分でも納得しやすくなる。「化学物質過敏症」「シックハウス症候群」という診断を受けることで、健康は回復しない場合であっても、社会的には受け入れられやすくなるのである。

　現代社会では病気かどうかを診断するのは、医師という**専門家**の役目とされている。医師が病気といえば、自覚症状がなくても病気である。逆に、医師が病気でないといえば、気になるところがあっても病気でないことになる。医師にこのような権力があるのは、病気について豊富な知識・経験と確かな技術をもつとされるからだ。このように、特定の分野について高度な知識や技術をもつ人のことを「専門家」といい、専門家だけがもつ知識のことを「**専門知**」という。医師のもつ専門知には、本を読んで学べるような病気の知識だけでなく、外科手術のテクニックや診療機器の操作法、患者の症状を読みとる観察力・コ

ミュニケーション能力なども含まれる。病気のことを知らないとされる患者に対し、医師は専門家として病気かどうかを判断しているわけである。ただし、こうした専門家による判断を、一般の人は必ずしも受け入れる必要はない。後述するように、専門家の営みに対して、非専門家がいかに働きかけていくのかという視点が重要になる。

　環境問題では医師に限らず、さまざまな分野の科学・技術の専門家がかかわっている。ここでいう**科学**とは、調査や実験などによって確実な知識を増やす営みのことである。化学物質にはどういう毒性があるのか、汚染された大気や水はどのように広がるのか、などの科学知識や、化学分析・疫学調査などの科学的方法は、環境問題を発見し、原因を探る上で欠かせないものである。次に、**技術（テクノロジー）**とは、新しい人工物を作り、人びとの生活に役立てる営みのことである。有害なシロアリ防除剤に代わって新しい防除剤を開発するのも、ホルムアルデヒドの発散を抑えた合板を作るのも、技術の役割である。

　今日の社会では、科学と技術はしばしば一体的に働く。大気汚染の科学研究に用いる「ガスクロマトグラフ質量分析計」などの機器は、技術開発の蓄積の上に成り立っている。シロアリ防除剤を開発するには、化学、毒性学といった分野の科学知識が欠かせない。以下では、科学と技術の活動を一体としてとらえる場合に「**科学技術**」という言葉を用いる。

3.　………専門家ネットワークの形成
3-1.　環境問題の社会的構築とアクターネットワーク

　化学物質過敏症にせよシックハウス症候群にせよ、研究が始まった時点では専門家と呼べるような人はいなかった。新しい環境問題が出てくると、専門家の話を聞けば解決策が見つかるだろうと考えがちである。しかし、本当に新しい問題であれば、専門的に研究している人はいないか、いてもごく少数である。科学者・技術者にも、問題の全体像がはじめから見えているわけではない。新しい問題が注目を集め、研究が進み、対策が練られるなかで、高度な知識や技能をもった専門家と呼ばれる存在が出てくるのである。

　そもそも、シックハウス症候群が注目を集める前には、シックハウス症候群という病気はなかったともいえる。もちろん、それ以前から住宅の新築や改築に伴って、汚染された空気を吸い、体調不良になる人はいたと考えられる。しかし、そうした人たちが個別的・例外的なケースではなく、多数の患者が発生

していることが認知されたのは、1990年代後半に社会問題化した後である。

どんなに大きなリスクが潜んでいても、誰かがそこに問題があると声を上げない限り、そもそも問題がないことになってしまう。だから、多様で流動的な現実のなかから、問題を見つけ出す営みがとても重要になる。私たちが環境汚染や自然破壊などを厄介な事態としてとらえ、解決を試みるなかで初めて問題が立ち現れることを「**環境問題の社会的構築**」という（Hannigan 1995 = 2007）。「構築」といっても、ゼロからでっち上げるという意味ではない。断片的な材料を集めてきて、一つの問題として組み立て、社会に向けて提示する。そして、問題が広く認められ、対策に向けた議論が始まる、といった一連の営みをさす。被害が生じていれば、自然と見えてくるわけではない。被害者が声を上げたり、環境NGOが対策を求めて活動したり、科学者が研究を進めたり、行政が住民調査をおこなったりすることで、初めて被害が誰の目にも見える形で姿を現す。その過程では、問題だと訴える人だけでなく、大した問題ではないと訴える人も現れて、対立が生じることも少なくない。

新しい環境問題は、既存の学問分野や法制度、政治家、企業、環境NGOなどを巻きこむ形で形成されていく。巻きこまれる諸要素をそれぞれ**アクター**と呼び、多様なアクターどうしが結びついたネットワークとして科学技術をとらえるのが「**アクターネットワーク理論**」である[2]。ここでいうアクターには、科学技術にかかわる人・組織だけでなく、モノ（実験機器、実験材料）、情報、金銭といった要素も含まれる。

化学物質過敏症やシックハウス症候群が社会問題として認知されていく過程では、どのようなアクターが集まったのだろうか。主なアクターの供給源は以下の4つに分けられる。

1) **臨床環境医学**にかかわる諸主体。現代医学で解明できていない体調不良には、化学物質の影響によるものが多いというのが基本的立場である。化学物質過敏症は臨床環境医学とともに米国から「輸入」されたという側面がある。
2) **アレルギー疾患**の治療にかかわる諸主体。まわりの環境に反応した体調不良という点で共通しており、原因の除去といった治療方針も近いため、

---

[2] アクターネットワーク理論を唱えたのは、フランスの科学技術社会学者B・ラトゥール、M・キャロンらである。詳細については松本（2009）、大塚（1999）を参照。

アレルギーの専門医が研究・治療を担うケースが少なくない。
3) **化学物質リスク**にかかわる諸主体。残留農薬や大気汚染など、化学物質による健康被害の問題にかかわってきた研究者や厚生労働省・環境省、環境運動が関与するようになった。
4) **住宅建築**にかかわる諸主体。化学物質の汚染を極力抑えた住宅をめざして、建築学者や住宅メーカー、国土交通省などが対策を進めた。

3-2. フレーミングをめぐる対立と専門家の位置づけ

　化学物質過敏症やシックハウス症候群は、あらかじめ確固とした病気があって、それが見つけ出されたのではない。シックハウス症候群と同じような問題は、米国では「シックビル症候群」という職場環境の問題として登場してきた。環境リスクの形は、問題にかかわるアクターの配置に応じて変わってくる。このとき、複数ありうる問題枠組のなかで、一つの枠組をとって社会問題化していくことを「**フレーミング**」と呼ぶ。フレーミングに応じて、どこに原因を見出すのか、どのような対策をとるのかが変わってくる。そのため、環境問題にかかわる各主体は、自分に有利になるよう問題を切り出そうとして、フレーミングをめぐる対立が生じる。

　たとえば、シックハウス症候群というとき、住宅内のカビやダニによる健康影響は含めるのか。どうでもいい定義の話に思えるかもしれないが、そうではない。カビやダニを含めるかどうかで、問題の見え方は変わってくる。建材から発散される化学物質に限定した場合、シックハウスの問題は、農薬や食品添加物といった化学物質リスクの延長線上に位置づけられる。これに対して、住宅による体調不良という観点から考えれば、化学物質とカビ・ダニを分けて考える必要はない。安全で健康に暮らせる住宅という視点から、日照の確保や換気口の位置といった住宅建築のあり方の一環として位置づけるわけである。

　化学物質過敏症を「病気」と見るのか、「健康被害」と見るのかでも、問題の見え方は大きく変わってくる。「病気」とした場合、個々人の健康・体質の問題であって、誰に責任があるのかよりも、いかに患者の苦痛を除去するのかに重点が置かれる。これに対して「健康被害」とした場合、化学物質リスクの一つの側面として位置づけられる。化学物質過敏症が注目された当初は、農薬の空中散布やシロアリ駆除などに使われる有機リン系農薬による健康被害の一形態として取りあげられていた。しかし、その後の議論では、アレルギーに似

た新しい病気という側面や、住宅建築のあり方という側面が中心となり、有機リン系農薬の危険性や化学物質の発生源規制に関する議論はあまりされなくなった。

　フレーミングの違いによって、誰が化学物質過敏症・シックハウス症候群の専門家なのかも変わってくる。臨床環境医学やアレルギー治療、化学物質リスク管理、住宅建築といった領域には、それぞれの専門家がいる。そのなかで化学物質過敏症・シックハウス症候群の専門家となるのは、最終的にできあがった科学技術のアクターネットワークの中心近くに位置しており、さまざまなアクターを動員しつつ活動する人である。化学物質過敏症という診断は、専門家である医師が一人いれば可能なわけではない。明確な診断基準があり、ほかの医師と共有されていることが必要である。血液検査などをおこなって、ほかの病気と鑑別することも必要になる。ごく微量の化学物質が原因だと示すには、それだけの精度で化学物質を測定する技術が必要である。さらに、厳密な診断には、バックグラウンドの化学物質をきわめて低い濃度にコントロールした「クリーンルーム」が必要であり、そのための空調設備をメーカーと協力して開発しないといけない。こうした多様なアクターとつながり、それらを動員できるポジションにあるのが専門家という存在なのである。

4. ………専門家とどう向きあうか

　今日の環境問題では、問題を発見する局面でも、対策を実行する局面でも、科学技術の**専門家ネットワーク**が大きな力をもっている。専門家の判断が社会全体で受け入れられるものであれば、専門家に任せておけばよいが、現実にはそういうケースは少ない。環境問題をめぐる利害対立のなかで、専門家がそれぞれの陣営に分かれて意見を戦わせる場合もあれば、特定の陣営と結びつき、ほかの立場・意見を排除しようとする場合もある。いずれにせよ、専門家が発言しているからといって、そのまま受け入れてよいわけではない。環境問題において私たちは専門家とどう向きあっていくべきだろうか。以下では（1）科学のあり方、（2）技術のあり方、（3）政策決定における市民参加、の3つに分けて論じていこう。

4-1. 予防原則と政策決定における科学の役割

　科学と政策決定の関係をめぐっては「**予防原則**」という考え方がある。潜在

的な危険性が大きい問題の場合、不確実性を理由にして先送りせず、速やかに対策をとるべきだという考え方である。予防原則は今日の環境政策にとって重要な考え方であるが、何でも急いで規制すればよいという単純な話ではない。新しい問題はしばしば大きな不確実性を抱えている。現時点で騒がれていても、後になって大した問題ではなかったと判明するかもしれない。予防原則に立って急いで進めた対策が、じつは逆効果だったと判明するかもしれない。かといって何の手も打たなければ、被害が際限なく広がる恐れもある。現実の政策決定の場面では、こういった不確実な状況のもとでの判断を迫られる。

　予防原則について考える上で重要なのは、「わかっている」「わかっていない」というのは、あらかじめ決まってはいないという点である。被害者や環境運動が声を上げ、科学者が研究を進めるから事実が明らかになるのであって、誰も調べなければ、いつまでもわからないままである。シックハウス症候群の患者にしても、1990年代半ばまでは原因不明、あるいは個人の体質として放置されてきた。予防的に調査研究を進めて新しいリスクを見つけ、社会問題として**構築**していくことが重要になる。

　予防原則に立った調査研究の結果、新しいリスクが見えてきた事例として**遺伝子組換え作物**の問題がある（大塚1999；平川2010）。遺伝子組換え作物とは、遺伝子操作によって病害虫に強いとか、除草剤で枯れないなどの形質をもたせた農作物のことである。遺伝子組換えのような新技術では、人間や生態系への影響は研究してみないとわからない（研究してもわからない部分もある）。EUを中心に調査研究が盛んにおこなわれたことで、組換え遺伝子が作付け地域を越えて広がる可能性があるなど、当初は見えていなかったリスクが見えてきた。

　環境問題の対策を考えるときには、今ある知識・情報をもとに政策を決めることだけでなく、知識・情報を増やすための体制を整えることも重要である。科学研究を進むに任せるのではなく、政策的に重要な課題については研究を委託することが必要になる（立石2011）。本章の事例でも、環境省「本態性多種化学物質過敏状態の調査研究」、厚生労働省「シックハウス（室内空気汚染）問題に関する検討会」などの**研究委託**がおこなわれた。そうした研究の成果を利用して、行政は政策の方針を決める（あるいは後づけで正当化する）わけである。環境政策を立案するための研究活動は、従来からの学術研究に対比して「**規制科学（レギュラトリー・サイエンス）**」と呼ばれる。

　規制科学の研究が行政などからの委託を受けておこなわれる限り、委託主の

機嫌を損ねることは書きにくい。また、基本的に現時点での政策課題しか委託の対象にならないため、新しい問題領域を切り開くことも期待しにくい。化学物質過敏症が日本で注目を集めたきっかけは、行政の委託研究ではなく、農薬が眼神経に及ぼす影響について長年研究してきた石川哲らのグループによる研究だった。行政や企業と距離をおいた**学術研究**では、科学者が自らの関心に沿って研究課題を選び、科学知識の蓄積に貢献したかどうかという基準で成果を評価する。こうして**科学の自律性**が保たれている場合、予期せぬ問題を発見したり、現在の政策が抱える問題点を指摘したりしやすい。そもそも問題になっていなかったものを環境問題として構築していく作業は、自律性をもった科学がおもに担うべき仕事だといえる（立石 2011）。

　地球温暖化問題の今日までの経過は、学術研究と規制科学のそれぞれが果たす役割を典型的に示している（米本 1994）。人間活動に伴って排出された二酸化炭素などによって地球の気温が上がるというのは、それ以前の環境対策の枠組から外れた新しいタイプの問題であり、地球科学における学術的関心から研究が始まった。1988 年頃から政治の世界でも議論されるようになり、科学と政治を媒介する場として **IPCC（気候変動に関する政府間パネル）**が設置された。地球温暖化が注目を集めるにつれて、各国政府が予算をつけて、大規模に委託研究が進められ、それに基づいて対策が議論されるようになった。環境問題における科学の役割を考える上では、自律性をもった学術研究と実用的な規制科学をいかに組み合わせるのかが重要である。

4-2. エコロジー的近代化と「科学技術と社会の相互作用」

　次に、環境問題への対策の局面について見ていこう。科学技術とのかかわりに注目すると、環境問題への対策は技術的対応と社会的対応の二つに分けられる。

　技術的対応とは、環境に配慮した新しい技術を開発すること（**環境イノベーション**）によって問題解決を図るという方法である。室内の空気が汚染されていれば、換気設備をつける。シロアリ防除剤のリスクが問題になれば、別の化学物質に代える。こうした技術的対応の優れたところは、今の生活を続けたままでも、技術が変わることで、解決に近づく可能性があるという点である。

　この可能性を一つの理論として押し広げたのが「**エコロジー的近代化**」論である（吉田 2003）。環境問題を解決するべく科学技術を推し進めることで、環

境保全と経済・社会の発展を両立させることが可能だという考え方である。しかし、環境保全と経済発展の両立は言葉でいうほど簡単ではない。技術開発は大きな不確実性を抱えているからだ。誰もが望む新技術が、望みどおりに開発されるとは限らない。開発に成功したとしても、当初は見えなかった問題が出てくるかもしれない。たとえば、1973年、79年のオイルショック以降、エネルギー問題を解決するため、住宅に断熱材を使い、気密性を高める技術が進んだ。ところが、自然換気の量が減ったことでシックハウス症候群が起こる一因となった。こうした紆余曲折を経ながら、環境保全と経済発展が両立できる道を模索しなければならない。

　もう一つ注意したいのは、「**技術決定論**」に陥るべきでないという点である。これは、環境問題が解決するかどうかは技術が進むかどうかによって決まるという考え方である。そこから、環境問題のことは科学技術の専門家に任せておけばよい、という発想につながる。しかし、大きな不確実性を抱えるなかで技術開発が進むには、社会の側からの働きかけが不可欠である。シックハウス問題にしても、技術の進歩とともに解決に近づいてきたというよりは、1990年代後半以降に社会問題化するなかで、行政や住宅メーカーが急いで対策に乗り出したという側面が大きい。

　自動車による**大気汚染**をめぐる問題でも、政府の規制や環境運動の要求といった社会的な働きかけが技術開発に大きな影響を与えてきた（吉田2003）。自動車の排ガスは1970年代前半から都市部を中心に大きな社会問題となった。厳しい規制を求める公害反対運動や大都市の自治体と、技術的に不可能だと主張する自動車メーカーとの間で激しい対立が生じた。結局は米国などよりも厳しい規制値に決まり、当初は反発していたメーカーも、規制値をクリアするとともに、燃費の良いエンジンの開発に成功した。そして、二度のオイルショックの後、省エネルギー化が求められるなかで、小型で燃費がよく、汚染も少ない日本車は世界的なブームとなったのである。

　ただし、自動車をめぐる環境問題は、技術開発を促すだけで解決できるわけではない。排ガス汚染の少ない自動車が開発されても、その分以上に自動車の走行量が増えれば効果は打ち消されてしまう。マイカーに頼った**ライフスタイル**を見直し、公共交通機関を利用するなどの社会的対応（**エコロジー的構造転換**）が必要になる。こうした取り組みが成功するには一人ひとりの心がけとともに、省エネルギーの鉄道車両の開発や、歩行者・自転車と自動車が共存でき

る道路設計などの技術的側面もかかわってくる。

　化学物質の問題でも同様に、技術的対応と社会的対応を平行して進めていくことが重要である。化学物質による健康影響が見つかるたびに別の物質で代替するという技術的対応では、生産される化学物質の種類は増える一方になり、いくら検査・規制しても追いつかなくなる。現在、世界では約10万種類の化学物質が流通しているといわれる。「あれば便利」といった程度の理由で人工の化学物質を消費し続けるのではなく、できるだけ化学物質に頼らない社会に変えていくことも重要になる。

　ただ、その場合でも、科学技術を一切使わない大昔の生活に戻ればよいというわけではない。たとえば、住宅用の木材に防カビ剤を塗れば、化学物質過敏症の症状を引き起こす恐れがある。その一方で、何の処置もせずにカビを発生させても、同様に健康被害の原因になりうる。科学技術を使うか使わないかの二択ではなく、問題を起こしにくいような科学技術のあり方を模索していく必要がある。社会の側から科学技術の専門家に働きかけて、研究・開発を促した上で、その成果を利用して対策を進めるといった形で、**「科学技術と社会の相互作用」**を問題解決に資するものに変えていくことが求められているのである。

4-3. テクノクラシーと市民参加型の意思決定

　最後に、環境問題の政策はどのように決めるべきか、その際に科学技術の専門家と市民・住民はそれぞれどういう役割を果たすべきか、といった政策決定のあり方について考えよう（立石2011）。

　かつては環境問題の政策を決めるのは、専門家の仕事とされることが多かった。環境問題の実態を把握するのは科学者しかできないし、具体的な対策を立てるのは技術者しかできないということで、専門家とみなされない当事者、たとえば地域住民や一般の消費者は議論の場から排除されることが多かった。このように、高度な専門知に基づき、専門家だけが話し合って政策を決めるしくみのことを「**テクノクラシー**」と呼ぶ[3]。

　最近では、テクノクラシーの弊害が指摘され、**市民参加型の意思決定**への転換が求められている。こうした転換の例として、ダムや堤防などの**河川管理**の分野について見てみよう。河川開発に伴う自然破壊が大きな問題となったり、

---

[3] **テクノクラシー**という概念には、専門家（科学者・技術者）による支配という意味と、情報を一元的に集約して政策を設計するエリート官僚（**テクノクラート**）による支配という意味の二つの用法がある。本章では前者の意味で用いる。

公共事業を受注する企業への「天下り」が批判されたりするなかで、技術官僚を中心とする専門家だけで河川整備の方針を決めることは通用しなくなってきた。テクノクラシーへの批判は以下の3点にまとめられる。

1) 専門家は中立・公正な存在ではない。各個人や所属する組織の利害に左右される。河川事業を担う組織に属していながら、その存在意義を否定するような主張をおこなうことは困難である。
2) 専門知は万能ではない。科学知識の多くは調査・実験によって確かめられたものだが、それでも誤りや不確実性は残っている。また、専門家の抱える利害に応じて、望まない結果が出そうな調査を避けたり、実験結果を都合よく解釈したり、といった**フレーミングの偏り**も生じる。
3) 専門家という、当事者でない人間が決定をくだすことは**正当性**がない。現代の民主主義社会では、政策を決めるのは住民・市民自身や、彼らによって選ばれた政治的代表者であることが原則である。

河川管理の分野でも、テクノクラシーに代わって、地域住民をはじめとする多様な人びとが参加して政策を決めるべきだという考え方が出てきた。こうした取り組みの一例としては、2001年に設置された**淀川水系流域委員会**が挙げられる（古谷 2009）。この委員会は、河川工学の専門家だけでなく、流域に住む住民や河川生態系の専門家も参加して、完全公開のもとで進められた。そして、ダムに頼りすぎず、流域全体で洪水を受け止める体制作りなど、今後の治水のあり方をめぐる議論が活発になされた。

化学物質リスクについても、どんなリスクを受け入れ、どんなリスクを拒絶するのかは、専門家だけで決めることではないという考え方が出てきている。とくに問題となるのは、被害者・環境運動が訴えてきた被害／リスクが、専門家によって「そこに被害／リスクはない」とされてしまうという「**専門知を使った切り捨て**」である（立石 2011）。化学物質過敏症の診断基準が確立されると、病気として広く認められるようになる一方で、その基準から外れる症状をもった人たちが出てくる。この人たちは化学物質過敏症の対策によっては救済されないことになる。こうした切り捨てをめぐる対立は、水俣病などの**公害病の認定**でもしばしば見られた。あるいは、前述した有機リン系農薬による健康被害のように、環境運動の側では大きな問題と考えているのに、政策論議の場

では正面から取りあげられないトピックも出てくる。こうした状況で重要なのは、専門家に言われたことを鵜呑みにせず、**市民セクター**の側で専門家の主張を批判的に検討することである。それには大きく分けて二つの戦略がある（立石 2011）。

　第一は、専門知に対して専門知で立ち向かうという戦略である。批判的な立場をとる専門家を集めて、既存の専門家ネットワークとは別の専門家ネットワークを立ち上げたり、被害者・市民が学んで、自らがある種の専門家になって主張を展開したりする。化学物質過敏症の患者団体でも、研究者の学会発表などの情報を集め、要約やコメントを発信するという作業が活動の柱になっていることが多い。自分たちで情報を集めることによって、専門家にいわれたことをそのまま受け入れるのではなく、自ら問題を理解して、必要な行動をとることにつなげるのである。

　第二は、専門知の限界を指摘し、それ以外の知識の重要性を訴えるという戦略である。住民・市民がもっていて、専門家がもっていないのは、日常的な経験から得た**生活知／現場知**である。農業・漁業で生計を立てている人であれば、土や川・海、そこで生きる動植物と普段から接している。そのため、科学的調査などを経なくても、環境破壊による地域の異変に気づくことが少なくない。健康被害の問題においても、身体の不調に気づくのは被害を受けた本人であることが多い。現場で生きる人の生活知／現場知があることで、実態からかけ離れた的外れな議論を避けられる。化学物質過敏症の場合、患者自身が体調の悪化を避けるためにさまざまな生活上の工夫をしている。合成洗剤を使わずに衣服を洗うとか、アルミ箔を使って匂いを避けるといったアドバイスは、医学や化学の専門知からは出てこない。生活のなかで化学物質を避けるといっても、そもそも患者の生活について知らなければ、有効な手は打てないのである。

　環境問題の政策を決めるときには、専門家だけで決めず、地域住民や患者・被害者のもつ生活知／現場知を生かすことが重要である。現状では市民参加といっても、政府の審議会に環境NGOのメンバーや著名人が参加する、あるいは公聴会やパブリック・コメントなどの形で意見を聞く、といったケースが多い。だが、こうした形での市民参加には限界がある。それは、議論するべきテーマを専門家がフレーミングした後で、素人である市民がその枠内で意見をいう構図になっている点である。議論に加わる時点で枠組が決まっていては、市民の側の問題意識を十分に反映させることは難しい。専門家と市民の双方が参

加して、議論するべきテーマを決める段階から話し合い、政策を決めていく市民参加型の意思決定が重要になる。

市民参加型の意思決定の試みの一つとして、**コンセンサス会議**について見てみよう（平川 2010）。これは、対立状態にある科学的・技術的トピックに関して、素人からなるグループが専門家との質疑応答を交えつつ話し合い、最終的に合意（コンセンサス）文書を作成するという取り組みである。1987年にデンマークで最初の会議が開かれて以来、多くの国で実施され、日本においても遺伝子組換え作物などをテーマにして実施されてきた。運営主体のあり方や結論の生かし方などをめぐっては議論があるものの、何が問題なのかを専門家が決めるのではなく、一般の市民が話し合って決めるという原則から出発する点は重要である。

環境問題における科学技術と社会の関係をめぐっては、さまざまな取り組みがあるものの、現状では多くの課題が残されている。主なものを挙げると以下のとおりである。

- どういう会議運営をおこない、どうやって納得を得るのか、といったコミュニケーションのテクニック論に終始しがちである。調査研究の設計や技術的な選択肢のリストアップといった、科学技術の実践の内側にまで市民が入りこめていない。
- 行政・企業などの要望に沿って研究が進むようになる「**科学のサービス化・商業化**」のなかで、政治的・経済的利害から離れて議論をするのはますます困難になっている。こうした状況のもとで、批判的な検討のために必要な科学の自律性をいかに担保していくのか。
- 専門家だけでなく市民も参加して政策を決定した場合、その決定に問題があったときの責任は誰がどのようにとるべきか。
- 専門家ネットワークへのアクセスは対立の各陣営へと等しく開かれているわけではない。行政と環境運動の間では、アクセス可能な資源にしばしば大きな差がある。
- いったん政策が決まった後の**事後的な検証**が欠けている。成功した試みがあっても、制度化されないまま試行段階にとどまり、また大きな問題点が見つかっても共有されにくい。

こうした課題を乗り越え、専門家と市民がともに参加し、問題解決に結びつくような意思決定はどうすれば可能になるのか。科学技術と社会の関係のあるべき方向性を提示するとともに、それを具体的な制度設計に落としこむ議論が求められているのである。

◆討議・研究のための問題◆

1. 化学物質過敏症やシックハウス症候群の問題には、どのような人・組織がかかわっているのかを調べなさい。また、自分がそれぞれの立場であったら、この問題をどのようにフレーミングするのか（どういう点を重視し、どういう点を無視するのか）を考えなさい。
2. 興味をもった環境問題を一つ取りあげ、その問題が社会的に構築されていく過程を調べなさい。とくに、社会問題として認識される前の時点では、どのように扱われていたのか、それがいつどのように変化したのか、に注目すること。
3. 社会的な働きかけが環境イノベーションを促した事例について調べなさい。調べた事例を手がかりにして、どういう条件のもとで環境イノベーションが可能になるのか、について話し合いなさい。
4. 市民参加型の意思決定の実践例を一つ取りあげ、どういう点が優れているのか、どこに課題があるのかを調べなさい。とくに、そのプロセスのなかで誰が問題を設定する役割を担っているのか、に注目すること。

【参考文献】

Beck, U., 1986, *Risikogesellschaft auf dem Weg in eine anderne Moderne*, Suhrkamp.（東廉・伊藤美登里訳『危険社会―新しい近代への道』法政大学出版局，1998.）

古谷桂信，2009，『どうしてもダムなんですか？―淀川流域委員会奮闘記』岩波書店．

Hannigan, J. A., 1995, *Environmental Sociology : A Social Constructionist Perspective*, Routledge.（松野弘監訳『環境社会学―社会構築主義的観点から』ミネルヴァ書房，2007.）

平川秀幸，2010，『科学は誰のものか―社会の側から問い直す』日本放送出版協会．

松本三和夫，2009，『テクノサイエンス・リスクと社会学―科学社会学の新たな展開』東京大学出版会．

大塚善樹，1999，『なぜ遺伝子組換え作物は開発されたか―バイオテクノロジーの社会学』明石書店．

立石裕二，2011（刊行予定），『環境問題の科学社会学』世界思想社．

柳沢幸雄ほか，2002，『化学物質過敏症』文藝春秋．

米本昌平，1994，『地球環境問題とは何か』岩波書店．

吉田文和，2003，「環境と科学・技術」，寺西俊一・細田衛士編『環境保全への政策統合』岩波書店，pp.185-211.

第12章
環境自治体

●中澤秀雄

　本章では、自治体の環境問題への取り組みについて、日本のそれを中心にしながらも、ときに海外の先進事例も参照しつつ論じる。1節では、公害問題の時期から自治体がどのような取り組みをしてきたか説明し、2節ではこの歴史の中から浮上してきた「環境自治体」という用語と組織の由来について触れる。3節では関連する用語として「サステナブル・シティ」「まちづくり」として取り上げられる類似事例に触れ、これら概念との関係の中で、改めて「環境自治体」概念について再考するのが4節におけるまとめ課題となる。

1. ………公害環境問題と自治体

　戦後日本の環境政策が、自治体主導でその姿を現したことは、世界的に認められている（OECD 1994；Tsuru and Weidner 1989）。自治体独自の**公害防止条例**、企業との**公害防止協定**、独自の大気汚染・水質汚濁基準の導入、汚染物質の総量規制など新しいメニューが1970年代に矢継ぎ早に打ち出され、いわゆる**典型7公害**（大気汚染・水質汚濁・土壌汚染・騒音・振動・悪臭・地盤沈下）に対処するための取り組みが緒に就いた。逆にいえば1971年に**環境庁**が設置される以前には、国の環境政策と呼べるものは存在しなかった。高度成長期には成長がすべてに優先されたからである。コンビナートや企業の城下町型都市であれば、用地造成や操業による公害被害が生まれ、自治体財政に歪みが生じて生活環境・福祉が切り捨てられるなどの問題が指摘されてきた（福武編 1965）。こうした指摘が現実化した悲惨な事例が、先進国では例のない規模の人々が長期的な健康被害に苦しんだ水俣や川崎・尼崎（永井・寺西・除本 2002）などであった。これらの自治体は、のちにその教訓を生かして先進的な環境行政を展開するが、その点については2節以降で触れる。

　公害への対処を怠ると、そのツケが非常に大きいという教訓を知った後発の

工業型都市においては公害防止協定[1]等による基準規制や総量規制が行われたり、住居区域と工場区域の隔離による都市空間の構成が行われたりした。住民運動の高揚の中で誕生した非自民党首長の自治体（革新自治体）を中心に「**上乗せ、横だし**」（国の規制値よりも厳しい基準の導入や、国が規制するよりも広範囲の汚染物質等の規制）と言われる独自基準採用も試みられた。いっぽう、ベッドタウン型都市や大都市都心部では、乱開発やスプロール化に伴う**アメニティ**の悪化が当然争点となり、1970年代以降、一定の成長規制政策が採用された。たとえば、東京都武蔵野市をはじめいくつかの近郊自治体で導入された**宅地開発規制要綱**によるマンション規制がある。あるいは鎌倉市では御谷宅地造成阻止運動[2]を契機に**古都保全法**（1966年制定）による規制がかけられることになり、風致地区の開発が難しくなった。図を見ると、公害防止条例の制定や革新自治体数が1973年前後に揃ってピークを迎えていることがわかる。こうした世論の盛り上がりを無視できなくなった中央政府はようやく、「公害国会」と呼ばれた1970年12月の臨時国会において14本におよぶ公害関連法案を成立させた。

　日本の外に目を向けても、環境問題への取り組みは、国家よりも自治体が先行してきたと言えよう。ブラジルの都市**クリチバ**は、荒れ果てていた採石場跡などを整備し、中心市街地は「花通り」として再生するような、市環境局による都市計画のダイナミックな取り組みが注目された（服部 2004）が、このプロセスにブラジル中央政府は特段の役割を果たしていない。

　このように自治体主導で環境政策が形成されてきた背景には、環境問題が本質的にローカルな現象であるという特性が大きく関係している。こういうと読者は驚くだろう。確かに、1990年代後半以降、環境問題は国際政治の主要な議題に昇格し、多くの国際NGOが活動する分野となり、超国籍企業の活動に多大な影響を与え、排出権市場のように新たな国際金融商品を創出する材料になり、グローバル化しているように見える。しかし第一に、グローバル化が話題になったのはごく最近に過ぎない。越境する環境問題とか（国際）環境政治という言葉が書籍のタイトルになるのは、各種の文献データベースを検索して

1　自治体と企業・工場との間で、排水・排煙に含まれる汚染物質の規制値・規制方法や監視手続きなどについて協定を結ぶもの。1964年に横浜市が始めた例が先駆的とされる。
2　1964年、鎌倉鶴岡八幡宮裏手の御谷（おやつ）地区が宅地造成の危機にさらされた際、大佛次郎らの知識人を含む鎌倉市民が反対運動を起こし、これが契機となって（財）鎌倉風致保存会が形成されるとともに、1966年の古都保存法制定へと結びついた事件。

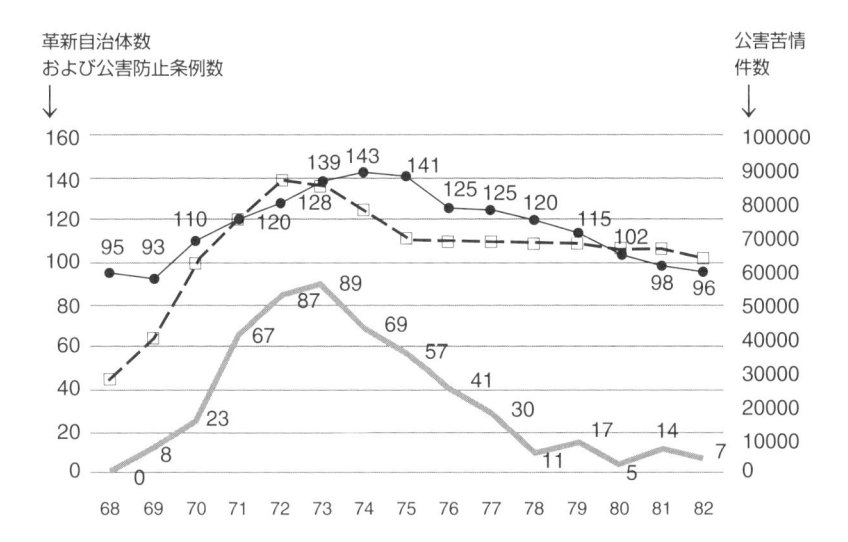

図 革新自治体数、公害防止条例数、公害苦情件数の推移，1968〜82 (中澤ほか 1998 より)[3]

みれば明らかなように 1990 年代後半以降のことだ。ちなみに、その中にあって ICLEI（International Council for Local Environmental Initiatives ＝ 国際環境自治体協議会）の立ち上がりは 1990 年であり、国際的なネットワーキングという意味でも、やはり自治体の取り組みの方が早かった。環境問題がローカルであるという第二の根拠は、原則的にはヒトの健康と生活に影響する問題系のみが環境問題と呼ばれるからである[4]。「究極の環境問題解決策とは人類の絶滅である」という命題は、人類が産出するエントロピーの総量を考えれば、一面の真理を帯びている。しかし、一部のディープ・エコロジスト以外には冗談にしか聞こえないのは、人類の生存と健康のためにこそ環境問題を考えるという態度が、我々にとっての暗黙の前提だからだ。健康・生活への被害は具体的な

3　なお、本グラフは 1967 年以前に公害防止協定や革新自治体が存在しなかったことを意味するものではない。あくまでもピーク期の 14 年間に限定して集計したに過ぎない。

4　一見するとヒトの健康・生活とは関係ない争点、たとえば生物多様性維持も、遺伝子資源を保護し医療や科学に役立てるという目的から正当化されているので、けっきょくヒトの利益を考えて問題化されている。ただし動物愛護の問題については、この言明はときに当てはまらない。欧州ではしばしば「動物の権利」問題なども環境問題に含めて考察されているが、そういうわけで少なくとも本章では考察から除外する。

第 12 章　環境自治体

身体を通じて現れるので、その実情を最初に把握し対策を迫られるのは、住民に近い自治体なのである。

　改めて、このように環境問題がローカルなものである以上、さまざまな先進的取り組みが自治体によってなされたのは、当然のことである。「環境自治体」という言葉は、このような歴史から生まれてきたので、その経緯および実践について、次節で概観してみよう。

2. ………概念の誕生と自治体連合

　「環境自治体」をタイトルに含む最初の書籍は、自治労の研究会を契機に生まれた『環境自治体の誕生』（須田・田中・熊本 1992）である。同書によれば、環境自治体とは環境問題に対する配慮を自治体運営の根幹にすえる自治体のことで、「地域で環境保全型まちづくり・エコポリスづくりを推進し、その内部では環境事業体・エコオフィスを実現する自治体」である。ここで掲げられている環境自治体の課題は7つであった。①物質循環システムをつくる、②ごみを減らしてリサイクルをすすめる、③有害物質を少なくする、④省エネ・分散型エネルギーをめざす、⑤地球にやさしい大気環境を保全する、⑥水循環を回復する、⑦緑と農を守り育てる。ここで、エネルギー政策や農業政策まで含めた目標が掲げられていることを確認しておきたい。個別政策の羅列ではなく、環境という旗印のもとに自治体の包括するシステム全体を作り替えていこうとする志向に特徴がある。

　同時期に、いくつかの自治体が首長主導で「環境自治体」を自称するようになった。たとえばリオ地球サミットの取材を通じて環境問題をライフワークと定めた元朝日新聞記者の竹内謙[5]は 1993 年から 2 期 8 年のあいだ鎌倉市長をつとめ、「無駄な公共事業をなくす」「国際協力の視点」「市民総ぐるみ参加」（竹内 2001, pp. 110-111）の基本理念のもと、庁内に市長直属の「環境自治体課」を設置するなどして注目された。「総ぐるみ」というように竹内市政の基本は、市民・NPO に「一緒に働いてもら」うことを通じた環境計画づくりと啓蒙・調査活動、一般廃棄物減量政策であった。一部には「環境ファシズム」批判が出たほどの徹底した分別や減量により、市内に2つあった清掃工場を1

---

[5] 竹内謙氏は、1940 年東京生まれ。早稲田大学大学院（都市計画専攻）修士課程卒業後、朝日新聞社に入社し、政治部記者を経て編集委員をつとめた間、地球サミットの取材などを経験している。市民グループからの要請により同社を辞職、1993 年の市長選に出馬し初当選を果たし、97 年に再選された。なお 2001 年の市長選では、竹内氏は元新聞記者の森野氏を後継者として指名していたが、森野氏の当選はならなかった。

つに集約した。平成10年版の『環境白書』にも言及されている（環境庁1998, p.208）。

このように、「環境自治体」は戦後日本の政策形成過程としては例外的に、自治体からの運動として人口に膾炙し、市民権を得ていった概念であった。しかし一方、この概念が爆発的に普及した背景にはリオ**地球サミット**（1992年）に始まる「地球環境ブーム」があったことも明らかである。竹内氏の発言からも[6]、次にみる自治体連合の形成時期からもこのことは裏書きできる。3-3節を先取りしておくと、このようにブームに乗ってしまったことが「環境自治体」が「ぶかぶかの外套」概念になってしまった一因とも思える。

2-1. 自治体連合の形成とネットワーク化

国内の自治体が連合して形成した**環境自治体会議**（COLGEI＝The Coalition of Local Government for Environmental Initiative, Japan）は1992年に発足し1996年には東京に事務局を置いて常設機関化した。いっぽう国外では、国際連合で開催された「持続可能な未来のための自治体世界会議」を契機にして、先述のICLEIが1990年に設立され、本部はドイツ南西部のフライブルグ（Freiburg）に置かれた。のちに「持続可能性をめざす自治体協議会 ICLEI-Local Governments for Sustainability」と改称して本部をボン（Bonn）に移している。ICLEI設立の背景として、1990年代に本格的に展開したEUの**サステナブル・シティ**政策を見逃すことができない（長谷川2003）。この政策はEUの地域総局が「包括的かつ草の根からのアプローチ」に基づいて各国とキャッチボールを繰り返しながら、都市の社会的不平等の問題なども考慮に入れて都市の持続可能性を実現していこうとする政策パッケージである。ICLEIもまた、サステナブル・シティを目指す自治体間のネットワークとして、他都市の模範的実践を共有したり共通ガイドラインを策定したりする連合体として出発した。今日では他大陸の都市も多く加盟して、大会開催や情報共有にシフトした、より緩やかな組織体となっている。そういうわけでICLEIの取り組む分野は大変広く、次の5つを含んでいるのだが、これは今日、中央政府レベルの環境担

---

6 「外交や国際関係は国家の役割と考えがちだが、地球の危機を救うには、自治体が国際経済の歪みに国家の枠を越えて挑戦しなければならない時代になってきた。なぜなら、地球の破壊は国際経済に原因があるとはいえ、われわれ一人ひとりの生活に直結していることでもある。水や空気、土壌といった地球の恵みを直接に享受している地域住民が、意識や生活様式を環境順応型に転換することの方が解決への近道だし、国際協力の分野も住民にもっとも身近な政府（自治体）の方が適応能力がある」（竹内2001, p.111）。

当省庁が担当している分野そのものである。①気候変動防止、②総合的な水管理、③生物多様性の保全、④持続可能な地域社会づくり、⑤持続可能性の管理。

他方、COLGEIにおいても実践分野は以下のように広いが、どちらかというと伝統的な日本の行政組織の縦割り構造を反映した分類であることが分かる。①地球環境、②大気汚染・交通、③水環境、④自然環境・水循環（農林業）、⑤廃棄物・資源、⑥有害物質、⑦環境行政、⑧環境学習・地域間交流、⑨住民参加、⑩その他。COLGEIが毎年発行する『環境自治体白書』では、上記の各分野について、加盟自治体が具体的な実践を行っているかどうかがチェックリスト風に一覧に供されている。ともあれ主題化されている環境実践は多岐にわたり、自治体が、今日の環境政策の第一の担い手となっていることを、改めて確認できる。

様々な市民団体・国際組織による「**環境首都コンテスト**」も行われるようになった。水俣市において2001年に始まったコンテストは、その後、様々なNPOなどが合流して「環境首都コンテスト全国ネットワーク」主催として2010年まで10回にわたって行われた。最後まで「環境首都の称号に値する都市はあらわれていない」とされたが、総合順位はつけられているので、表に第三位までの自治体名をまとめておいた。なお、このコンテストにエントリーしたことのある自治体は第9回まで合計しても224に過ぎないことは、注意しなければならない。

最も頻繁にベスト3に入っている自治体は熊本県水俣市である。また最近になると長野県飯田市や愛知県新城市の躍進も目立つ。水俣や飯田の実践は『環

表　日本の環境首都コンテストで第一位～第三位となった自治体
（出典：環境コンテスト全国ネットワーク　http://eco-capital.net/）

年度	1位	2位	3位
2001	名古屋	福岡	仙台
2002	福岡	仙台	水俣
2003	多治見	水俣	広島
2004	水俣	新城	多治見
2005	水俣	新城	安城
2006	北九州	水俣	新城
2007	北九州	水俣	飯田
2008	水俣	長野	飯田
2009	水俣	飯田	安城

境自治体の創造』の後継書ともいえる『自治体環境行政の最前線』(宇都宮・田中 2008) でも取り上げられているので、2-2 節で簡単に解説しておこう。

2-2. 環境自治体の代表的な実践

　水俣病の舞台となった水俣市は、21 世紀に入ってもなお、裁判闘争の持続、患者補償問題の混迷、原因企業チッソに依存したままの地域経済など、事件の根本的解決から遠い状態にある。しかし 1980 年代以降、緒方正人など「本願の会」に集う患者らが「もやい直し」を提唱する運動をはじめ、水俣病の教訓を踏まえて持続的漁業と無添加いりこの産直を始めた杉本栄子らの取り組みも発信され始めていた。1994 年に当選したのち、市長として初めて患者に謝罪した吉井正澄市長のもとで、「もやい直し」政策が正式にスタートした。一般廃棄物を 21 種類にも分別し埋立地のエコシティ事業認定工場でリサイクルする仕組みの構築、「もやい館」の建設と水俣病語り部による情報発信、環境マイスター認定などの施策が導入された。学者など他人まかせにしても地域に還元されないという反省から始まった「地元学」は、水俣の豊かな水脈と土壌に裏付けられた地域資源の発掘、その地図化(「地域資源マップ」)などに取り組んだ。有機農業によるみかん栽培や新たな農業特産品も注目されている。こんにちエコシティみなまたは、国内のみならず海外からの観光目的地としても有名になりつつある。水俣市職員の吉本哲郎らが主宰する「地元学」は「ないものねだりからあるもの探しへ」を合言葉にしており、「地元学協会」への入会資格は「うちの町には何もないと言わない人であること」とされている (吉本 1995)。

　1997 年に環境基本条例を制定した長野県飯田市は、環境管理のツールとして 2000 年に ISO14001 (環境 ISO) の認証登録を受けた。環境 ISO は国際標準化機構 International Standardization Organization が認定する環境規格で、内部監査により有害化学物質の管理や廃棄物減量などの取り組みが適切に進行管理されていると認められた団体に交付される。しかし飯田市は環境 ISO の更新をしないことを決定し、2003 年 5 月になって「自己適合宣言」に移行することとした。外部のマネジメントシステム認証機関の認定を受けないやり方は、日本初であった。自治体担当者による研究会を通じて、この取り組みは南信州一帯で共有され、独自のマネジメントシステム「南信州いいむす 21」の運用が開始された。この取り組みによって、商店街活性化にも貢献するなど、環境

活動の裾野が広がる効果も出ているという。環境マネジメントシステムの導入は、多くの環境自治体で試みられているが、飯田市の特色はそれを自らの地域の文脈に即した形で作り替えたことにある。

さて、COLGEI や ICLEI に参加していない、あるいは環境首都コンテストのようなものに参加していない自治体であっても、先進的な環境政策の実践はいくらでもある。そもそも自治体行政が常に実践主体になるわけでもないだろう。自治体よりも狭域の単位や NPO が担う実践、非行政主体しかできない活動も多い。それらをコーディネートないしファイナンスする役割に徹するという役割整理の仕方も論理的にはありうる。一方、交通行政やエネルギー政策に関しては、政府が主導権をとらなければ物事は進まない。改めて環境自治体という概念は何を意味するのか、詰めていく必要がありそうだ。この点を、類似の諸概念との比較のなかで深めてみよう。

3. ………サステナブル・シティ、まちづくり、そして環境自治体

環境自治体に類する概念として、たとえば欧州の「サステナブル・シティ」概念がある。日本では、「まちづくり」運動が多くの自治体を巻き込むうねりとなっており、雑誌や TV における特集も数多いが、この文脈で紹介される実践の中に、環境や景観をキーワードにしているものが相当数見られる。本節では、これらの事例を概観したうえで、改めて環境自治体概念について考察を加えてみよう。

3-1. 欧州の「サステナブル・シティ」

EU を中心に提唱されている「サステナブル・シティ」は欧州都市憲章などによって 1990 年代に導入された言葉である。先述のように「包括的かつ草の根からのアプローチ」に基づいて各国とキャッチボールを繰り返しながら、都市の社会的不平等の問題なども考慮に入れて包括的な都市の持続可能性を目指そうとするものだから、EU 自身が明確な定義をしているわけではない（岡部 2003）。リサイクルシステムを若年層の雇用対策とリンクさせるドルトムントの実践とか、孤立した周辺部の移民地区をミニバス導入によって統合させることを狙うアテネの都市計画などを岡部自身も積極的に紹介している（p.76 など）。本章では筆者自身が訪れた場所として、「欧州の環境首都」として日本でも良く知られているフライブルグ（Freiburg）の例を見てみよう。この市も

EUのURBANプログラム（1996-99）に参加している。

　フライブルグは人口20万人、スイスやフランスとの国境にも近い場所である。ドイツの自然の象徴といわれるクロマツの樹林帯「黒い森」を後背地としている。市の南部には「ソーラーシティ」と呼ばれるエリアがあり、屋根にソーラーパネルを取り付け、植樹に覆われ徹底的なリサイクルシステムを導入した低層の良質な賃貸住宅が立ち並んでいる。つまり、ここでは都市内不平等を緩和するために、相対的に不利な層にこそアメニティの高い先進的な環境都市を提供しようとしている。自然食品や有機化粧品などを販売するスーパーマーケットの隣には、フライブルグの環境への取り組みをリードしてきた「**エコ研究所** Öko-Institut」のオフィスがある。このエコ研究所は、もともと近隣のヴィール原子力発電所への反対運動から発展して設立された独立の法人で、寄付金などを元手に12人のスタッフを抱え、新しいエネルギー・交通・リサイクル政策のアイデアを打ち出し続けている。環境教育のセンターとして民間の環境保護団体（ドイツ環境自然保護連盟 BUND）が運営する「エコ・ステーション Ökostation」は太陽の恵みと木の香りに包まれた小さな施設である。なお市内は満遍なくトラム（日本でいう市電）で結ばれ、ゾーン別料金システムによって安い値段で移動できるようになっているが、これも狭義の環境政策に止まらない、都市内の移動の権利を確保する政策である。自転車移動を奨励し自動車使用を抑制する政策もとられている。フライブルグの取り組みについては地元在住の今泉みね子（今泉1998）などが継続的にリポートしている。また市が発行するパンフレットなどを読むと、「環境都市」を世界的に売り込んで投資を呼び込み、地域経済の活力につなげていこうとする、したたかな戦略をも読み取ることができる。市のパンフレット（*Freiburg : Green City*, www.freiburg.de/greencity）の構成から分かるように、都市経済政策（Sustainable Economy）・交通政策（Sustainable Mobility）・自然環境の維持（Nature）・都市計画（Sustainable Urban Development）・市民参加（Citizen Commitment）が一体化したパッケージとなっていることが説得力を高めている。

　フライブルグで行われていることは、個別要素としては日本人にとって「想定内」であるものが多いと思う。廃棄物リサイクル・環境学習・ソーラーエネルギーなど、政策としては日本でも導入されているとか、ときには技術的には日本の方が進んでいるものが多い[7]。しかし、①有力なシンクタンクや環境

NGOの存在にも導かれ理念に基づいて体系的な取り組みが行われ、それが都市計画やエネルギー政策をも従わせる上位原則になっている点、②交通システムなどを含めた体系的な取り組みが誰の目にもよく分かる結果、人と投資を呼び寄せ地域経済のエンジンとなっている点、③常に新しいアイデアを試行し政策提言していくプロセスに喜びや意外性がある点、④何度も強調したように、都市内の平等や雇用の問題も含めて持続可能性の問題として捉えている点、これらが日本の自治体にしばしば欠けている優れた点であると筆者は感じた。

3-2. 日本の農山村における「まちづくり」

日本でも1970年代から「まちづくり」または「むらおこし」が流行語となり、多くの取り組みがこの語のもとでなされてきた（近年では「まちづくり」に統一されつつある）。その中で、「環境・景観まちづくり」として頻繁に取り上げられる事例を4つほど紹介してみたい。

(1) 山形県**立川町**（現在は庄内町、平成22年の人口23690人）　立川町は日本三大悪風の一つ、「清川だし」が吹き荒れる地域で、その活用は町民の悲願であった。1980年から85年にかけて、科学技術庁による**風力発電**実証研究の対象地となったが、当時の風車技術の未成熟さにより失敗。そこで風を観光に活用する「風車村構想」を立ち上げた。風の強さではなく交通アクセスを重視して風車3基を導入し93年に運転開始したところ、突然導入された「電力買い取り制度」の先駆的自治体として扱われることになり、視察が相次いだ。デンマークの視察などで再び自然エネルギー活用へと確信を深めた町は1994年に「第一回風サミット」を開催、96年には「風力発電推進市町村全国協議会」を組織した。同年には日本で初めての風力発電会社を町内に設立、95年に制定された「立川町新エネルギー導入計画」では2000年までに町で消費される年間2200万Kwhをすべて風力発電でまかなう目標を掲げた。しかし、風力発電入札制度の導入など電力会社側の制度は頻繁に変更され、当初計画していた風車が導入できないとか、売電が不可能になるなど障壁は次々に現れる。町や会社ではねばり強い交渉や新技術の導入、「**ネガワット**」の発想に基づく「町

7　2003年に日本で行われた講演で、エコ・ステーション共同館長のハイデ・ベルクマンさんも、こう述べている。「この数日間日本におきましていろいろなところを拝見させていただきましたところ、日本においても環境教育の面で非常にたくさんの積極的な活動が行われていることがわかりました」（『ドイツに学ぶ環境教育』2004、環境保護団体FoE Japan制作のパンフレットより）。

民節電所」制度の導入など、工夫を積み重ねて 2010 年の目標達成を目指している。2006 年末現在、町営 9 基＋民間 2 基の風力発電（ウィンドファーム）および観光施設としての風車村のみならず、町内で発生する生ごみの全量を堆肥化する取り組みなどを視察するため、年間 5 万人が訪れる。

(2) 北海道**下川町**（平成 22 年の人口 3684 人）　下川町は面積の 70% 以上が森林という、北海道北部の過疎の町である。さまざまな偶然にも助けられて、早期から町有林経営、湿雪害を契機にした多面的事業展開（木炭加工や間伐材を利用した新商品開発など）に取り組んできた。また林産業の縮小、鉄道の廃止などにより人口減少に拍車がかかるなか、早くも 80 年代から都市部との交流に先駆的に取り組んだ。全国から「ふるさと会員」(1981)、「子牛の親会員」(1982)、「ミニ万里の長城石積」(1982) などの参加者を募り、地域産品の販売のみならず、生産過程への関与を都市住民に促す仕組みを作り上げた。これらの仕掛けは、それまで産業別縦割りと言われていた町内の融和・団結と一体化をはかるイベント（1988 年から始まった「アイスキャンドルフェスティバル」は知名度も高い）でもあった。ここから住民による自発的なまちづくりグループも生まれた。最終的には地域の包括的な社会経済システムづくりを目指して、道庁などにも高く評価される「産業クラスター研究会」(1998) が組織された。町内諸産業を「**森林クラスター**」として創出、あるいは有機的に結びつけようとするもので、地域社会の自律経済づくりまで視野に入れた環境まちづくりといえる。

(3) 千葉県**鴨川市**（平成 21 年の人口 36379 人）　鴨川市は千葉県南部に位置する観光と農漁業主体の自治体である。市の西部に位置する大山千枚田と呼ばれる棚田は、県指定名勝となっており、耕作に必要な水をすべて雨水に依存しながら、里山・集落と一体となって 300 年以上維持管理されてきたが、近代農業にあわない棚田は農家にとって重荷となっていた。ところが鴨川には 1980 年代、学生運動から有機農業に転じた藤本敏夫が定住し「鴨川自然王国」を開設していた。藤本と妻の歌手・加藤登紀子は有機農業と産直を進める「大地を守る会」を組織、都会人を迷惑と考える地元農家と長い議論を重ねるが、藤本らのもとに集まる若者らに可能性を見出した地元住民も、しだいに都会との交流に舵をきっていった。1997 年に「大山千枚田保存会」を立ち上げ、2000 年から正式に**棚田オーナー制度**を開始した。「日本の棚田百選」のうち東京から最も近いという有利さもあり、「保存会」の会員は 500 名を越えているほか、「鴨川

市棚田農業特区」制度などにより大山千枚田に限らず、鴨川市域にやってくる都会人が増えている。週末ごとに東京から通う人も多く、稲作、酒、大豆、綿、藍などでもオーナー制度が実施され、ウォーキングや自然観察会も頻繁に催されている。このような活動により、訪問客は年間 4 万人、「保存会」自身も専従職員を雇用できる規模にまで成長している。

(4) 宮崎県綾町（平成 17 年の人口 7478 人）　下川と同様、町の面積の大部分（80%）が森林という綾町では、高度成長期まで町民の大部分は林業で生計を立てていたが、林業の衰退に伴い、「夜逃げの町」とまで言われた。その中で 1966 年に就任した郷田実町長は、自らの海外経験や生態学の独学をもとに、日本最大規模の照葉樹林の価値を保全することで町の持続的発展をめざす構想をたて、「照葉樹林都市」「一戸一品」を宣言した（1979 年に始まった大分県の「一村一品」運動より早い）。農地がほとんどなかった状態から、一坪農園運動を展開、町独自の価格支持政策を導入するなどして循環型の有機農業システムを確立した。「自然生態系農業の推進に関する条例」（1988）は、この種の条例としては日本でもっとも早いと言われている。国有林を伐採しようとする営林署と対立しながら国定公園指定を得、世界一高い吊り橋や綾城の忠実な再建など観光資源を作り、森林そのものへの入込客を増加させていった。これらの取り組みが「元気な町」として全国的に有名になり、入込客数は 96 年以降、コンスタントに年間 100 万人を越えている。「豊かなむらづくり農林水産大臣賞」など受賞も数多い[8]。

　これら農山村のまちづくりには共通性がある。各自治体の置かれている厳しい現実の中から、独自の創造性を発揮し、既存の制度の限界を乗り越えて生まれた。そして単に環境負荷を減らすのみならず、自らの地域を持続可能にしていく地域経済を構築することに成功しているか、少なくとも自覚的である。このような根本的な価値転換を目指す取り組みは、通常なら自治体が避けて通る林野・農業行政やエネルギー・交通政策まで含めた実践となり、国の機関と対立することもしばしばだ。そこまで徹底したからこそ取り組みを持続していくことができるし、人々の感動を呼び、その秘訣を学ぼうとする視察が絶えないのである。持続的な地域社会は、みずからの特性を理解し、それにあわせて原理を組み替えることなしには生まれないということを、これらの事例は示して

8　なお、3.2 節の記述は、筆者自身が『まちづくりの百科事典』（丸善 2008 年）で分担執筆した「環境・景観まちづくりの諸相」の内容と重なっていることをお断りしておく。

いる。

3-3.「環境自治体」概念再考

　さて、本章のタイトルである「環境自治体」概念に戻ろう。ほんらい、日本における環境自治体の運動と政策は、環境への配慮を最上位におくことが特徴であり、額面通りとらえれば総合的成長管理政策である。右肩上がりの経済成長ではなく自律型地域経済をめざす政策への転換となり、戦後都市政策史上の大転換のはずだった。しかし、大転換を実現しているのはむしろ「サステナブル・シティ」や「まちづくり」という見出しの下に把握されている自治体の方ではないか。それぞれ地域の文脈を踏まえ、またエネルギーや交通政策も含めた既存の制度と慣行を大胆に転換することで、持続的な地域経済の姿を設計しつつあり、それによって集める注目を次の展開に活かしている。実のところ水俣市も、「環境自治体」よりは「まちづくり」という見出しの下で取り上げられることの方が多い。そして「まちづくり」について論じている研究書は多いが、「環境自治体」をタイトルとする書物は、提唱から20年経過しても、ほとんど出版されていない。なぜ「環境自治体」は、これほど地味な言葉のまま推移しているのか。この問いへの答えは、聡明な読者にはもうおわかりだろう。言葉が作られた段階では既存理念に大転換を迫る概念であったものが、意味内容が薄められ拡散していって、ぶかぶかの外套のような概念になってしまったからではないか。ちょうど「地球に優しい」という言葉が誰も反対はしないが何を意味するのか分からないスローガンになってしまったのと似ているが、考え方によっては、事態はより深刻だ。というのは、しばしば標準化・画一化されたルーティンワークに陥り、地域特性が何かを見極められないまま、「環境自治体」は新しい展開を見失っているようにも見えるからだ。環境 ISO に代表される環境マネジメントシステムは、ゼロから一定水準まで環境政策を進展させるには有効なのかも知れないが、いったん導入された後は、担い手にとっては単なる日常業務の一環になり報告書作成に忙殺される。また、当然のことながら地域を超越したレベルの組織によって標準化されているので、地域特性に応じた取り組みにはなりにくい。意味内容に明確な定義がない点では「サステナブル・シティ」「まちづくり」も実は同じなのだが、「環境自治体」の方は、マネジメントシステムの導入や全国一律の評価といった要素を呼び込んでしまっている。したがって、ぶかぶかではあるけれども、曲がりなりにも外套を着

せられているのが「環境自治体」であり、上着なしに自由に動ける「サステナブル・シティ」「まちづくり」と比較して、ユニークな動きを奪われているようにも見える。なぜ、こうなってしまったのだろうか。

　第一に、分権的・多様であるはずの自治体政策が画一的になってしまうという、語義矛盾的メカニズムが働いている。このような矛盾は環境政策に限られず見られるが、政策が上位行政機関から下位行政機関へともれなく均霑される日本型行政構造が一因であろう。さらに環境分野特有のこととして、地球環境レベルの関心と地域環境における取り組みとを論理なしに結びつけた"Think Globally, Act Locally"というスローガンの問題点が露呈した、ということでもあるだろう。『ローカルアジェンダ21策定マニュアル』（地球・人間環境フォーラム1995）という文書の存在そのものが、こうした矛盾を象徴している。こうしたマニュアルに従った結果、「電気はこまめに消しましょう」「シャワーはこまめに止めましょう」的な、固有性や意外性のない『環境行動指針』ができあがってしまうのである[9]。そもそも90年代後半以降、国の定めによって自治体担当者は大量の計画——環境基本計画と環境行動計画の策定、温暖化防止条約実行計画の制定など——づくりに追われ、「計画インフレ」といわれる状況に置かれている。

　第二に、中央官庁の縦割りが市町村に持ち込まれるという日本官僚制の伝統的問題がここでも作動している。環境省の独立政策領域は、一般廃棄物・自然公園等に限定される。したがって特に強力な権限付与がないかぎり、市レベルでも環境政策を担当する部署に実効ある総合調整が期待できるはずはない。加えて伝統的に、自治体の環境部局担当者は「廃棄物」および「典型七公害」に視野を限定する傾向を持っている[10]。

　第三に、国・県と比較したとき基礎自治体の関与できる政策領域が最初から限定されているという問題である。都市計画・建築をめぐる分野は、とくに国の影響力が強い。国家法レベルで都市規制緩和がなされるとか、国土交通省の事業として自然破壊型開発がなされるときに、市町村がそれに対抗することは難しい。そのため、これら強力な事業官庁に対抗するような市町村レベルの政策案が、そもそも政治的課題として浮上しないという現象が起きてしまう。

9　『環境行動指針』などはコンサルタントの用意した雛形をそのまま当てはめればできてしまうため、どの自治体でも没個性化し陳腐化するとの指摘もある（高橋2000, 上p.57）。
10　（東京市政調査会1994, p.22）掲載の表に要約されている調査結果を参照。

第四に、第三点とも関係するが成長管理とアメニティの理論が抜け落ちている。人間中心とも住みやすいとも言えない日本の都市空間の改善にどう道筋をつけるか、ということが大きな課題であろう。戦後都市における成長規制の不在は、環境自治体政策のなかでも決して改善されていない。「既存のゾーニングやその他の規制手法が、不適切な開発から環境を守るために効果的に適用されるべきである」「土地利用計画、経済計画、総合的な開発計画において、アメニティに対する共通の配慮がなされるべきである」という指摘をかみしめなければならない（OECD 1994＝1994, p.193）。

　以上のような構造的制約がある中で、日本の自治体がフライブルグのような包括的なアプローチを取りにくいのも、無理からぬところではある。

4. ………「ぶかぶかの外套」を再構築するために

　繰り返しになるが、リサイクルや環境教育など、市民に身近で、かつ複雑な利害が絡まない分野における個別実践を取り上げれば、日本の自治体が世界の「環境都市」と言われる諸自治体（たとえば井上・須田 2002 に紹介されている）から立ち後れているとは思えない。違いがあるとすれば、それを包括する理念と、関係してくる広い政策領域を統合する視点なのである。それは行政組織内部で完結する話ではなく、環境団体や住民運動などとの相互作用によって初めて力を得るような過程であろう。本章で論じてきたことは、ぶかぶかの外套になってしまった「環境自治体」という日本語の中身を実質化し、出発点の精神に立ち返って、ときには枠組みそのものを疑うような言葉として再定義しなければならないということだ。「環境問題に対する配慮を自治体運営の根幹にすえる」ことの中身と根拠を問い直す必要がある。この再構築作業のうえで、ヒントになる言葉は「**コンビビアリティ**」（conviviality ＝「節度のある楽しみ」、または「生き生きとした共生」）であると筆者は考えている。

　2010 年夏にフライブルグのエコ・ステーションを訪問した際、館長のハイデ・ベルクマン（Heide Bergmann）氏はこう語ってくれた。「いま日本からインターンシップの学生が来ているのですが、彼女はここに来て、環境に関わる実践をするのは楽しいことだと知りました。彼女のイメージでは、環境問題への取り組みとは我慢すること、抑制することだったようです」。この「楽しさ」はイバン・イリイチのいう「コンビビアリティ」に近いのではないかと私は改めて感じた。社会思想家イリイチは次のように述べている。「産業主義的な生

産性の正反対を明示するのに、私は conviviality という用語を選ぶ。私はその言葉に、各人のあいだの自立的で創造的な交わりと、各人の環境との同様の交わりを意味させ、またこの言葉に、他人と人工的環境によって強いられた需要への各人の条件反射づけられた反応とは対照的な意味をもたせようと思う」。「自然な規模と限界を認識することが必要だ…（中略）…この限界内でのみ機械は奴隷の代りをすることができるのだし、この限界をこえれば機械は新たな種類の奴隷制をもたらすということを、私たちは結局は認めなければならない」（Illich1973＝1989, p.19/xv）。水俣病研究の草分けである宇井純の本来の専門は水処理だが、巨大化した下水道システムではなく小規模分散型の処理施設が総合的にみて優れていることを次のように指摘している（宇井 1996）。「発生源に近く、金か暇かをたっぷりかけて、なるべくよけいな機械を使うな。これだけで問題の 9 割くらいは解決する」。

　イリイチと宇井の言っていることは共鳴している。外からやってくる巨大な機械やシステムに頼るのではなく、自らの問題の発生源に近いところで、手になじむ道具を使いながら問題解決を自律的に、楽しく模索すること。そもそも国に先行して始まった自治体の公害行政は、自分達の身近にある問題に対して、それまでになかった仕組みを考案して解決を図っていくと同時に、必要に応じて中央政府に対して、枠組みの修正を迫るものだった。環境自治体と言葉は変わっても、目指すところは同じはずである。

◆討議・研究のための問題◆

1. あなたが自分の住んでいる自治体の環境担当課に配属され、市長から命じられて環境自治体を目指すとしたら、何から手をつけるべきだろうか。簡単な「〜市の環境行動計画」案を作って、それを相互批評してみよう。
2. 本文中に取り上げたクリチバやフライブルグについては、多くの書籍・論文や新聞記事・紹介文が出版されている。図書館のオンラインデータベースを使うなどして文献を入手し、どこに日本の環境自治体との違いがあるのか、討論してみよう。
3. 本章の最後では、「環境自治体」という「ぶかぶかの外套」を再定義する必要を指摘した。「ぶかぶかの外套ではない」とか「再定義する必要はない」という立場も許容しつつ、どのように再定義すれば良いのか、討論してみて欲しい。入手可能なら『環境自治体白書』を傍らにおいて議論すると良いだろう。
4. 最後に紹介したフライブルグ市エコ・ステーション館長のコメントで示唆されたように、環境に関する取り組みは日本においては必ずしも「楽しく」ないもの

と見なされている。それを「楽しく」するために必要なことは何だろうか。単なるイベントやスローガンの考案よりも深いレベルで、制度・組織・理念の現状がどうなっていて、それをどのように変えたらいいのか、という観点から議論できるとなおよい。

【文献】

地球・人間環境フォーラム，1995，『ローカルアジェンダ21策定ガイド』地球・人間環境フォーラム．
福武直編，1965，『地域開発の構想と現実』東京大学出版会．
長谷川公一，2003，「環境社会学と都市社会学のあいだ」『日本都市社会学会年報』21, pp.23-38.
服部圭郎，2004，『人間都市クリチバ』学芸出版社．
井上智彦・須田昭久編，2002，『世界の環境都市を行く』岩波ジュニア新書．
Illich, Ivan. 1973. *Tools for Conviviality*.Marion Boyars. (＝1989 渡辺京二・渡辺梨佐訳『コンビビアリティのための道具』日本エディタースクール出版部).
今泉みね子，1998，『環境首都フライブルグ』学芸出版社．
環境庁，1998，『平成10年版　環境白書』環境庁．
環境自治体会議，各年，『環境自治体白書』環境自治体会議（発行：生活社）．
環境自治体会議webページ http://www.colgei.org/
国際環境自治体協議会webページ http://www.iclei.org/
永井進・寺西俊一・除本理史，2002，『環境再生―川崎から公害地域の再生を考える』有斐閣．
中澤秀雄・成元哲・樋口直人・角一典・水澤弘光，1998，「環境運動における抗議サイクル形成の論理：構造的ストレーンと政治的機会構造の比較分析（1968-82年）」『環境社会学研究』4, pp.142-157.
中澤秀雄，2004，「サステナブル都市論と日本の環境自治体政策」『日本都市社会学会年報』22, pp.43-58.
OECD, 1994, *OECD Environmental Performance Reviews*：*Japan*, OECD. (＝1994 環境庁地球環境部企画課・外務省経済局国際機関第二課監訳『OECDレポート日本の環境政策』中央法規.)
岡部明子，2003，『サステナブル・ヨーロッパ』学芸出版社．
エコ研究所（フライブルグ）webサイト http://www.oeko.de
関礼子・中澤秀雄・丸山康司・田中求，2009，『環境の社会学』有斐閣．
須田春海・田中充・熊本一規編著，1992，『環境自治体の創造』学陽書房．
高橋秀行，2000，『市民主体の環境政策（上・下）』公人社．
竹内謙，2001，『地球人のまちづくり―わたしの市民政治論』海象社．
東京市政調査会，1994，『都市自治体の環境行政』東京市政調査会．
Tsuru, Shigeto and Helmut Weidner, 1989, *Environmental Policy in Japan*.Edition Sigma.
宇井純，1996，『日本の水はよみがえるか』NHKライブラリー．
宇都宮深志・田中充編著，2008，『事例に学ぶ自治体環境行政の最前線―持続可能な地域社会の実現をめざして』ぎょうせい．
吉本哲郎，1995，『わたしの地元学』NECクリエイティブ．

column
再生可能エネルギーと地域間連携

大門信也

　風力、太陽光、バイオマスや地熱等による再生可能エネルギー（以下「再エネ」）は、化石燃料やウラン等を消費する枯渇性エネルギーに代わり、資源問題や気候変動問題を抱える人間社会を支えるエネルギー源として注目されている。日本政府は、2003年、電力会社に一定比率の再エネの買取りを義務づける「RPS法」を制定し、初期導入補助金制度とあわせた普及政策を進めてきた。しかしその後導入量は他の先進国に比して低迷し、2010年現在、普及効果に優れた「固定価格買取制（Feed-in Tariff：FIT）」への変更が検討されている（太陽光発電については2009年に1kWhあたり住宅用で48円の固定価格制による余剰電力買取制度を導入）。

　こうした中、地方自治体が独自の動きを見せている。2010年4月、東京都はキャップ＆トレード制度を発効させた。同制度では、大口事業者に二酸化炭素の総量削減を義務づけており、企業による電力の「グリーン化」を強く後押ししている（月刊環境ビジネス編 2010）。

　この制度の推進役として期待されるのが「地域間連携」である（谷口 2009）。これは上記制度により発生した再エネ需要を下敷きにして、エネルギー賦存量の多い地方の再エネ事業者と大都市圏の企業が、適正な価格で電力の長期的売買契約を結ぶことにより、都市消費電力のグリーン化と地域の経済的活性化を同時に達成しようという構想である。現在、地方に建設された大型再エネ施設の多くは中央資本によるため、エネルギーも収益もともに大都市側が享受している。そこで再エネ事業を地場産業化して、地元に収益が還元される仕組みを作ろうというのである。

　先行する取り組みも始まっている。二又風力開発（青森県六ヶ所村）から三菱地所の所有する新丸ビル（千代田区）への「生グリーン電力」の供給事業がそれである。ここでは出光興産が、発電事業者から需要者に電力を卸す役割を担っており、その際、「託送」と呼ばれる、大手電力会社の保有する送電線を借用する仕組みを利用している。このように大手電力会社を介さずに、発電事業者と需要者が結び付けられている点がこのスキームの特徴である。

　ただしこの取り組みは、発電事業者による地元雇用を生んでいるものの、地域の資金によって発電事業を支える形にはなっていない。収益が地元に還元されるためには、当該地域にオーナーシップをおく発電事業と、それを支える地域金融体制が不可欠である。2009年秋からは、その実現を探るための研究プロジェクトが、エネルギー問題に取り組むNPOである環境エネルギー政策研究所を中心として行われている（http://www.ristex.jp/env/02project/2-10.html, 2010.8.14）。また東京都は、2009年12月に青森県、翌年3月には、山形県、岩手県、秋田県、青森県、北海道を加えた、「再生可能エネルギー地域間連携に関する協定書」を結んだ（http://www.metro.tokyo.jp/INET/OSHIRASE/2010/03/20k3va01.htm, 2010.8.25）。こうした動きの中で、「地域に金が落ちる」仕組みを備えた地域間連携の実現が目指されている。

【参考文献】
月刊環境ビジネス編，2010，『東京都キャップ＆トレード制度』宣伝会議．
谷口信雄，2009，「東京都の再生可能エネルギー・グリーンニューディール」『日経研月報』pp.26-50．

第13章
環境NPOと環境運動
―北の国から考えるエネルギー問題

●西城戸誠

1. ……… 環境「NPO」と環境「運動」

　この章では、環境NPOや環境運動と一般に総称される、人々が集うという現象を対象として、それぞれの現状と課題を考察するとともに、環境NPOや環境運動が現代社会における環境問題にとってどのような意味、意義があるのかという点を考えていきたい。ところで、現在の日本では「運動」という言葉よりは、「NPO」や「ボランティア」の議論が多く、その社会的認知も大きくなっている。環境「NPO」と環境「運動」とはどのような違いがあるのだろうか。

　環境「運動」と呼ばれるものは、日本自然保護協会などが全国各地で展開している**自然保護**、保全活動、**ナショナルトラスト**の活動や、1960年代の**公害反対運動**（水俣病、イタイイタイ病、新潟水俣病、四日市ぜんそくなど）、**大規模開発問題**（コンビナート建設や原子力発電所など）、**高速交通問題**（新幹線・空港建設など）に反対する住民運動・市民運動が挙げられる。また、1970年代半ば以降におけるゴミ問題、洗剤公害、スパイクタイヤ公害などの「**生活公害**」に対する使用自粛運動、安全な食の提供を目指した有機農業運動、生活協同組合による運動、問題ある商品を告発し改善を求める消費者運動、環境に配慮した商品を購入することを勧めるグリーンコンシューマー運動などは、日常の生活に直結した環境運動として知られている。さらに、1970年代末から80年代初頭の環境運動、平和運動、女性運動などを母体としたドイツの**緑の党**は、環境問題の解決について議会活動を通じて行っている。また、地球温暖化防止に向けた京都議定書（1997年）の議決に際しロビー活動（特定の利益をはかるために議員・官僚・政党などに働きかける活動）を展開し、政策的な成果を治めた**環境NGO**なども、政治的な活動を通じた環境「運動」の例として考えられるだろう[1]。

そもそも「●●運動」という表現の「●●」には、テーマが入る場合（環境運動）と、担い手が入る場合（学生運動）、その双方（女性運動）の場合があり、「●●運動」とは何かという問いは意外に難しい[2]。ここでは、環境（問題）に関して、当事者も含めたさまざまな人々が、望ましい環境、社会の姿を模索した営みを、環境「運動」としておこう。

　一方、NPO（Non Profit Organization/ 非営利組織）は、狭義の意味では特定非営利活動促進法（NPO法）で法人格を取得したNPO法人のことを指す。だが、公益法人（社団法人や財団法人）や労働団体、経済団体などを含むような広義の定義もある。日本において一般的に議論されているNPOは、NPO法人の他に、ボランティア団体や市民活動団体が含まれる。町内会や自治会・婦人会・PTAといった伝統的地域団体の活動は行政の末端組織という位置づけもなされ一般的なNPOのイメージからは遠いかもしれないが、地域のまちづくり活動や社会問題の解決の主体として機能することも数多い。NPO研究では、NPOの定義をめぐってその規模の大小と他益性（「他者のため、社会のために活動する度合い」）と共益性（「仲間内のために活動する度合い」）という軸でNPOの類型が議論されている[3]が、他益性と共益性の区分をつけることも難しく、現場レベルではNPOの多様な実態がある。例えば、以前は環境問題の発生源であり、とかく地域住民と対立関係になった企業も、**CSR（企業の社会的貢献）**や社会的なミッション（使命）に対して活動をする**「社会的企業」**として注目を浴び、環境問題の解決の一翼を担うようになってきている。他方、環境保護を目的に自然体験学校を開催したり、リサイクル活動を事業として運営したりするNPOや、後述する市民出資による風力発電事業を展開する**事業型NPO**と、社会的企業との境界は曖昧である。

　このように、実態レベルでは、環境運動もNPOも多様であり、また、環境運動とNPOの活動自体もさほど変わらないことも多い。だが、両者の議論の前提となる理論的な立場が異なっている[4]。NPOや社会貢献をするような社会

1　さまざまな国際会議に参加し、政府と同じテーブルで活動をするNGOの活動に対して批判的な反グローバリズム運動も、近年、欧米やアジアでは盛んに展開されている。
2　筆者は、社会運動に関する組織を、1）行政などの当局に抗議をする団体、2）事業を通じて社会変革を目指す事業・サービス組織、3）断酒会・引きこもりの子どもを持つ親の会などの自助組織（セルフヘルプグループ）やボランティア団体、4）議会活動やロビーイングなどの政治的な活動団体の4つに分類して整理し、「社会運動」の定義の外延を広げることによって、現代社会における市民の集いを包括的に捉えるべきだと考えている（西城戸誠、2004、「ボランティアから反戦デモまで―社会運動の目標と組織形態」大畑裕嗣ほか編『社会運動の社会学』有斐閣）。
3　山岡義典編著、1997、『NPO基礎講座』ぎょうせい。
4　安立清史、2006、「非営利組織（NPO）理論の社会学的検討」『人間科学共生社会学』5, pp.1-15、九州大学大学院人間環境学研究院。

的企業、さらにボランティア活動を射程に入れる議論（NPO論、ボランティア論）は、均衡理論的な前提を持っているため、NPOやボランティア活動自体の存在は、今の社会や社会制度の問題点を「改善」していく組織である。それに対して社会運動論は、個々の社会問題を改善する社会運動に着目する一方で、個々の社会問題の「改良・改善」が社会システム全体の構造的問題を隠蔽する場合には、当該社会システムそのものを批判する存在としての社会運動に焦点を当てる[5]。だが、NPOや市民活動の他益性（公益性）を、社会変革までも視野に入れて当該社会のニーズに取り組み、社会問題の解決とそれによる利益を不特定多数の人々にもたらす営みと考えれば、NPOと運動の間の差も曖昧になる。

ただし実際には、活動をしている当事者自身が、「運動」か「NPO」かのどちらを自己定義したかによって、活動自体の方向性が変わってくる。首都圏の市民活動団体に関する調査データの分析によれば、「社会運動団体」「市民活動団体」と自己定義した団体のリーダーたちは、革新的で、政治不信が強く、反競争・「大きな政府」への志向性をもっており、例えば、首相の靖国参拝や改憲に否定的である。それに対し、「ボランティア団体」「NPO」と自己定義した団体のリーダーたちは、「社会運動団体」や「市民活動団体」のリーダーたちに比べて、保守的で、政治をある程度信頼し、競争・「小さな政府」志向をもっており、靖国参拝や改憲に肯定的な態度を示しているという（丸山 2007, pp.92-93）[6]。

つまり、環境に関わる社会運動、市民運動、市民活動、NPO、ボランティア……などさまざまな言い回しがあるが、要は環境NPO、環境運動の当事者が自らの活動に対してどのような意味を持たせているのかという点をということが、その組織体の活動を理解することになるのである。

例えば、以下の事例で取り上げる**生活クラブ生協・北海道**の例を見てみよう。1982年に卵の共同購入活動からスタートした生活クラブ生協・北海道は、設立時に札幌市には別の生協が存在したためその差別化という側面もあり、当初から共同購入にとどまらず、「社会運動」を実践することが企図されていた。

---

[5] NPOと運動の違いを、前者が主要には経営システムの文脈での問題解決に親和的であり、後者が支配システムの文脈での変革に関わる存在であるという捉え方も可能であろう（舩橋晴俊, 2010,『組織の存立構造論と両義性論』東信堂, Chap3, 4）。
[6] 丸山真央, 2007,「団体リーダー層の政治意識―〈保守－革新〉の現在」町村敬志編『首都圏の市民活動団体に関する調査―調査結果報告書』日本学術振興会科学研究費 基盤研究（B）（2005～2008年度）「市民エージェントの構想する新しい都市のかたち―グローバル化と新自由主義を越えて」2006年度報告書, pp.88-93.

そして生活に密着したテーマの「社会運動」(合成洗剤追放直接請求運動(石けん運動)や、反・脱原発運動など)を展開していった。だが、そもそも組合員の共同購入活動にも「運動」の意味づけが存在する。生活クラブ生協の共同購入で扱う商品は「消費材」と呼ばれる。それは利潤を求めて売れることによってのみ目的を達することができる流通市場に出回っている物商品とは異なり、既存の生産や流通の問題点を鑑みながら、消費する者の意図が予め込められ、使うために作られたものである。組合員は自分が欲しい消費材を追求しながらも、生産、流通の課題を目の当たりにし自己反省的にライフスタイルを見直していく。そしてこのような「考える消費者」の増加が既存の社会に対する変革につながっていくという意味がこめられた「運動」なのである[7]。

繰り返し述べてきたように、環境NPOや環境運動のアクチュアリティを捉えるためには、「NPO」や「運動」の外形的な特徴だけを捉えるのではなく、そこに関わる人々がなぜその活動をするのか、活動自体にどのような意味を持たせているのかを問うことが重要である。以下では、本章で紹介する環境運動と環境NPOに共通するエネルギー問題の概要を述べ(第2節)、環境運動の事例としての幌延問題を巡る動きと、環境NPOの事例としての市民風車運動・事業を紹介する(第3、4節)。最後に、2つの事例からの理論的、実践的含意を述べることで、今後の環境NPO、環境運動の可能性について論じる(第5節)。

2. ………北の国における2つのエネルギー問題と運動、NPO

日常生活を営む上で、電気は必要不可欠なエネルギーである。資源を持たない日本はエネルギー自給率が低く(原子力を除外すると4%)、電力需要が年々高まる中オイルショック以降、原油による発電の代わりに原子力にシフトした結果、エネルギー別発電量の構成比率の約35%が原子力発電になっている。電力会社は石油と比べ燃料であるウランの供給が安定していること、他の発電に比べてもコストが高くなく燃料費の割合が低いためにコストが安定すること、発電時に発生する地球温暖化の主原因とされるCO_2、酸性雨の原因であるSO_x、NO_xを出さないという環境特性に優れていること、使用済燃料を再

---

[7] 西城戸誠, 2010, 「市民運動・社会運動とつながる—社会学から見えてくること」, 塩原良和・竹ノ下弘久編『社会学入門』弘文堂.

処理して再利用できること、といった点を原子力発電の有効性として指摘している。

しかしながら、原子力発電の運転によって**低レベル放射性廃棄物**や、原子力発電所から発生する使用済み燃料の再処理に際して**高レベル放射性廃棄物**が発生する。現在、青森県六ヶ所村にある低レベル放射性廃棄物埋設センター、高レベル放射性廃棄物貯蔵管理センターがこれらの放射性廃棄物の処理・保管を、一時的に担っている。だが、特に高レベル放射性廃棄物の処分場の建設地は日本国内で模索されている。つまり「核のゴミ処理場」の立地に反対する住民にとっては、「先の見えない闘い」をいかに持続していくのかが課題となっている。

一方、地球温暖化に伴う気候変動に関する問題意識の高まりとともに、風力発電、太陽光発電など**再生可能エネルギー**の普及が進みつつある。特に風力発電は、その技術的な発展により効率的な発電が可能となり、デンマークやドイツなどの導入先進国だけではなく、日本でも増加傾向にある。風力発電はエネルギー源（風）が枯渇しないこと、よって相対的に価格が安定していること、純国産エネルギーであるというメリットがある。だが、その一方で風力発電は、自然条件により出力が変動するため、地域内の電力需給バランスを損なう可能性があることや、既存の送電線ネットワークの整合性の問題もあり、日本での電力供給量全体での割合は1％程度に過ぎない。また、風力発電に伴う具体的な悪影響として、立地に伴う地域生態系の悪化や消失、渡り鳥の移動ルートの妨害、建設作業などに伴う生態系の攪乱、風車への鳥類の衝突死（バードストライク）などがある[8]。さらに最近では風車建設による騒音の問題、景観上の問題も論点に上がっている。

だが、風力発電の広がりは反原発運動にとっては、原子力に頼らない代替可能なエネルギーを実現できるという意味で、対案提示型の運動としても期待されている。特に、風力発電事業を展開するための資金の一部を「出資」という形で一般市民が拠出し、事業主である関連NPOが風車を建設、風力発電事業を運営する「市民風車」が近年注目されている。市民風車は、従来型の風力発電事業と異なり、再生可能エネルギーの推進という点だけではなく、風車による「地域社会の循環型経済の構築」を目指し、市民が参加し、風車に共感するといった価値の導入と市民による資金調達を両立させる仕組みを採用しながら、

8　丸山康司, 2008,「風力発電事業をめぐる対立と展望」, 松永澄夫編『環境―文化と政策』東信堂.

風車立地点の地元地域と市民との「社会的ネットワーク」の構築を試みるなど、地元地域や社会全体への波及効果が企図されている。その意味で、市民風車への出資者が市民風車とどのようにコミットメントするのかという点が、市民風車を運営する環境NPOの課題であるともいえる。本章では、上記のような2つのエネルギー問題を巡る住民・市民の動きを事例として、環境NPOと環境運動の果たしてきた役割、意義や意味と、今後の課題について考えていきたい。具体的には、北海道幌延町における核廃棄物処理施設の立地に関する問題（幌延問題）を巡る反対運動と、NPO法人北海道グリーンファンドによる、市民出資による風力発電所事業（**市民風車運動・事業**）を対象とする[9]。なお、2つの運動ともに、1980年代以降、北海道札幌市を中心としたさまざまな環境運動をリードしてきた生活クラブ生協・北海道が関与している。つまり、エネルギー（問題）に関わった環境NPOと環境運動という2つの対象を取り上げ、その現状と課題を考察しながら、環境NPO/環境運動の今後の課題について考えていくことが、本章の課題である。

3. 幌延問題に関わる人々——環境運動の持続性

3-1. 幌延問題およびその舞台の概要[10]

　北海道幌延町は、北海道の道北地域に位置する酪農地帯であり、地元に雇用の場は少なく若者が町外に流出した結果、人口は減少し続けている（2010年9月現在2613人）。酪農の規模拡大による負債増大、公共工事に依存する土建業の業績悪化が顕在化したことを背景に、幌延町は「過疎脱却の起爆剤」として1982年に低レベル放射性廃棄物処理施設の誘致を行うが、これが現在まで続く一連の「幌延問題」の始まりである。低レベル放射性廃棄物処理施設の誘致が表面化すると、幌延町の労働組合（幌延地区労）が母体となった「原発廃棄物施設誘致反対幌延町民会議」による反対運動が組織化された。1983年に低レベル放射性廃棄物処理施設の誘致が別の地域（青森県下北地方）に決まったが、1984年に高レベル放射性廃棄物処理施設（貯蔵工学センター）の誘致を

9　本章の事例の記述内容は、西城戸（2008：chap.5, 6, 7）の記述に近年の動向を加筆したものである。西城戸誠, 2008,『抗いの条件――社会運動の文化的アプローチ』人文書院.
10　滝川（1991；2001）、久世（2001；2003；2009）を参照. 滝川康治, 1991,『幌延―核のゴミ捨て場を拒否する』技術と人間. 滝川康治, 2001,『幌延―揺れる北の大地』七つ森書房. 久世薫嗣, 2001,「研究に終わるのか幌延施設―悪しき多数決主義に抗して」,西尾漠編『原発のゴミはどこにいくのか―最終処分場のゆくえ』創史社. 久世薫嗣, 2003,「幌延の深地層研究所を処分場にしないために」,西尾漠編『原発ゴミの危険なツケ―最終処分場のゆくえ2』創史社. 久世薫嗣, 2009,「毛救助が最終処分場への懸念広がる―他移動幌延で進む高レベル広報活動」,西尾漠・末田一秀編著『原発ゴミは「負の遺産」最終処分場のゆくえ3』創史社.

幌延町長が表明し、さらに反対運動が激化する。1985年1月に幌延町とその周辺自治体である天塩町・豊富町・中川町・稚内市・名寄市の住民団体や個人が参加して「核廃棄物施設の誘致に反対する道北連絡協議会（以下、道北連絡協議会）」が発足、道北地域の反対運動の拠点として活動が開始された。幌延町やその周辺では、トラクターデモ、酪農民・住民総決起集会などが行われ、道北11市町村の議会に誘致反対の請願・陳情がなされた。また札幌市の運動団体を中心とした「原発廃棄物施設誘致反対道民連絡会議」が動燃（動力炉・核燃料開発事業団）理事長に対して、道民100万人の反対署名を提出するなど、全道的に反対運動の機運が高まっていった。その後、1985年11月から1987年夏まで動燃が現地調査やボーリング調査を強行して実施したが、反対派住民が2名逮捕（1986年夏）されるなど現地では激しい反発があった。そして、周辺自治体の農協、漁協の反対、酪農民を中心とした反対運動、広範な道民世論の反発、北海道知事の反対姿勢などが結びついた結果、計画は事実上の凍結状態になっていた。

　だが、1988年頃から動燃によって周辺自治体（中頓別町、豊富町、天塩町）の議会に対しての促進決議を進める工作が行われた。幌延に核廃棄物処理施設を建造するためには、周辺自治体の理解が必要であったためである。一方、豊富町では促進決議を強行した議会幹部のリコール運動が反対運動団体によって展開され、リコールが成立し[11]、翌年、貯蔵工学センター問題に対して反対決議を可決した。1990年の北海道議会選挙で与党自民党が過半数を割り、同年7月の北海道議会において自民党以外の全会派賛成で「貯蔵工学センター設置に反対する議決」が可決し、一連の幌延問題は終結したかと思われた。

　しかし、1993年頃から、「深地層研究場の分離着工案」が争点として浮上する。貯蔵工学センター計画をいったん、白紙にした上で、深地層試験場（その後の深地層研究所）を分離着工する案が北海道知事と科学技術庁（当時）の間で模索されたためである。「核廃棄物を持ち込む」貯蔵施設ではなく、「核を持ち込まない」深地層試験場の分離着工案は、幌延問題が再び問題化するきっかけとなった。北海道庁や北海道議会が、貯蔵工学センター問題の「白紙撤回」と核抜き条例の制定を進めることに対して、あくまでも深地層試験場の撤回を求める反対運動側は、反対集会の開催、署名活動、北海道庁・北海道議会を包

11　投票率は約84.5%（有権者数4241人）、リコール賛成票は対象者2名とも2300票に達した。

囲する「人間の鎖」、トラクターデモなどを行った。しかし、2000年10月、「北海道における特定放射性廃棄物に関する条例」(核抜き条例) が北海道議会で可決され、事実上、深地層研究所の受け入れを認めることになった。

その後、2000年11月に北海道、幌延町、核燃（核燃料サイクル開発機構）は「幌延町における深地層の研究に関する協定書」を締結する。この協定書には放射性廃棄物は持ち込まない、研究終了後は地下施設を埋め戻す、積極的な情報公開に努める、環境保全のための措置を協議するなどの項目が明記されている。だが、幌延町周辺市町村は深地層研究所自体に対して反対であり、協定の締結自体に関わっていない。しかし、核燃はこの協定締結によって、2001年に深地層研究所の事務所を設立、事業計画の説明、ヘリコプターによる幌延町の調査、深地層研究所建設のためのボーリングを開始し、2002年には研究所設置地区を選定、2003年には核燃と幌延町、幌延町農協との間で土地売買契約を締結し、研究所建設用地の造成がされた。その際に電源三法[12]による交付金がでることになったが、周辺自治体（豊富町、浜頓別町、猿払村）が核廃棄物拒否の条例制定を試みようとすると、北海道経済産業局は交付金をカットすると関連自治体に圧力をかけた。それに対して、反対運動側は2004年度以降、幌延町周辺自治体内の核廃棄物持ち込み拒否条例の制定を求める運動を開始したが、浜頓別町議会では否決された[13]。2005年には地上施設建設工事が開始され、その排水処理を巡る問題など、一連の出来事に対して「道北連絡協議会」を中心とした地元住民、酪農家などが反対集会、抗議デモを行った。

だがその一方で、原子力発電環境整備機構（NUMO）は高レベル放射性廃棄物地層処分のための処分候補地を2002年から公募している。全国各地で誘致をする自治体があったが、結局は地元の反対運動で中止になっている。この事実は放射性廃棄物処理施設に対する反対運動の強さを示しているものの、かつて廃棄物処理施設の誘致を行ってきた場所が高レベル放射性廃棄物の処分地になってしまう可能性が高いことも示している。2008年には、原子力環境整備促進・資金管理センター（原環センター）が、北海道と幌延町に対して、地層処分のための実証試験やPRを行う地層処分実規模設備整備事業を示し、2010年には地層処分実規模試験施設やPR施設（ゆめ地創館）を開設した。

---

12 電源開発促進税法、特別会計に関する法律（旧電源開発促進対策特別会計法）、発電用施設周辺地域整備法の総称であり、電源開発が行われる地域に対して補助金を交付し、発電所の建設を促進させる。
13 背景には電源三法による交付金を受けてしまったこと、北海道と幌延町に持ち込み禁止条例があるため、周辺自治体にまで、核廃棄物の持ち込みの拒否条例は必要ないという気運があったことが考えられる。

反対運動側は、「PR活動をするならばもっと人口の多いところですべきなのに、なぜ幌延町でやるのか。別の意図（＝核廃棄物の最終処分場にすること）があるのではないか」と警戒している。放射性廃棄物の処分場の受け皿がない以上、それ以前に手を挙げた幌延町が受け皿にならざるを得ないという結論になる恐れがあるからである。もっとも、道北連絡協議会をはじめとした反対運動側は、北海道内の処分場の動きに関する情報収集全国の運動体との連携を模索している。このように現在の幌延問題の反対運動は、深地層研究所そのものを反対する運動と、その先にある処分場反対の運動をリンクさせながら展開されている。

3-2. 反対運動の経緯とその変化

以上のように、30年あまりに続く一連の幌延問題は、①低レベル放射性廃棄物処理施設から高レベル放射性廃棄物処理施設（貯蔵工学センター）への誘致を巡る反対運動、②「核を持ち込まない」深地層試験場（研究所）の分離着工案を巡った反対運動、③深地層研究所とその先の処分場建設を巡る反対運動の3つに分けることができる。①の際には多くの団体、住民が反対運動に関わったが、②の問題以降、対応が分かれた。①の問題に比べて、②③の問題は争点化しにくいという側面もあるが、なぜ運動体によっては反対運動への参加のあり方が変化したのか、その要因を考察しながら、環境運動の継続性という点について考えていきたい。

まず、北海道は伝統的に旧社会党系の労働組合の力が強く、幌延問題に対する抗議活動も当初から積極的であった。だが、②深地層研究所の問題以降、反対運動に支援的であった労働組合の方針転換によって、労働組合に依存し政治的に問題を解決する運動スタイルをもった運動体は、その抗議活動を停滞させてしまった。つまり、まず運動を取り巻く**政治的機会**（＝運動の同盟者の有無）が反対運動の継続に関連している。また、①高レベル放射性廃棄物処理施設の問題に積極的に関わった「天塩町民の会」のメンバーである酪農家は、乳価の下落に伴い牛を多頭化することによって労働時間の増加し、物理的に反対運動への参加がしにくい状況を運動不参加の理由として話す。これは社会運動研究の**資源動員論**が指摘するように、金銭、時間の有無が抗議活動の参加を規定しているといえる。

その一方、かつてはリコール運動まで展開した「豊富町民の会」のメンバー

は、この幌延問題にずっと関わり続けている。「豊富町民の会」の事務局が農協にあることもあり、抗議活動の組織的基盤が存在していることも一因であるが（資源動員論による**動員構造論**の視点）、これらのメンバーの幌延問題に対して持つ地域主義的なメンタリティが醸成されてきたことが大きい。つまり、「豊富町民の会」のメンバーは、乳価の下落に対してマイペース酪農と多角化経営を目指し、単なる金儲けではなくよりよい製品（チーズやアイスクリーム）を作っていこうとする「農家チーズネットワーク」を構築し、地元中心で地域主義的な活動を目指していった。この活動によって、深地層研究所問題に対して単なる一過性の反発や漠然とした不安ではなく、自らの生業や地域の問題として抗議する動機づけが生まれていったのである。それは、深地層研究所の計画が長期化している中、原子力関係の資金に頼らず、酪農家の経済的な活動を担保する第一次産業を基盤とした地域づくりを創っていきながら、反対運動を継続していくという、現在の幌延問題に対する「道北連絡協議会」の運動方針に連なってくる。幌延問題に対する住民の不安は、当初の高レベル核廃棄物処理施設を巡る問題から変化していない。そして、政治的な状況の変化、酪農家を取り巻く環境の変化による反対運動への物理的な制約が生まれる状況で、そもそも反対運動を継続させていくことは難しい。だがその中で、地元中心で地域主義的な活動を目指すという日常生活の中で育まれた考え方が、幌延問題の反対運動を継続していく精神的基盤になっているのである。このような運動体が醸成していく「**運動文化**」[14]が、長期に及ぶ反対運動において重要なのである。

4. 「市民風車」の挑戦——「個」の時代における「運動」の可能性
4-1. 市民風車運動・事業の概要——経緯と展開

北海道浜頓別町に竣工された日本初の市民風車（はまかぜちゃん）の事業主体は、NPO法人「北海道グリーンファンド」であるが、その母体となったのが、北海道において反・脱原発運動を主導してきた生活クラブ生協協同組合・北海道である。生活クラブ生協・北海道は、1980〜90年代にかけて泊原発や北海道幌延町の核廃棄物処理施設反対運動など、北海道の反原発運動の中心的

---

14 ここでいう「運動文化」とは、抗議活動に関わる諸個人が共有し、運動を方向付ける個人の解釈枠組み（集合行為フレーム）を規定するものであり、運動に関わる人々や組織内部で「半ば定型化された」言説や、共有された認識枠組みから判断される。

な担い手の一つであった。以下、具体的に見ていこう。

　1986年のチェルノブイリ原発事故による全国的な反原発運動の盛り上がりの中で、1988年に泊原発に対する反対運動が大規模に展開された。その中心的な活動であった「泊原発の可否を問う道民投票条例」の制定を求める直接請求運動の中で、90万筆のうち15万筆の署名を収集したのは生活クラブ生協の組合員であった。札幌圏では32万人分の署名が集まったが、生活クラブ生協の組合員がその半数を集めたことになる。しかしながら、この泊原発に関する直接請求運動は、北海道議会において条例制定の審議の結果、賛成52票、反対54票という僅差で否決される結果となった。

　一方、3節で述べた幌延問題に対して、生活クラブ生協のメンバーは、1990年から札幌から自動車で6～7時間かかる幌延町に毎年夏に「幌延サマーキャンプ」と称して赴き、幌延問題に関するビラまきを戸別に行った。サマーキャンプという名の通り、組合員は家族連れの参加も多く、当初は現地酪農家と組合員との交流の場であった。だが、その後は、幌延問題に反対する地元住民が徐々に集まり、現地の運動家の会合の場として、さらに幌延と札幌を結ぶ情報交換の場所として機能し始めた。つまり、生活クラブ生協のサマーキャンプが現地に新たな運動のネットワーク（動員構造）を生み出したのである。

　しかしながら、生活クラブ生協の運動展開の中で、反対運動にとどまらない次の戦略も求められていた。その一つの方策として、東京都や神奈川県で展開されていた**代理人運動**を北海道でも展開することになった。代理人運動とは、既成の特定政党から自立した生活クラブの考え方を地方議会に反映し、実現できる人を生活クラブの「代理人」として地方議会に送り込む運動である。1990年に市民ネットワーク北海道を結成し、91年には札幌市、石狩町（当時）に合計4名の議員を輩出し、2007年の統一自治体選挙では札幌市を含む周辺3市1町から9名の代理人が誕生している。市民ネットワーク北海道は、福祉問題や学校給食、遺伝子組換食品に関する問題など日常生活に関わるものから、丘珠空港問題、千歳川放水路問題、当別ダム建設問題など、地域社会のさまざまな問題を議会で取り上げた。生活クラブ生協の運動が、政治的に問題を解決する手段を獲得していったのである。

　その一方で生活クラブ生協・北海道は、反原発運動だけではなく、**対案提示型の運動**として「グリーン電気料金運動」を展開するようになった[15]。このグリーン電気料金運動は、生活クラブ生協が行っていた灯油の共同購入をヒント

にして始まったもので、月々の電気料金に5%の「グリーン料金」を加えた額を支払い、グリーン電気料金分を自然エネルギー普及（風力発電）のための「基金」にするという活動である。5%という定率にする理由は、エネルギーを使っている分だけ環境保全のために必要な社会的コストを応分に負担し合うという考えが背景にある。このように自らのライフスタイルを見直しながら、新しい電力源を育てていこうとする政策提言的な環境運動は、1999年4月に生活クラブ生協・北海道の組合員60名からスタートし、その後、北海道のすべての市民が参加できるように、1999年7月にNPO法人北海道グリーンファンドが設立された。そして、このグリーン料金運動の後、NPO法人北海道グリーンファンドは、日本初の市民共同発電所の設立へ向けての活動を始めた。風車建設の総事業費約2億円であり、6000万円を目標とした市民からの出資を募ったが、最終的には1億4000万円を集め、総事業費の7割をまかなうことになった（不足分は銀行からの借り入れ）。こうして2001年9月に市民風力発電所・1号機が北海道浜頓別町に完成し、2010年9月現在全国で12基の市民風車が運転している[16]。

4-2. 出資者と市民風車へのかかわり

　2008年4月の段階で11基の市民風車に対して、のべ人数4000人の出資者が総額約20億円の出資があったが、どのような動機で市民風車に出資をしているのであろうか。大まかに3つの動機が挙げられる。第一に、「環境や地域社会の貢献のために、使途が明確で決して損はしたくはないが有意義にお金を使いたい」という環境運動や市民運動への理解や共感を重視するという点である。市民風車第一号の北海道浜頓別町の出資者はこの動機付けが多いが、これは生活クラブ生協の反原発運動の延長として市民風車への出資が行われていたと考えられる。第二に、市民風車への出資が「寄付ではない」ことや、出資によって「配当に期待」できるといった経済的要因が挙げられる。環境運動への募金、寄付という一回限りの関係とは異なり、風力発電が順調に運転されていれば、出資者に対して、低金利時代の銀行と比べはるかによい配当が毎年つく。ある個人が集合的な行為に参加するには、運動が掲げる目標の達成だけではな

15　北海道グリーンファンド編，1999，『市民発の自然エネルギー政策・グリーン電力』コモンズ．
16　北海道浜頓別町、石狩市（3基）、青森県鰺ヶ沢町、大間町、秋田県秋田市（2基）、潟上市、千葉県旭市、茨城県神栖市、石川県輪島市）．

く、参加の貢献度に応じた報酬的な価値（**選択的誘因**）の付与が必要であるという、M.オルソンの集合行動論の指摘があるように、従来の社会運動では、特に経済的な誘因を提供することは困難であった。その一方で、市民風車は「配当」という形で参加者に選択的誘因を付与することができるため、これまで環境運動に参加していない人々が参加しやすい要因になるといえる。第三に、「風車に記名ができる」「自分の風車が欲しい」といった、自分たちの風車という所有感覚や、また、市民風車への関わりは、環境運動のような直接行動が求められるのではなく、何か環境によいことをしたいという、相対的に「弱い」コミットメントが許されるという意識があるといえる。つまり、従来の環境運動のように直接行動をするといった「強い」コミットメントを求めるような関わり方でもなく、また寄付といった一回限りだけの関係とも異なる、相対的に弱い関わり方を市民風車は出資者に提供しているのである。

　以上のようにさまざまな動機付けが同時に併存しているという点が、市民風車への出資が広がった要因であるといえるだろう。つまり、環境問題に貢献するという意味づけ以外の活動への関わり方を、活動の運営側が提供するといった柔軟さが、多くの人々を巻き込んでいくためには重要になってくるといえる。もっとも、出資という個人の行為自体は、それぞれ別個に市民風車に関わっているため、出資者間のネットワークや風車立地点の地域住民との共同性を直接生み出しているわけではない。一部の市民風車の中には、風車立地点でのイベントを通じて、出資者、地元地域住民との交流を図っているが、それは出資者に対して自らの出資が環境に貢献しているという感覚をより強く享受できる機会を提供しているだけではなく、出資者が風車立地点に来訪し、そこでの地場産品を消費することなどによって立地点の地域活性化にも寄与する。さらに、最近では、一部の風力発電の過剰な開発に関して、地元住民からの反対運動が立ち上がっているが、市民風車への出資者や地元住民がその利害当事者になることによって、過度な開発が抑制されうる。なぜなら、環境や地域のために何かできないかと考える出資者のまなざしは、風車建設による環境や地域社会への影響を最小限に食い止めることにつながるからである[17]。

　上述したように、市民風車という仕組みは、再生可能エネルギーを生み出すだけではなく、出資する市民、風車の立地点の地域社会にさまざまな利益をも

17　丸山康司, 2005, 「環境創造における社会のダイナミズム」『環境社会学研究』11, pp.131-144.

たらしている。また、他者と連帯して行動するという経験が共有されにくく、かつ「個」の生活が重要視される現代において、「環境に何か良いことをしたいがよくわからない」という個人が「社会」とつながるためのツールを提供しているともいえる。市民風車の運営側は、集まってきた「個」をどのように「連帯」させるのかが、今後問われているといえるだろう。

5.　………「複雑な環境問題」に対応する持続可能な運動/NPOのために

　ここまで北海道における2つのエネルギー問題の概要とそこに関わった環境運動とNPOの事例を紹介しながら、その現状と課題について見てきた。最後に、環境NPOと環境運動の今後のあり方について考えていきたい。

　近年の環境問題の特徴の一つは、「誰にとって何が、どのように問題なのか」を決めることが難しく、問題自体の利害関係者が多様でその利害調整も困難であるため、ある環境問題の原因とその解決策を定式化することは難しいことである。よって、個々の問題解決のために「どのような環境運動・環境NPOが必要か」という問いを即時的に回答することは困難であるし、総論的に述べることにもあまり意味がないかもしれない。ただ、環境NPOや環境運動の現場は、次々に生み出される問題に対して、複雑な問題を複雑なものとして理解しながら、その都度対応していくことが求められる。行政当局との対立を含む環境運動の場合は特に、継続的に抗議活動を続けていく必然性も生まれてくる。

　このような状況の中で「複雑な環境問題」に対応するための一般的な対応をあえて述べれば、まず、環境問題への順応的な対応をしていくための組織的インフラ、活動資金などを環境NPOや環境運動で担保することが重要であろう。社会運動研究の資源動員論や動員構造論では、運動体が持つ資源や活動の組織的基盤が抗議活動の生起に寄与すると指摘し、NPO研究におけるNPOの組織マネージメントの議論においても、NPOの活動に必要な資金や組織的基盤の重要性とその獲得のための一般的なノウハウが示されている。

　もっとも本章では、メンバー間で育まれた「運動文化」を醸成しそれを次の世代に伝えていくことで、環境NPOや環境運動の担い手の持続性（再生産）を担保することの重要性を議論してきた。幌延問題の事例でいえば、「豊富町民の会」のメンバー間で醸成されてきた、地元中心で地域主義的な活動を目指すという「運動文化」が、現在の「道北連絡協議会」に反映され、核廃棄物処理施設を巡る「永い闘い」に対して、派手さはないが堅実に継続して反対運動

を続けていく精神的な基盤になっている。他方、生活クラブ生協・北海道の組織的問題から中断していた「幌延サマーキャンプ」が2009年から8年ぶりに復活した。長年、生活クラブ生協・北海道の反原発運動に関わってきた「ベテラン」の組合員は、若い世代の組合員と一緒に、幌延町内を回り、幌延問題に関するビラをまきながら、過去の「運動」を語り、自らの経験を伝えている。泊原発や幌延問への反対運動を担ってきた生活クラブ生協・北海道の「さようなら原子力発電の会」という原点に返りながら、また、脱原発運動の一つの到達点としての浜頓別町の市民風車を訪れながら、現在の幌延問題の現場に行く体験の共有は、生活クラブ生協のこれまでの運動文化を引き継ぐことであり、それは「出口が見えにくい」幌延問題に対して継続的に関わっている現地の運動家の励みにもなっている。

　市民風車については、環境問題や運動に強い関心がある出資者がいる一方で、多様な動機付けによる出資者が存在し、それが市民風車の広がりにもつながっている。社会全体の構成を考えると、環境問題に対して高い関心を持ち、環境運動のコアメンバーになるような、自立的で能動的で強い意志を持った主体だけによって社会が成り立っているわけではない。それゆえ「個」の時代における「連帯」の一つのあり方として、市民風車というしくみは魅力的である。だがその一方で、やはり市民風車に対して相対的に弱いコミットメントしかない人ばかりでは、全体としては一部の主導者（環境NPO）や積極的な活動する出資者層と、それにフリーライドする構成員という構図ができあがってしまう。「これからの社会を考えていく上で、市民や行政が担うべき課題を作り上げていくプロセスを「公共性」として捉える」[18]とするならば、その公共性の構築に関わる「強い個人」を創出するための試みは常に求められているわけであり、市民風車の場合、環境NPO・出資者・立地点住民等の社会的ネットワークを作り上げる必要があるといえるだろう。環境NPO、環境運動ともに、最終的には担い手をどれだけ作り続けることができるのか。そのことが現代の環境問題に対するNPO、運動が持続的であるかどうかを決定づけると同時に、これまで国家・行政によって支配されてきた公共性から、市民・住民も参画する「新しい公共性」に向かうために重要な営みであるといえるだろう。

18　今田高俊（発言者）, 2001,「発展協議」, 佐々木毅・金泰昌編『公共哲学1 公と私の思想史』東京大学出版会.

◆討議・研究のための問題◆

1. 環境NPO、環境運動の事例を見つけ、その歴史を新聞記事、ホームページ、団体の資料などからまとめてみよう。
2. 1.の作業を踏まえて、対象事例に対してインタビュー調査をしてみよう。その活動をなぜしているのか、どんな目的や「夢」があるのか。現状の課題や問題点は何かなどをまとめてみよう。
3. 1.〜2.の作業を、複数の事例で行い、比較をすることによって、共通点と相違点を整理してみよう。

column
政策提言型のNPO

舩橋晴俊

　日本においては、1998年に公布された「特定非営利活動促進法」（NPO法）以後、特定非営利活動法人（NPO）がさまざまな分野で組織化されるようになり、環境NPOの活動も活発化するようになった。環境NPOの活動は、さまざまな環境保全活動や環境配慮型の財やサービスの提供を担うという性格を有しているが、その活動領域や活動スタイルはきわめて多様である。その中で、今後、ますます必要かつ重要となるのは、「政策提言型」の環境NPOであろう。「政策提言型」のNPOとは、政策関連情報の収集と分析、政府や自治体や政党の政策についての批判や評価、さらには、自ら政策提言を作成し公表するといった課題を果たすことを第一義的な目標として設定されたNPOであり、市民シンクタンクとも言いうるものである。地域社会でも、全体社会でも、また国際社会でも、公共圏における政策論争が活発に行われ、各級の政府や国際機関の政策決定に、公共圏の議論が反映されるためには、政策提言型NPOの果たす役割は不可欠である。

　例えば、エネルギー政策の領域での政策提言型のNPOとして「原子力資料情報室」と「環境エネルギー政策研究所」の二つを例示しておこう。「原子力資料情報室」は、政府や電力会社から独立したかたちで1975年に設立され、市民の視点から原子力政策についての包括的な情報収集と情報提供を継続している。月刊の「原子力資料情報室通信」は日本及び世界各国の原子力発電や放射性廃棄物問題についての基本的情報の提供や、その時々の政策の批判的分析を行っている。また毎年一回刊行される『原子力市民年鑑』は原子力に関するデータベースという性格を持ち、基礎的な情報が満載されている（ホームページ http://www.cnic.jp/）。「環境エネルギー政策研究所」（isep）は、地球温暖化対策やエネルギー問題に取り組む環境活動家や専門家によって、政府や産業界から独立した第三者機関として2000年に設立された。その目的は持続可能なエネルギー政策の実現であり、自然エネルギーや省エネルギー推進のための国政への政策提言、地方自治体へのアドバイス、国際会議やシンポジウムの主催など、幅広い活動を行っている（ホームページ http://www.isep.or.jp/）。

　これらの日本における環境NPOの規模や財政基盤や職員の数は、アメリカやドイツなどと比べると大きいとは言えない。多くのNPOは人手の不足をボランティアやインターンシップという形で補っている。だが、独立した政策提言型のNPOが、高い志をもって活動を続けていくことは、環境政策の充実のために不可欠である。今日の日本社会においては、政策科学系の学部や大学院が増加しているが、政策提言型のNPOは、それらの出身者の活躍の一つの場となって行くであろう。

【文献】
原子力資料情報室編，2010，『原子力市民年鑑2010』七つ森書館．
環境エネルギー政策研究所編，2010，『自然エネルギー白書2010』作成：自然エネルギー政策プラットフォーム．

column
環境民主主義とオーフス条約3原則

安田利枝

　カナダのブリティッシュ・コロンビア州のある先住民族に「サケ少年」という物語が伝わっている。それは、身体がサケになった少年が森を旅する中で、多くの生き物に出会い、お返しに食べ物を与えて役に立つという話である。驚くべきことに、この「サケ少年」の物語は科学的に見ても真実であることが近年解明された。海から戻って産卵のために川を遡上するサケの身体に含まれる海の窒素（N15）が森の樹木と森に住む多くの生物種の生存と成長の鍵を握ることが分かってきたのだ。

　今、世界に残る希少な温帯降雨林であるカナダの「サケの森」は州政府の管理計画と公共事業によってさらに豊かな森になろうとしている。先住民諸部族の呼びかけで開催された会議に、政府代表を含め、土地の権利を巡って争っていたすべての森林利用者である大手木材会社、労働組合、サケ漁師、建築請負業者、観光業者などが参集して協定に合意した結果である。政府の管理計画は地域の先住民族自治政府の認可なしには実施されない。新規の伐採、道路建設、環境復元事業が提案されたときに、科学者の独立機関から影響評価についての情報を地域住民が得られる仕組みも作られている。

　近年、世界各地で成功している環境保全や自然再生の取組みの現場から、事業、計画、政策などの意思決定への市民参加を求める声が沸き起こっている。

　こうした環境民主主義の考え方は、1992年の地球サミットで採択された「環境と開発に関するリオ宣言」第10原則で明確に謳われ、1998年に国連欧州経済委員会が策定したオーフス条約により定式化された。デンマークのオーフス市で採択されたためこの名があり、2010年8月現在の締約国はEUを含むヨーロッパの44カ国である。日本にもオーフス条約への加盟を目指す動きがある。

　オーフス条約は、人が健全な環境のもとに暮らす権利を享受するために、政治的意思決定への市民参加が不可欠であるとの認識に立つ。そして、環境情報へのアクセス、意思決定への市民参加、司法へのアクセスという3つの権利を公衆の法的権利として確立する義務を締約国政府に課し、各国の法制化を促している。前国連事務総長コフィ・アナンはこの条約を「環境民主主義の領域における最も野心的な試み」と呼んだ。

　日本でも、2001年の情報公開法の施行、2005年の行政手続法の改正によるパブリック・コメント制の法制化など少しずつオーフス条約の理念に近づく歩みがある。しかし、情報公開の対象が国の行政機関に限定されている、戦略的環境影響評価が実現していない、特に環境公益訴訟が実現されていないなどの点で、未だオーフス条約の理念との距離は遠い。オーフス条約についての基本文献として次のものを挙げておく。

【文献】庄司克宏編著, 2009, 『EU環境法』所収第8章と第9章, 慶應義塾大学出版会.

第14章

環境問題の解決のための社会変革の方向

●舩橋晴俊

　本章では、環境問題の根本的解決のためには、巨視的に見た場合どのような社会変革の方向が望ましいのかということについて検討したい。この問題を、本章では、「環境制御システム論」「経営システムと支配システムの両義性論」「公共圏論」という三つの理論的視点を組み合わせることによって考察する。本章の中心的な論旨は、個々の環境問題を解決し、総体としての持続可能な社会を実現していくためには、環境制御システムの形成と、その経済システムへの介入の深化が必要であり、それを推進する公共圏の豊富化が必要だということである。

1. ……… 環境制御システム論

1-1. 環境制御システムの意味

　環境制御システムとは、環境問題の解決を第一義的課題として設定している政府組織や自治体組織や環境運動組織を制御主体とし、これらの諸組織からの働きかけを受ける社会内の他の諸主体を被制御主体とし、両者の相互作用の総体から形成される社会制御システムである[1]。

　環境制御システム論の基本的な視点は、個別の環境問題が解決されてきたこれまでの歴史的過程と、今後、持続可能性を有する社会を総体として形成していく過程を、環境制御システムの形成とその経済システムに対する介入の深化の諸段階として把握するところにある。そのような初段階は、次の五つの段階としてモデル化することができる（舩橋1998：2004）。

1　社会制御システムとは、一定の社会的な目的群の達成を志向しながら、統率主体（支配主体）としての一定の行政組織と被統率主体（被支配主体）としての他の諸主体の間に形成される相互作用と制御アリーナの総体から構成される。

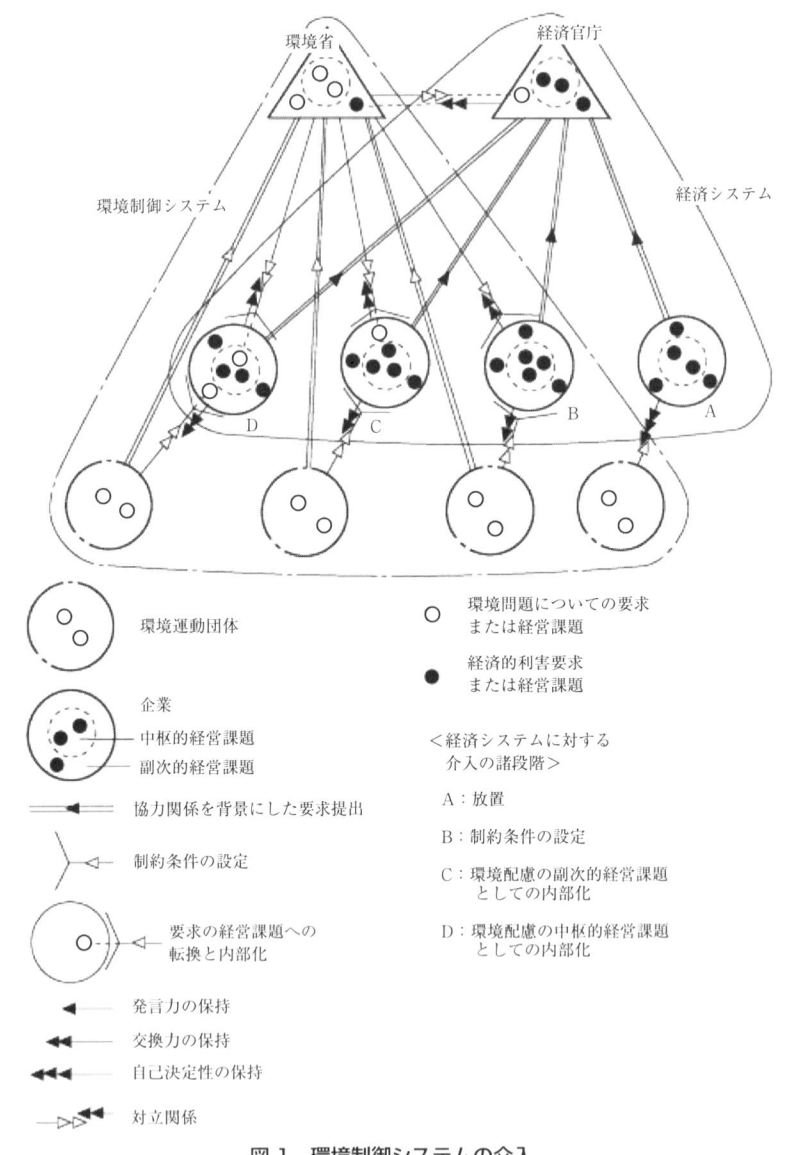

図1　環境制御システムの介入

O：産業化以前の社会と環境の共存
A：産業化による近代的経済システムの形成と環境制御システムの欠如による汚染の放置
B：環境制御システムの形成とそれによる経済システムに対する制約条件の設定
C：副次的経営課題としての、環境配慮の経済システムへの内部化
D：中枢的経営課題としての、環境配慮の経済システムへの内部化

　この五段階を、共存（O）、放置（A）、制約条件の設定（B）、副次的内部化（C）、中枢的内部化（D）と略称することにしよう。図1は、これらのうち、ABCDの諸段階を簡略に表示したものである。

1-2. 環境制御システムの介入の諸段階の含意

　「共存」とは、近代的技術や近代的経済システムが発展する以前の歴史的段階で、狩猟・採集あるいは農業・漁業に主要には依拠しながら、人間社会における生産と消費が、自然生態系の物質循環と調和したかたちで、環境破壊を回避しながら持続している状態である。すべての前近代社会がそのような共存を実現してきたわけではないが（湯浅1993）、適切な技術と社会規範のもとで、人間社会と自然との間の**物質循環**が生態系内部の物質循環とうまく結びつき、持続可能性を実現してきた社会はさまざまに存在してきた（宮内1998）。

　しかし、そのような共存の状態は、産業化とともに大きく変容する。日本においては、戦前、戦後を通して産業化により近代的経済システムが形成され、それとともに**公害**が多発したが、1960年代末までは、実効的な公害対策は確立されなかった。（A）放置の段階とは、環境制御システムが未確立であり、汚染と環境破壊の防止という立場からの経済活動に対する介入が欠如し、汚染や環境破壊に対して、実効的な制約条件が課されていない段階である。ここで、制約条件とは、一定の行為を禁止するような原則のことであり、**環境基準**による汚染物質の排出の禁止とか、**開発規制**による特定の緑地に対する開発行為の禁止などが、その例である。

　これに対して、（B）「**制約条件の設定**」の段階とは、環境制御システムが形成され、経済システムに対する介入を行い、環境破壊的な一定の行為を規範によって禁止するようになる段階である。1970〜71年にかけての、公害規制関

連諸法の制度化と、環境庁の設置とは、日本社会において、「放置」段階から「制約条件の設定」段階への移行が進んだことを意味している。

さらに、(C)「**副次的内部化**」の段階とは、経済システムやその要素的単位としての企業経営システムや公共事業において、環境配慮が経営課題群の一つとして設定され、達成するべき目標として自覚されて、その達成のために予算や労力が投入されたり技術開発が自覚的に遂行されるようになる段階である。1970年代の半ばに、アメリカの**自動車排気ガス規制**の強化（マスキー法）に対して、日本の自動車メーカーが**低公害車**の開発を積極的に推進したり、公害防止投資の急速な増大が見られたのは、この段階への移行が部分的に始まったことを意味している。ただし、この段階では、「環境配慮」は、経済システムやその要素的単位である企業にとって、最優先の経営課題ではなく、副次的な位置づけにとどまっている。汚染物質や廃棄物を生み出すような生産工程一般が否定されるわけではなく、それらは、環境基準以下に抑制されたり、安全に管理すればよいという選択がなされる。

それゆえ、「副次的内部化」段階は、汚染物質の削減に成功したとしても、それだけでは**持続可能な社会**を実現するには不十分である。持続可能な社会の実現のためには、(D)「**中枢的内部化**」の段階に進まなければならない。「**中枢的内部化**」とは、環境配慮が経済システムやその要素的単位としての企業経営にとって、優先的な経営課題群として設定されることであるが、その含意は、総体としての環境負荷が自然生態系の環境容量の内部に抑制されることが必要だということである。すなわち、経済システムの排出する汚染物質は、自然生態系および人工的装置の**浄化能力**の範囲の中に抑制されるべきであり、経済システムの消費する各種の資源・エネルギーは、自然生態系および人工的な装置による**再生能力**の範囲に抑制されるべきである。例えば、近年提唱されている「ゼロ・エミッション」の理念や（フリチョフ・カプラ他 1996）、21世紀になって、世界的に急速な普及が進んでいる**再生可能エネルギー**は、この「中枢的内部化」の段階に対応した理念や技術であると言えよう。

この中枢的内部化の段階は、環境制御システムが経済システムに対して、もっとも深く介入するものである。環境制御システム論の枠組みは、このような介入の深化が、歴史的に進展してきたものであることの分析と同時に、もし環境問題を解決しようと欲するならば、大局的な社会変革の方向は、「中枢的内部化」段階に向けて、社会全体を再組織化するべきであるという政策の方向性

を提起することを可能にしている。

　環境制御システム論は、環境配慮が経済システムの内部に優先的な目標として設定されれば、環境配慮と経済活動はけっして矛盾するものではないという考え方を採用する。このような発想は、ヨーロッパの環境社会学者の間で提唱されている「**エコロジカルな近代化**」論とも（Spaargaren G. et al. 2000)、近年、アメリカで提唱されるようになった「**グリーン・ニューディール**」の政策理念（Barbier2009）とも、親和性を有する。環境制御システム論、エコロジカルな近代化論、グリーン・ニューディールの考え方に共通なのは、経済システムの達成するべき優先的目標として、環境配慮・環境保全を設定することが、長期的な人類社会の存続に不可欠だという論点である。

2. ………持続可能な社会の実現条件
2-1. 循環と環境調和型蓄積

　前節で見てきたように、持続可能な社会を実現するためには、環境制御システムの経済システムに対する介入が（D）「中枢的内部化」段階に達し、経済システムの中に、環境配慮を中枢的経営課題として設定する必要がある。では、そのようなD段階の社会とは、どのような性質の社会であろうか。ここで、「持続可能な社会」を循環という視点から検討してみよう。

　図2は、人間社会と自然環境との内部、および、それらの相互関係についての「五つの循環的な相互作用」を簡略化して表している。第1に、生産システム内部では財とマネーが循環しており、第2に、生産システムと消費・生活システム（家計）の間では、労働力と最終消費財が循環している。第3に、環境システムの内部では、自然環境のなかの物質・エネルギー循環とさまざまな種の間での物質・エネルギー循環が見られる。第4に、生産システムと環境システムの間に、第5には、消費・生活システムと環境システムのあいだに、資源・エネルギー・財の採取と廃棄物の排出という形の循環が存在する。

　このような五つの循環的な相互作用が、持続可能な形でなされるかどうか、つまり、循環が円滑に行われるかどうかについては、さまざまな可能性がある。

　図3は、これらの循環的相互作用に関して、循環がうまく形成されず、環境の劣化や破壊が発生している状態を表している。環境制御システムが形成されず、経済システムに対する制約条件が欠如し、汚染が放置されている段階（A段階）では、このような状況が現れる。すなわち、生産システムにおいて企業

図2　五つの循環

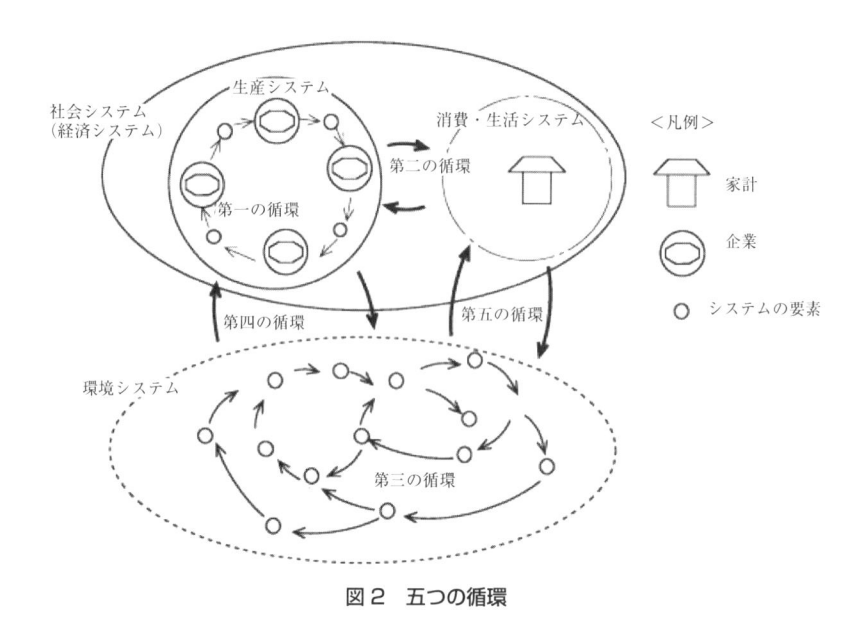

が排出する廃棄物などの環境負荷が循環されることなく、環境システムの中に蓄積されていく。注目するべきことは、このような状況にあっては、自然環境内部への**環境負財**の蓄積とともに、それを前提にして生産システムの内部においては資本の蓄積がなされることである（**環境破壊型蓄積**）。すなわち、この状態では、企業の行う経営能力高度化の努力としての資本蓄積と、外部環境への影響とは、**逆連動**してしまう。経営システムとしての財の産出水準を上昇させるほど、環境破壊に伴う受苦や危険が増大してしまう。この場合、環境システムの再生能力や浄化能力を超えるかたちで、環境負荷が生産システムと消費・生活システムの双方から排出されている。

　これに対して、図4においては、「**環境調和型蓄積**」がなされている。すなわち、生産システムの要素的単位である企業や消費・生活システム（家計）は、循環再利用が不可能な廃棄物を出さない。それらの出す「環境負財」は、「真性の環境負財」ではなく「**仮性の環境負財**」である。人間の生活環境や生物多様性の維持を直接的に損ない、打撃を与えるようなものを「環境負財」と言うとすれば、「仮性の環境負財」とは、そのようなマイナスの影響が固定的、永続的なものではなく、「資源」として利用できたり、自然の循環に吸収・浄化さ

図3 環境破壊型蓄積

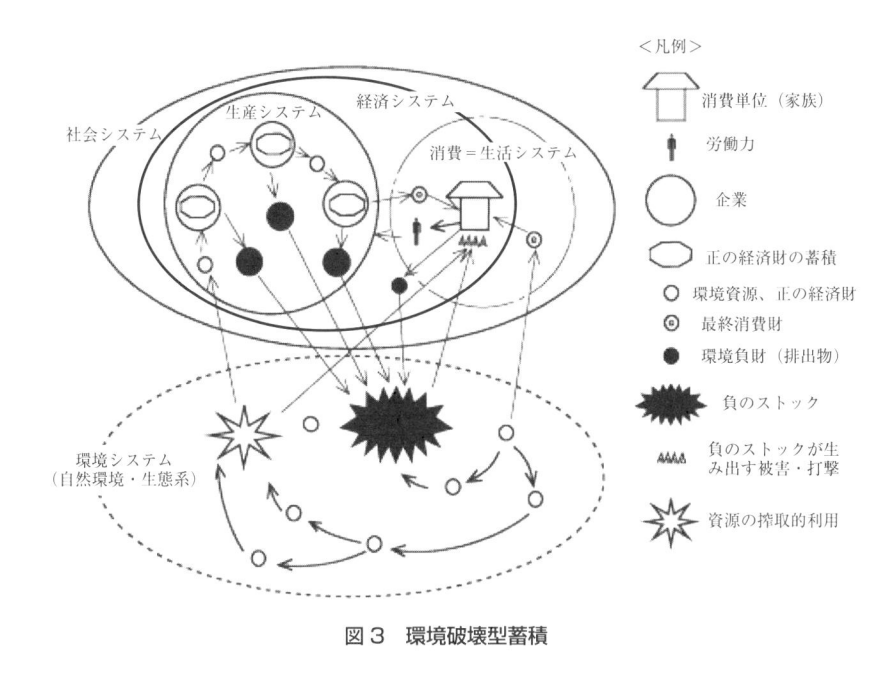

れうるようなものである。したがって、「仮性の環境負財」は「潜在的資源」とも言いうる。この循環の中で、一つの企業から排出される不要物の多くは他の企業にとっての資源として利用できる。利用できないものは最終的には環境システムに戻されるが、自然の循環の中に吸収される。ゼロ・エミッションとは、このような循環として、把握されるべきである。さらに、自然環境からの資源・エネルギーの取得についても、自然環境の有するそれらの再生能力の範囲内に収まるような形で行われる。このような循環が成り立っていれば、生産システムが正の財を生産し、経済的富を蓄積することと、良好な環境を保全することは**正連動**する。

　持続可能な社会とは、環境制御システムによる経済システムへの介入が、環境配慮の中枢的経営課題としての内部化によって可能となるが、それは同時に、五つの循環の継続的実現、環境調和型蓄積、環境負荷を環境容量の中に抑制することという一連の条件を実現することを必要とするのである。

図4　環境調和型蓄積

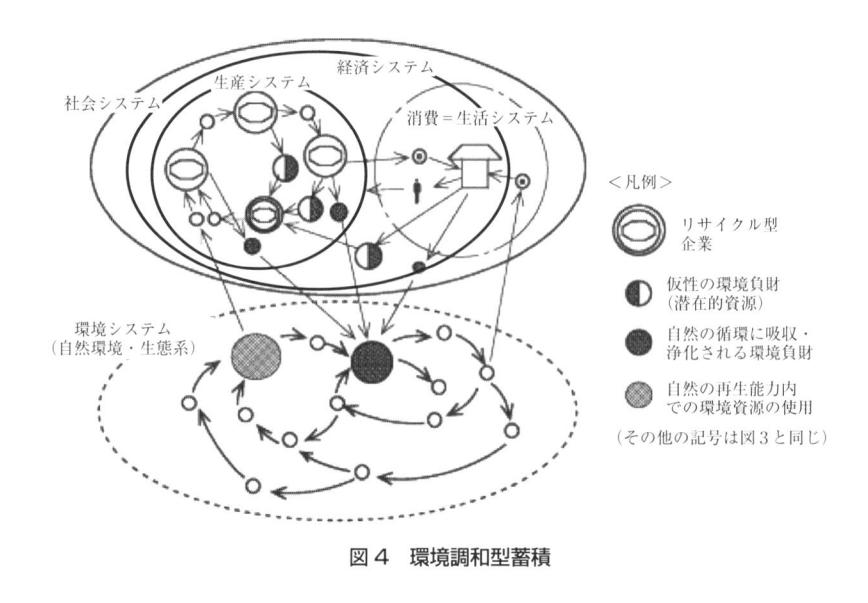

2-2. 環境制御システムの介入深化の諸回路

　環境制御システムによる介入が、A→B→C→D段階というかたちで深化し、循環と環境調和型蓄積を実現していくためには、どのような移行の回路があるだろうか。

　第1に、さまざまな**環境運動**が要求を提出し、企業や行政に環境配慮の強化を求めることは、A段階からB・C段階を経て、D段階に至るまで、変革力の一貫した源泉である（第13章参照）。特に、放置（A段階）から、制約条件の付与（B段階）への移行にあたっては、四大公害訴訟に見るように公害**被害者運動**が、訴訟も含む形で強力に働きかけたことが、決定的であった（第2章参照）。また、**グリーンコンシューマー運動**は、環境配慮型の製品やサービスを優先するという形での購買力を市場において表出することを通して、企業経営に対して、環境配慮のより積極的な内部化を働きかけるものである。

　第2に、自治体および政府の行政組織が、さまざまな働きかけの手法によって、環境配慮を経済システムに内部化させるよう努力することも変革力の一貫した源泉である（第12章参照）。A段階からB段階への移行にあたっては、汚染物質の排出規制や開発規制という形での働きかけが必要であった。さらに、

C段階への移行のためには、公害防止投資や公害防止技術の開発に対する減税や補助金や公害課徴金という形で、政府が直轄している課税や財政支出を政策手段として使用することも必要となる。

第3に、広義の**経済的手法**が、C段階さらにはD段階への移行のためには、ますます必要となるであろう。温暖化対策のためには、**環境税**や**排出権取引**などの「経済的手法」が世界各国で採用されるようになっている（石1993）。また、再生可能エネルギーについての固定価格買取制度や、環境配慮型の企業経営を支援するための**環境金融**の手法も、効果を上げるようになっている。これらの広義の経済的手法の活用という点で、日本の環境政策は、ドイツなどヨーロッパ諸国と対比すると消極的であり（第10章参照）、今後、積極化することが必要であろう。

第4に、経営者や技術者といった企業内部で影響力を発揮しうる人々が環境配慮という価値理念を個人的に内面化した上で、彼らの役割遂行を通して、環境配慮を企業組織に内部化することによって、C段階やD段階への移行が促進されるという回路がある。例えば、1970年代の日本における低公害車の開発は、技術者たちが公害防止という課題を個人的に内面化していたことが、革新的技術開発の駆動力となっていた（NHK「プロジェクトX」制作班2000）。

第5に、環境価値の追求と経済的利害関心を重ね合わせうるような技術開発の促進という回路がある。再生可能エネルギー技術はその代表である（和田2008）。太陽電池や風力発電やバイオマス利用は、原理的な性質としては、環境価値と経済価値についての**正連動型の技術**であり、環境配慮型蓄積を可能にし、D段階の経済と社会の主柱となりうるものである。

第6に、**マスメディア**の世論形成に対する働きかけは、環境制御システムの介入深化に対する不可欠の前提条件である。そのつどの環境政策上の争点に即して、環境配慮を優先した選択ができるかどうかは、さまざまな利害調整アリーナでの諸主体間の交渉と勢力関係に左右されるが、マスメディアのバックアップの有無が勢力関係を大きく左右しうるのである。

以上のようなさまざまな回路は、いずれも中枢的内部化への段階への移行を推進するように作用しうる。そして中枢的内部化の段階が可能になるためには、それにふさわしい社会的規範と財の分配構造をつくらなければならない。では、どのような規範的原則が必要であろうか。

3. ……「経営システムと支配システムの両義性論」から見た環境問題の解決
3-1. 持続可能性のための規範的な公準
　以上に見てきたような持続可能な社会を実現するためには、次のような「持続可能性の公準」が規範として必要である。

持続可能性の公準：持続可能な社会を実現するためには、**環境容量**の範囲内に人為的に発生する**環境負荷**を抑制しなければならない。すなわち、環境負財を含む環境負荷の発生は、自然生態系と人工的設備の有する浄化能力の範囲に、資源の使用は、自然生態系と人工的設備の有する再生能力の範囲に抑制されなければならない[2]。

　ただし、この公準を逸脱した行為がなされた場合に、直ちに破局的事態が生ずるわけではない。というのは、**枯渇性の資源**が減少しつつも、まだ消尽せず残存している場合や、環境負荷の蓄積がまだ、破局的影響を与えるに至っていないという状況（破局の前夜の状況）がありうるからである。実際、現代社会は「持続可能性の公準」を踏み外した状態にあるが、かろうじて、「破局前夜の状況」にあると言えよう。
　「持続可能性の公準」の実現のために、どのような課題の達成が重大な焦点になるのかは、環境制御システムの経済システムに対する介入の深化の諸段階によって異なってくる。介入の各段階でどのような課題が重要になるのかを明確にするためには、社会システムが「経営システムと支配システムの両義性」を有することを把握しておかなければならない。

3-2. 経営システムと支配システムの両義性
　「経営システムと支配システムの両義性」とは、何を意味しているのか（舩橋 2010）。それは、社会学基礎理論に立脚した見方であって、社会関係における協働の契機と支配の契機とを一般化しつつとらえなおしたものである。組織や社会制御システムを、**経営システム**として把握するということは、それらが、自己の存続のために達成し続けることが必要な経営課題群を、有限の資源を使って充足するにあたり、どのような構成原理や作動原理にもとづいているのか

---

[2] 「持続可能性の公準」と類似の考え方は、例えば、スウェーデンにおける「ナチュラル・ステップ」という思想にも見られる（カール＝ヘンリク・ロベール 1996）。

という視点から、それら内部の諸現象を捉えることである。他方、組織や社会制御システムを**支配システム**として把握するということは、それらが、意思決定権の分配と正負の財の分配に際してどのような不平等な構造を有しているのか、これらの点に関して、どのような構成原理や作動原理を持っているのかという視点から、それらの内部の諸現象を捉えることである。意思決定権の分配にかかわるのが「**政治システム**」であり、正負の財の分配にかかわる不平等な構造が「**閉鎖的受益圏の階層構造**」である。

経営システムにおいては、主体を表す基礎概念は、統率者／被統率者であり、支配システムにおいては、支配者／被支配者である。これらの言葉の差異は、視点の取り方の差異にもとづく意味発見の差異を表しており、実体的には、支配者と統率者は同一の主体であるし、被支配者と被統率者も同様である。

現実の社会制御システムや組織が、経営システムと支配システムの両義性を有することは、イメージ的には、図5に示した「立体図」「立面図」「平面図」の相互関係を把握することによって理解できよう。図5のうち、立体図は、支

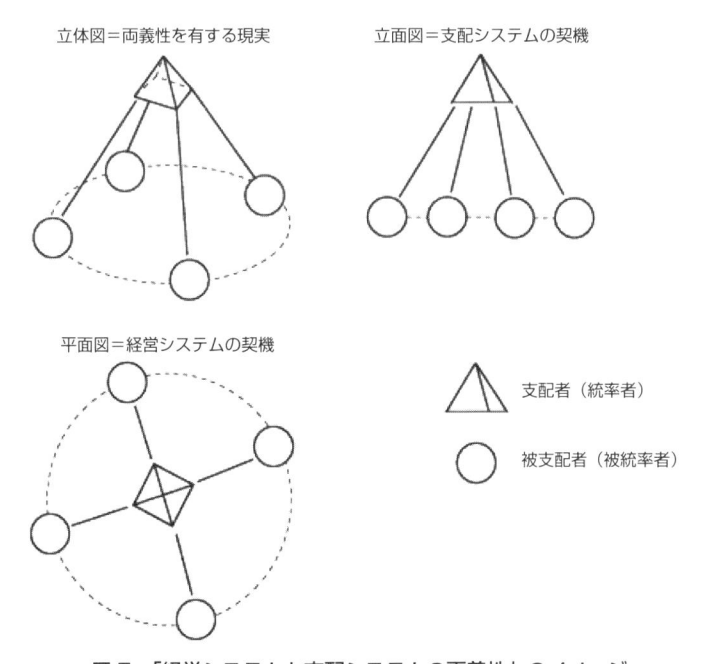

図5 「経営システムと支配システムの両義性」のイメージ

配者（統率者）を頂点とし、被支配者（被統率者）を底辺とするピラミッド構造を表現している。現実の社会は、このような立体的な構造をなしているのであるが、これを真横から眺めて立面図として捉えれば、支配者／被支配者というかたちで、上下の階層分化と格差が浮かび上がる。この視点は、現実の中から、支配システムの側面を敏感に把握するような見方をもたらす。次に、同じ立体図を真上から眺めて平面図として把握すれば、統率者を中心に置いた円周上に被統率者が並ぶようなかたちが現れ、統率者を中心にした協働関係のイメージが得られる。このような視点は、現実の中から経営システムの側面を敏感に認識するような見方を提供する。

　それぞれの観点に基づいて有意味な側面を現実から抽象することによって、経営システムと支配システムとが論定される。

　社会問題は、経営システムの文脈では「**経営問題**」として、支配システムの文脈では「**被格差・被排除・被支配問題**」として立ち現れる。経営問題とは、限られた手段を使いながら、いかにして、経営システムをうまく運営するのか、すなわち、複数の経営課題群を両立的に充足したらいいのかという問題であり、統率者（支配者）の立場にある主体が、重視する問題の立て方である。これに対して、**被格差問題**とは、閉鎖的受益圏の内外の間に、なんらかの格差が存在していることが、不利な立場にある主体から、不当であると問題視されたものであり、受益圏の階層構造が急格差型になれば、頻繁に問題化する。また、**被排除問題**とは、閉鎖的受益圏の内部の主体が外部に排除されたり、外部の主体の内部への参入意向が拒否された場合に、当事者によって排除や参入拒否が不当であると問題視されたものである。さらに、**被支配問題**とは、被格差問題の基盤の上に受苦性、階層間の相剋性、受動性が加わったものである。すなわち、被支配問題とは、支配関係の中でなんらかの苦痛を被っている者が、その苦痛を不当だと問題視したものであり、受益圏の階層構造が底辺に受苦圏を伴うという意味での収奪型においては、必然的に出現するものである（舩橋 2010, 第2章）。

　社会問題の解決過程を、社会の有する「経営システムと支配システムの両義性」に対応して把握するという視座に立つ場合、社会問題の解決のために必要な一般的規範的原則は、次の二つの規範的公準として、定式化できる（舩橋 2010, p.228）。

規範的公準1：二つの文脈での両立的問題解決の公準
　支配システムの文脈における先鋭な被格差・被排除問題・被支配問題と、経営システムの文脈における経営問題を同時に両立的に解決するべきである。
規範的公準2：支配システム優先の逐次的順序設定の公準
　二つの文脈での問題解決努力の逆連動が表れた場合、先鋭な被格差・被排除問題の緩和と被支配問題の解決をまず優先するべきであり、そして、そのことを前提的枠組みとして、それの課す制約条件の範囲内で、経営問題を解決するべきである。

3-3. 環境問題の定義の二つの文脈

　以上のような「経営システムと支配システムの両義性」という社会把握を前提にすれば、課題としての環境問題の立ち現れ方には、「**経営問題としての環境問題**」と「**被支配問題としての環境問題**」という二つの異なるかたちがあることが明らかになる。例えば、企業が環境負荷の小さい製品をいかにして製造・販売するかは、「経営問題」としての環境問題への取り組みであり、公害被害者が補償を求めて訴訟を行うのは、被支配問題としての環境問題に対する解決努力である。

　このような二つの異質な問題定義が、環境制御システムの経済システムへの介入が深化するにつれて、どのように登場するのかを見てみよう。

　（A）放置段階から（B）制約条件の設定段階への移行のために必要とされるのは、「被支配問題としての環境問題」の解決ということである。そのためには、公害反対運動や自然破壊に反対する環境運動が対抗力を伴いつつ、要求提出を行い、環境破壊を禁止するような社会的規範を加害者に対する制約条件として設定し、受苦を防止しなければならない。すなわち、「**要求の制約条件への転換**」が必要になる。

　次に（B）制約条件の設定段階から（C）副次的内部化段階への移行のためには、「経営問題としての環境問題」と「被支配問題としての環境問題」の解決努力が同時に必要になる。すなわち、支配システムにおいては、引き続き環境運動が、経済システムの担い手に対して要求提出を行い、「要求の制約条件への転換」の基盤の上に「**要求の（副次的）経営課題群への転換**」と「**受苦の費用化**」を実現しなければならない。すなわち、環境運動の掲げる公害防止や環境破壊防止は、経済システムの担い手である民間企業や経済官庁にとって、達

成するべき経営課題群として設定されなければならない。そして、(潜在的あるいは顕在的)被害者にとっての受苦を、経営システムにとっての受苦防止費用や受苦補償費用へと転換しなければならない。この転換ができれば、「被支配問題としての環境問題」は「経営問題としての環境問題」に転換される。そして、「経営問題としての環境問題」の解決のために、公害防止技術の開発や公害防止投資が実施されることになる。この意味での「受苦の費用化」とは、環境政策の基本原則としての「**汚染者負担の原則**」（Polluter Pays Principle）の社会学的表現であると言うことができる。

さらに、(C)副次的内部化の段階から(D)中枢的内部化の段階への移行に際しては、支配システムにおける変革努力が引き続き必要であるが、経営システムにおける変革努力のウエイトがさらに大きくなる。というのは、環境配慮が、経済システムやその要素的単位としての企業組織の中枢的経営課題群として設定されることによって、「経営問題としての環境問題」が、経済政策や企業経営の中心的・優先的課題となるからである。そして、それは、経済システムや企業組織全体の根本的組み替えを要請する。「環境問題の普遍化期」においては、生産と消費のあらゆる局面において、環境負荷の削減を行わなければならないが、そのために必要なのは、環境配慮を中枢的経営課題群として内部化した上で、「経営問題としての環境問題」を解決することなのである。1990年代以降、広く提唱されている「**拡大生産者責任**」は、このような文脈に位置する政策理念と解釈することが可能である（第4章のコラム参照）。

3-4.「被支配問題としての環境問題」は「経営問題としての環境問題」へ転換できるか

環境制御システムの経済システムへの介入が深化するためには、各段階ごとに、「被支配問題解消要求の制約条件と経営課題への転換」、「**受苦の費用への転換**」が必要であり、「被支配問題としての環境問題」が絶えず「経営問題としての環境問題」に翻訳されなければならない。ただし、この翻訳と転換が常に可能なわけではない。例えば、廃棄物処分場建設問題においては、このような意味での問題の翻訳が試みられていると解釈できるが、翻訳の過程で、住民側から見れば、翻訳されないものが残っている（第4章参照）。

「受苦の費用への転換」を焦点にして考えれば、この翻訳と転換が果たして可能かということについては、三つの場合があることに注意したい。

第1に、事前にも事後にも「被害者にとっての受苦が、加害者にとっての費

用に転換可能」な場合がある。例えば、公害による物損については、加害者が費用負担すれば、事前の防止も事後の補償も可能である。

第2に、事前には「受苦の費用への転換」が可能だが、事後にはそれが不可能な場合がある。水俣病のように心身に不可逆的な損害を与える公害は（第2章参照）、事前に公害防止投資をすれば、「受苦の費用への転換」が可能だが、いったん被害が発生してしまえば、事後的には、完全な補償は不可能であり、「受苦の費用への転換」は部分的にしかなしえない。それゆえ、このような文脈では「**未然防止原則**」が大切になる。

第3に、事前にも事後にも「受苦の費用への転換」が不可能な場合がある。例えば、原子力発電のような「**逆連動型技術**」は、どんなに、受苦防止のために、事前の安全対策に費用を投入したとしても、「危険ゼロ」を実現することはできない。また、いったん生命・健康への被害が発生してしまえば、事後的補償によって受苦を解消することもできない。

3-5. 逆連動型技術の回避と正連動型技術の選択

以上の考察を、最後に「技術の選択」という視点からまとめておこう。持続可能な社会の実現、すなわち、環境制御システムの経済システムに対する介入が（D）中枢的内部化段階に達し、五つの循環が相補的に実現するためには、一般に、「逆連動型技術」を回避し、「正連動型技術」を選択的に採用することが必要である。

逆連動型技術とは、経営課題群の達成水準を高度化しようとすればするほど、環境負財の排出を増大させ、「被支配問題としての環境問題」を先鋭化させるような技術である。例えば、化石燃料は効用を求めて大量に消費するほど、逆連動的に温暖化を促進するという負の効果を伴うし、原子力発電は発電量を増やすほど、より多くの放射性廃棄物を伴う。これらは典型的な逆連動型の技術である。「逆連動型技術」は、「受苦の費用への転換」が不可能であったり、きわめて高価であったりする。これに対して、太陽電池のような再生可能エネルギーは、「被支配問題としての環境問題」を回避しながら経営課題群のより高度な達成（経営問題の解決）が可能なので「正連動型の技術」である。

「受苦の費用への転換」の不可能性や困難性を考えたとき、「逆連動型技術」の放棄と、「正連動型技術」の自覚的・選択的採用が必要である。

4. ………公共圏と主体形成
4-1. 公共圏の豊富化の必要性

　環境制御システムが経済システムに対して介入を深化させていくこと、言い換えると、「被支配問題としての環境問題」と「経営問題としての環境問題」を絶えず解決していくためには、そのような内実を有する意思決定を積み重ねて行かねばならない。そのような意思決定が可能になるためには、「公共圏の豊富化」が必要であり、個別問題の解決策や、制度変革のための政策に対して、公共圏での議論が、反映されることが必要である。

　公共圏（public sphere）とは、ハーバーマスが提起したように（ハーバーマス 1994）、公共の問題について、持続性、対等性、批判性を備えた開放的な討論空間である。公共圏の構成要素となる場を「**公論形成の場**」ということにすれば、公共圏の豊富化のためには、多様な「公論形成の場」が存在し、それらの内部及び相互関係において、活発な討論がなされる必要がある。

　公共圏の機能は、社会を適正に組織化するような価値理念や規範的原則をそのつど明確にし、それについての合意形成を促進することである。そして、公共圏における討議が政策過程や社会問題解決過程において、有効に作用するためには、公共圏が議会や政府や裁判所などからなる**制御中枢圏**を取り囲み、絶えず、その時々の政策的・政治的課題に対して、批判や意見や対案を提出し続けなければならない。このような文脈で見る場合、公共圏における言論の展開は、その内部に多様な形態を含むのであって、理性的対話から言論闘争に至るまでの振幅を有するものである。

　「経営問題としての環境問題」に取り組む「公論形成の場」と「被支配問題としての環境問題」に取り組むそれとでは、必要な条件や性格が異なってくる。

　経営システムの文脈において、「経営問題としての環境問題」を解決するために必要なのは、第1に、経営課題群の達成のされ方に影響を与える諸要因や、その達成のための諸手段や、随伴的帰結に関して、包括的に情報を取り集めることであり、第2に、経営問題を解決するための諸案について豊富な発案能力を有することである。そして、第3に、さまざまな解決案の中からもっとも適切なものを選択する能力が必要とされる。そこで、必要な価値理念と資質は、「**合理性**」（rationality）と総括できる。

　他方、支配システムにおける意思決定は、関係する諸主体の勢力関係によっ

て規定される。支配システムの文脈において「被支配問しての環境問題」を解決するためには、「被害者の側の受苦を加害者の側の費用へと転換する」必要があり、そのためには受苦圏の側に対抗力が必要である。社会紛争の暴力化や泥沼化を回避するためには、その対抗力の質が問題であり、言論の説得性が、支配システムにおける対抗力、交換力に転換できる仕組みが必要である[3]。訴訟、公害調停、環境アセスメント、情報公開制度、さらには住民投票などは、それぞれ公論形成の場になりうるものであり、そういう転換を促進するという性格を有する制度である。これらの公論形成の場では、正負の財の分配に関する衡平（equity）、発言権や決定権のあり方についての公正（fairness）、基本的人権の尊重、短期的・局所的利益よりも長期的・社会的利益を優先する賢明さ（wisdom）が求められる。これらの価値理念は「**道理性**」（reasonability）の実現として総括できる。

多様な公論形成の場を用意し、その内部での議論において、合理性や道理性の探究を徹底しようとするためには、今後、**熟議民主主義**（deliberative democracy）という考え方が、ますます大切になるであろう。熟議民主主義とは、一般的に言えば、住民参加、市民参加を積極化する形で、十分な議論を尽くす機会を設定することであり、この立場から、さまざまな討論手続きや意思決定手続きを洗練・工夫していくことである[4]。

4-2. 環境問題に取り組む主体の形成

日本社会において、**公共圏の豊富化**を考える場合、大切なのは、さまざまな環境運動と行政組織の間に、問題解決のための討議を深めるという建設的な相互作用をいかにして形成するかという課題である。そのためには、どのような資質・能力を有する主体が必要とされるであろうか。

主体の形成については、個人主体レベルと集団・組織主体レベルとで考える必要がある。個人主体レベルで環境問題の解決に必要な資質としては、まず、環境問題に対する感受性や環境問題に関する知識の豊富さというものの重要性を指摘できよう。それに加えて、社会問題としての環境問題を解決するためには、これまで見てきたような公共圏の中での討論を通して合理性と道理性とを

3　言論の説得性が対抗力に転化する仕組みとしては、フランスの「公益調査制度」が示唆に富む。舩橋（2001）を参照。
4　熟議民主主義には、さまざまな試みがある。諸外国では、例えば、「市民陪審」「国民政策フォーラム」「コンセンサス会議」などの実践例があり（Gastil, J. et al 2005）、その経験は、日本社会にとっても示唆的である。

備えた社会的意思決定を生み出すことに貢献することが必要である。そのような資質・能力を「**公衆感覚**」と呼ぶことにしよう。

次に、集団・組織レベルでの主体形成を考える場合、環境NPOの重要性、とりわけ「**政策提言型のNPO**」の重要性を指摘しておきたい（第13章のコラム参照）。政策の批判とオールタナティブの提出には、膨大な労力と知識の蓄積が必要なのであって、集団・組織レベルでの主体形成が公共圏の豊富化のためには不可欠である。環境運動と環境NPOには、取り組む課題の性質に応じて、さまざま形態と活動のスタイルがありうる。その一角に、絶えず特定分野の環境政策の動向に注目し、政策形成や制度形成について、現状の分析と提言を担うような「政策提言型のNPO」組織が必要である。

5. ………結び

環境制御システム論の理論枠組みは、環境問題の解決の大局的方向を指し示すことができる。経済システムに対する環境制御システムの介入が、「中枢的内部化」の段階に達し、自然生態系と社会のそれぞれの内部とそれらの相互関係においてさまざま循環が維持され、環境配慮型の蓄積を実現していく必要がある。環境問題の解決については、「経営システムと支配システムの両義性」という視点が有益であり、「経営問題としての環境問題」と「被支配問題としての環境問題」を、共に適切に解決するための公共圏の豊富化が必要である。そのためには、「公論形成の場」における熟議民主主義が重要であり、それを支える個人主体の形成と集合的主体の形成が必要となる。

◆討議・研究のための問題◆
1. 興味を有するさまざまな環境問題を列挙し、それが、環境制御システムの経済システムに対する介入の諸段階のどこに位置しているかを考えてみよう。
2. 環境運動の戦術や運動のスタイル、環境運動と行政組織や企業との関係は、介入の諸段階の差異によって、どのように変化するだろうか。
3. 行政組織の意志決定や行為や見解のうち、どういうものは主として「支配者」としての特徴に対応し、どういうものは主として「統率者」としての特徴に対応しているだろうか。
4. 企業経営のあり方や経営者の態度・言説は、環境制御システムの経済システムに対する介入の諸段階でどのような差異を示すだろうか。事例に即して検討してみよう。

【文献】

石弘光編・環境税研究会著，1993，『環境税』東洋経済新報社．
NHK「プロジェクトX」制作班，2000，『プロジェクトX 挑戦者たち1 執念の逆転劇』日本放送出版協会．
カプラ，フリチョフ，グンター・パウリ，1996，『ゼロ・エミッション―持続可能な産業システムへの挑戦』ダイヤモンド社．
ハーバーマス，J．，1994，『公共性の構造転換―市民社会の一カテゴリーについての探究』未来社．
舩橋晴俊，1998，「環境問題の未来と社会変動―社会の自己破壊性と自己組織性」舩橋晴俊・飯島伸子編『講座社会学12 環境』東京大学出版会，pp.191-224．
舩橋晴俊，2001，「政府の失敗の克服のために」舩橋晴俊他『「政府の失敗」の社会学―整備新幹線建設と旧国鉄長期債務問題』ハーベスト社，第11章，pp.201-223．
舩橋晴俊，2004，「環境制御システム論の基本視点」『環境社会学研究』第10号，pp.59-74．
舩橋晴俊，2010，『組織の存立構造論と両義性論―社会学理論の重層的探究』東信堂．
宮内泰介，1998，「発展途上国と環境問題―ソロモン諸島の事例から」，舩橋晴俊・飯島伸子編『講座社会学12 環境』東京大学出版会，pp.163-190．
湯浅赳男，1993，『環境と文明―環境経済論への道』新評論．
ロベール，カール＝ヘンリク（市河俊男訳），1996，『ナチュラル・ステップ―スウェーデンにおける人と企業の環境教育』新評論．
和田武，2008，『飛躍するドイツの再生可能エネルギー――地球温暖化防止と持続可能社会構築をめざして』世界思想社．
Barbier, Edward B., 2009, *A Global Green New Deal: Rethinking the Economic Recovery*, Cambridge University Press.
Gastil, John and Peter Levine (eds.), 2005, *The Deliberative Democracy Handbook: Strategies for Effective Civic Engagement in the Twenty-First Century*, John Wiles & Sons, Inc.
Spaargaren Gert, Arthur P.J. Mol, and Frederick H. Buttel, 2000, *Environment and Global Modernity*, SAGE Publications Ltd.

column
環境金融

水谷衣里

　収益第一とばかりに利益の極大化を突き進んできたかのように感じられる従来の金融。しかし環境問題解決に金融を活用する方策も模索されている。

　金融庁の調査によれば、CSRを重視した取組みを行っているわが国の預金取扱金融機関は86.5%（2009年3月、対象機関数663行、回答率97.3%）。このうち特に環境に留意した取組みを行っていると回答した機関は75.7%であった。典型的な取組みとしては、環境配慮活動に取り組む企業に融資を行う際に貸出金利を優遇する例や、個人向けのエコ住宅ローンやハイブリッドカー購入ローンの取り扱い例などが挙げられる[1]。

　また財務分析に加え、社会・環境・倫理といった側面を判断基準として投資行動を取る社会的責任投資（Socially responsible investment）の代表例として、SRI型投資信託がある。これは企業の環境（Environment）社会（Social）ガバナンス（Governance）への配慮をスクリーニングの基準としたもので、投資対象は通常の投資信託と同様、株式市場や債権市場に公開している企業に限定される。日本で初めて公募型SRI型投資ファンドが誕生したのは99年の「日興エコファンド」であった。NPO法人社会的責任投資フォーラム（SIF-Japan）によれば、2010年6月時点での公募型SRI投信は89件、資産規模は4683億円となっている[2]。

　海外に目を向けると、政策誘導と金融的手法を組み合わせて環境産業への資金循環を促す例が存在する。例えばオランダのグリーンファンド・スキーム（GFS）。この制度では、オランダの金融機関が「グリーンファンド」、「グリーンバンク」を設立。個人に対して債権・預金口座を提供する。出資者や預金者に対しては、キャピタルゲイン（株式を売却したときに得た利益のこと）に対してかかる譲渡益税から1.2%が控除される。控除額は1人あたり年間53241ユーロ（約5856510円[3]）が上限となっている。またGFSへの出資に対して得られた所得については、各自の所得税率から1.3%分の控除を受けることができる。環境に配慮した事業を行いたい事業者は、グリーンバンクに対して融資を申請し、国からの認定を受けられれば、低利で融資を受けることができる。税制優遇による経済的なインセンティブがある同制度には、既にオランダ国民24万人が参加し、67億ユーロを超える環境事業が誕生した。また投融資先の開拓や預金者・投資家の獲得など金融機関にとってもメリットは大きい。

　環境金融は、金融の仲介機能を通じて環境対策を促したり、新しい環境産業の育成を支えるなどの機能を持つ。ただ仲介役としての金融機関が万能なのではない。市場メカニズムを活用した経済的な手段があれば機能するというものでもない。金融機関の環境配慮行動を歓迎し利用する預金者、投資家や、政策的な誘導など多様な手段を組み合わせて初めて機能するものだということは忘れてはならない。

【関連文献】藤井良広，2005，『金融で解く地球環境』岩波書店．
水谷衣里，2010，「グリーンファンド・スキームにみる環境問題解決に向けた新たな資金循環システム」『季刊　個人金融』ゆうちょ財団，pp.3-51．

1　金融庁 http://www.fsa.go.jp/news/20/ginkou/20090331-7.html
2　SRIファンドデータ集 http://www.sifjapan.org/sri/data.html
3　1ユーロ＝110円として換算

column
戦略分析

舩橋晴俊

　環境問題の解決過程においては、企業、環境運動団体、行政組織、住民組織など、複数の行為者が複雑な相互作用をするのが常である。個々の行為者がなぜそのような行為をするのか、それらの行為の累積から、問題解決がどのようにして可能になったり、行き詰まったりするのか。これは、環境社会学における解決過程論の基本的問題である。このような課題を解明する有力な方法の一つが、フランスの組織社会学から生まれた「戦略分析」(analyse stratégique)である。戦略分析は、Michel Crozier や、Erhard Friedberg らによって、創始された方法であり、組織社会学の展開の中では、先行する「科学的管理法」と「人間関係論」を共に乗り越えようという志向を有し、次のような特徴を備えている。

　第1に、戦略分析は、「記述」と「解釈」とを自覚的に区別する。「詳細な記述」がまず必要であり、それは日常語でかまわないが、そのためには、まず、文書資料、新聞記事、系統的ヒアリング、参与観察などによって、事実経過についての豊富な情報を集める必要がある。それらを利用して詳細年表を作成することも効果的である。詳細な記述をまず行い、その上で、個々の行為の意味を「解釈」していくのである。第2に、戦略分析の根底にある人間観は、状況から課される「諸制約」を被りつつ、しかも「自由な選択範囲」を常に保持している人間である。この視点は、一方で状況から独立した心理学的要因によって行為を説明する発想を、他方で、システムの作動の論理が個人の行為を決定するという見方を、共に退ける。第3に、諸個人は「自由な選択範囲」を利用しながら、自分の固有の利害を追求するために「合理的な戦略」を採用している。組織の中で諸個人の戦略的行為は相互に絡み合い、組織過程は「構造化された場」の中での「ゲーム」として展開される。第4に、ゲームとしての組織過程にとって重要なのが「勢力」(pouvoir)である。勢力とは位階体系上の公式の権限と同義ではない。主体Aにとっての「不確実性の領域」を主体Bが自分の「自由な選択範囲」としている限りにおいて、BはAに対して勢力を持つことができる。第5に、戦略分析は、マクロ的な社会現象に対しても、このような性格を有するミクロ的な行為の集積という観点からアプローチしようとする。

　以上の特徴を有する戦略分析は、およそ、あらゆる組織現象に対して、解明力と発見力を発揮しうる。それは、どのような行為にも「一定の合理性」があるはずだという想定に立脚して、社会過程に隠されたメカニズムを発見しようとするのである。そのような戦略分析の解明力は、さまざまな環境問題の研究に有効であり、例えば、水俣病の行政責任の研究(舩橋 2000)においてそれが例証されている。

【文献】
フリードベルグ, E. (舩橋晴俊、クロード・レヴィ＝アルヴァレス訳), 1989, 『組織の戦略分析——不確実性とゲームの社会学』新泉社.
舩橋晴俊, 2000, 「熊本水俣病の発生拡大過程における行政組織の無責任性のメカニズム」相関社会科学有志編『ヴェーバー・デュルケム・日本社会——社会科学の古典と現代』ハーベスト社, pp.129-211.

環境社会学参考文献リスト

本書の理解をさらに深め，さらに発展した学習・研究をすすめるために有益と思われる諸文献を掲げる。

・朝井志歩，2009,『基地騒音―厚木基地騒音問題の解決と環境的公正』法政大学出版局.
・有吉佐和子，1978,『複合汚染』新潮社.
・飯島伸子，1993,『環境問題と被害者運動』学文社.
・飯島伸子編，2001,『廃棄物問題の環境社会学的研究―事業所・行政・消費者の関与と対処』東京都立大学学術出版会.
・飯島伸子・鳥越皓之・長谷川公一・舩橋晴俊編，2001,『環境社会学の視点（講座環境社会学1巻）』有斐閣.
・飯島伸子編，2001,『アジアと世界―地域社会からの視点（講座環境社会学5巻）』有斐閣.
・飯島伸子・舩橋晴俊編著，2006,『（新版）新潟水俣病問題―加害と被害の社会学』東信堂.
・飯島伸子・渡辺伸一・藤川賢，2007,『公害被害放置の社会学―イタイイタイ病・カドミウム問題の歴史と現在』東信堂.
・飯田哲也，2000,『北欧のエネルギーデモクラシー』新評論.
・池上甲一・岩崎正弥・原山浩介・藤原辰史，2008,『食の共同体―動員から連帯へ』ナカニシヤ出版.
・石井とおる，2007,『未来の森』農業組合法人てしまむら.
・石山徳子,『米国先住民族と核廃棄物―環境正義をめぐる闘争』明石書店.
・井上真・宮内泰介編，2001,『コモンズの社会学（シリーズ環境社会学2）』新曜社.
・宇井純，2006[1971],『合本 公害原論』亜紀書房.
・ウィルキンソン，リチャード（池本幸生・片岡洋子・末原睦美訳），2009［2005］,『格差社会の衝撃―不健康な格差社会を健康にする法』書籍工房早山.
・牛島佳代・成元哲，2009,「水俣病ステータス（MD status）：不知火海沿岸地域住民の健康度を規定する社会的要因」『保健医療社会学論集』第20巻1号.
・宇都宮深志・田中充編,2008,『事例に学ぶ自治体環境行政の最前線―持続可能な地域社会の実現をめざして』ぎょうせい.
・大熊孝，2007,『増補 洪水と治水の河川史―水害の制圧から受容へ』平凡社.
・大塚善樹，1999,『なぜ遺伝子組換え作物は開発されたか―バイオテクノロジーの社会学』明石書店.
・大畑裕嗣・成元哲・道場親信・樋口直人，2004,『社会運動の社会学』有斐閣.
・岡部明子，2003,『サステイナブルシティ―EUの地域・環境戦略』学芸出版社.
・帯谷博明,2004,「「森は海の恋人」運動の再生と展開―運動戦略としての植林活動の行方」『ダム建設をめぐる環境運動と地域再生―対立と協働のダイナミズム』昭和堂，pp.108-130.
・帯谷博明，2004,『ダム建設をめぐる環境運動と地域再生』昭和堂.
・カーター，V.G.・ドール，T.（山路健訳），1995[1975],『土と文明』家の光協会.
・片桐新自，1995,『社会運動の中範囲理論』東京大学出版会.
・片桐新自編，2000,『歴史的環境の社会学（シリーズ環境社会学3）』新曜社.
・嘉田由紀子，1995,『生活世界の環境学―琵琶湖からのメッセージ』農文協.
・菊地直樹，2006,『蘇るコウノトリ』東京大学出版会.
・鬼頭秀一，1996,『自然保護を問い直す―環境倫理とネットワーク』ちくま新書.
・鬼頭秀一・福永真弓編，2009,『環境倫理学』東京大学出版会.
・熊本一規，2010,『海は誰のものか―埋立・ダム・原発と漁業権』日本評論社.
・桑子敏雄，2005,『風景のなかの環境哲学』東京大学出版会.

- 現代技術史研究会編，2010，『徹底検証　21世紀の全技術』藤原書店．
- 佐久間充，1984，『ああダンプ街道』岩波新書．
- 桜井厚・好井裕明，2003，『差別と環境問題の社会学（シリーズ環境社会学 6）』新曜社．
- 佐藤仁編著，2008，『人々の資源論―開発と環境の統合に向けて』明石書店．
- 佐藤亮子，2006，『地域の味がまちをつくる―米国ファーマーズマーケットの挑戦』岩波書店．
- シュネイバーグ，A.・グールド，K.A.（満田久義他訳）1999［1994］，『環境と社会―果てしなき対立の構図』ミネルヴァ書房．
- 東海林吉郎・菅井益郎，1984，『通史足尾鉱毒事件 1877－1984』新曜社．
- ジンマーマン著，ハンカー編（石光亨訳），1985，『資源サイエンス―人間・自然・文化の複合』三嶺書房．
- 盛山和夫・海野道郎，1991，『秩序問題と社会的ジレンマ』ハーベスト社．
- 成元哲，2001，「モラル・プロテストとしての環境運動―ダイオキシン問題に係わるある農家の自己アイデンティティ」，長谷川公一編『講座環境社会学―環境運動と政策のダイナミズム』有斐閣，4：pp.121-146．
- ダイアモンド，ジャレッド（倉骨彰訳），2000［1997］，『銃・病原菌・鉄　（上）（下）』草思社．
- 高木仁三郎，2002-04，『高木仁三郎著作集　1～11巻』七つ森書館．
- 田中耕司編，2000『自然と結ぶ―「農」にみる多様性　講座人間と環境』昭和堂．
- 多辺田政弘・藤森昭・桝潟俊子・久保田裕子，1987，『地域自給と農の論理』学陽書房．
- 中皮腫・じん肺・アスベストセンター編，2009，『アスベスト禍はなぜ広がったのか―日本の石綿産業の歴史と国の関与』日本評論社．
- 津田敏秀，2004，『医学者は公害事件で何をしてきたのか』岩波書店．
- 土屋雄一郎，2008，『環境紛争と合意の社会学―NIMBYが問いかけるもの』世界思想社．
- 東島大，2010，『なぜ水俣病は解決できないのか』弦書房．
- 戸田清，1994，『環境的公正を求めて』新曜社．
- 鳥越皓之，1997，『環境社会学の理論と実践―生活環境主義の立場から』有斐閣．
- 鳥越皓之・嘉田由紀子，1984，『水と人の環境史―琵琶湖報告書』御茶の水書房．
- 鳥越皓之編，2000，『環境ボランティア・NPOの社会学（シリーズ環境社会学 1）』新曜社．
- 鳥越皓之編，2001，『自然環境と環境文化（講座環境社会学 3 巻）』有斐閣．
- 鳥越皓之・家中茂・藤村美穂，2009，『景観形成と地域コミュニティ―地域資本を増やす景観計画』農山漁村文化協会．
- 永井進・寺西俊一・除本理史，2002，『環境再生―川崎から公害地域の再生を考える』有斐閣．
- 中澤秀雄，2005，『住民投票運動とローカルレジーム―新潟県巻町と根源的民主主義の細道，1994-2004』ハーベスト社．
- 中田実，1993，『地域共同管理の社会学』東信堂．
- 中西準子，2004，『環境リスク学―不安の海の羅針盤』日本評論社．
- 西城戸誠，2008，『抗いの条件』人文書院．
- 日本環境会議／「アジア環境白書」編集委員会，2010，『アジア環境白書 2010/11』東洋経済新報社．
- ネッスル，マリオン（久保田裕子・広瀬珠子訳），2009［2003］，『食の安全―政治が操るアメリカの食卓』岩波書店．
- ハーゼル（中村三省訳），1979，『林業と環境』日本林業技術協会．
- 長谷川公一，1996，『脱原子力社会の選択―新エネルギー革命の時代』新曜社．
- 長谷川公一，2003，『環境運動と新しい公共圏―環境社会学のパースペクティブ』有斐閣．
- 長谷川公一編，2001，『環境運動と政策のダイナミズム（講座環境社会学 4 巻）』有斐閣．
- 早川洋行，2007，『ドラマとしての住民運動』社会評論社．

- ハワード, A.（保田茂監訳），2003[1940]『農業聖典』日本有機農業研究会（発売：コモンズ）．
- 日高敏隆編，2005，『生物多様性はなぜ大切か？』昭和堂．
- 広瀬弘忠，2005，『静かな時限爆弾―アスベスト災害』新曜社．
- 福永真弓，2010，『多声性の環境倫理―サケが生まれ帰る流域の正当性のゆくえ』ハーベスト社．
- 藤垣裕子，2003，『専門知と公共性』東京大学出版会．
- 藤村美穂，1994，「社会学とエコロジー」『環境社会学研究』新曜社，2：pp.77-90．
- 舩橋晴俊・長谷川公一・勝田晴美・畠中宗一，1985，『新幹線公害―高速文明の社会問題』有斐閣．
- 舩橋晴俊・長谷川公一・飯島伸子編，1998，『巨大地域開発の構想と帰結―むつ小川原開発と・核燃料サイクル施設』東京大学出版会．
- 舩橋晴俊・飯島伸子編，1998，『講座社会学12　環境』東京大学出版会．
- 舩橋晴俊・古川彰，1999，『環境社会学入門―環境問題研究の理論と技法』文化書房博文社．
- 舩橋晴俊編，2001，『加害・被害と解決過程（講座環境社会学2巻）』有斐閣．
- ブラムウェル，アンナ（金子務監訳），1992［1989］，『エコロジー―起源とその展開』河出書房新社．
- 古川彰・松田素二編，2003，『観光と環境の社会学（シリーズ環境社会学4）』新曜社．
- 古川彰，2005，「環境化と流域社会の変容―愛知県矢作川の河川保全運動を事例に」『林業経済研究』51（1）：pp.39-50．
- 古川彰，2004，『村の生活環境史』世界思想社．
- ポーラン，M.（ラッセル秀子訳），2009[2006]『雑食動物のジレンマ（上）（下）―ある4つの食事の自然史』東洋経済新報社．
- 馬路泰蔵・馬路明子，2007，『床下からみた白川郷―焔硝生産と食文化から』風媒社．
- 桝潟俊子・松村和則編，2002，『食・農・からだの社会学（シリーズ環境社会学5）』新曜社．
- 桝潟俊子，2008，『有機農業運動と〈提携〉のネットワーク』新曜社．
- 松原治郎・似田貝香門，1976，『住民運動の論理―運動の展開過程・課題と展望』学陽書房．
- 松本三和夫，2002，『知の失敗と社会―科学技術はなぜ社会にとって問題か』岩波書店．
- 松下和夫編著，2007，『環境ガバナンス論』京都大学学術出版会．
- 満田久義，2005，『環境社会学への招待　グローバルな展開』朝日新聞社．
- 三浦耕吉郎，2009，『環境と差別のクリティーク―居場・「不法占拠」・部落差別』新曜社．
- 三上直之，2009，『地域環境の再生と円卓会議―東京湾三番瀬を事例として』日本評論社．
- 見田宗介，1996，『現代社会の理論―情報化・消費化社会の現在と未来』岩波書店．
- 宮内泰介，1989，『エビと食卓の現代史』同文舘．
- 宮内泰介，2004，『自分で調べる技術―市民のための調査入門』岩波書店．
- 宮内泰介編，2006，『コモンズをささえるしくみ―レジティマシーの環境社会学』新曜社．
- 宮内泰介編，2009，『半栽培の環境社会学』昭和堂．
- 宮本憲一編，1977，『公害都市の再生・水俣』筑摩書房．
- 宮本憲一・川口清史・小幡範雄編，2006，『アスベスト問題―何が問われ，どう解決するのか』岩波ブックレット．
- 森元孝，1996，『逗子の市民運動―池子米軍住宅建設反対運動と民主主義の研究』お茶の水書房．
- 山崎農業研究所編，2008，『自給再考―グローバリゼーションの次は何か』農山漁村文化協会．
- 湯浅陽一，2005，『政策公共圏と負担の社会学―ごみ処理・債務・新幹線建設を素材として』新評論．
- ワート，スペンサー（増田耕一・熊井ひろ美訳），2005［2003］，『温暖化の"発見"とは何か』

みすず書房.
- 脇田健一，2001,「地域環境問題をめぐる"状況の定義のズレ"と"社会的コンテクスト"——滋賀県における石けん運動をもとに」舩橋晴俊編『講座環境社会学　第2巻　加害・被害と解決過程』有斐閣，第7章.
- 和田英太郎監修，谷内茂雄他編，2009,『流域環境学——流域ガバナンスの理論と実践』京都大学学術出版会.
- 和田武，2008,『飛躍するドイツの再生可能エネルギー』世界思想社.

- Beatley, Timothy,2000, *Green Urbanism: Learning from European Cities*, Island Press.
- Cudworth, Erika ,2003, *Environment and Society*, Routledge.
- Hannigan, J. A., 1995, *Environmental Sociology: A Social Constructionist Perspective*, Routledge.（＝2007, 松野弘監訳『環境社会学——社会構築主義的観点から』ミネルヴァ書房.）
- Krimsky, S., 2000, *Hormonal Chaos*, The Johns Hopkins University Press.（＝2001, 松崎早苗・斉藤陽子訳『ホルモン・カオス』藤原書店.）
- McGinnis,M. V.（ed.）, 1999, *Bioregionalism*, Routledge.
- Radetsky, P., 1997, *ALLERGIC to the Twentieth Century*, Little, Brown & Company.（＝1998, 久保儀明・楢崎靖人訳『環境アレルギー』青土社.）
- Rootes,Christopher(ed.), 1999, *Environmental Movements: Local, National and Global*. Frank Cass.

環境に関する資料検索方法やデータベース

　環境について研究を始めようとするとき、基礎資料の収集という点においては、今は恵まれた時代であるだろう。インターネットの発達によって、以前なら図書館や官庁に出向いて調べなければならなかった（場合によっては入手もできず閲覧だけが許され、筆写するよりなかった）ものが、容易に検索でき、ダウンロードできてしまう。新聞記事や学術雑誌は電子化が進み、これから新たに発行されるものについては、印刷物とインターネットの情報間格差はほとんどないといってよい。

●関心のあるテーマについて大まかな情報を得よう

　何か気になるテーマがあったら、GoogleやYahoo!などのポータルサイトで検索を行ってみよう。1時間も閲覧を続けていれば、そのテーマの概略や意見分布が把握できるだろう。とはいえ、インターネットの情報量は膨大で、何より情報を選び取る眼が必要である。試しに、「自然保護」と「北海道」をキーワードに、Googleを使って検索してみると、約402000件のホームページ情報がヒットした（2010年10月時点）。これらすべてに目を通すには、途方もない時間がかかる。また40万件のホームページ情報には、それが事実であるという確証なしに作成されているものもあるかもしれない。インターネットが大きく普及した現在も、作成主体や真偽について不確かな情報が含まれている可能性があることに注意しなければならない。資料としての価値は玉石混淆であるので、情報の確かさについては、自らが責任を持って判断してほしい。

　環境にかかわるポータルサイトとしては、NTTレゾナントが運営する環境GOOと、環境情報科学センターが運営するEICネットが有名である。

【主なポータルサイト】
　　＊Google　http://www.Google.co.jp/
　　＊Yahoo!　http://www.yahoo.co.jp/
　　＊環境GOO　http://eco.GOO.ne.jp/
　　＊EICネット　http://www.eic.or.jp/

●環境に関する詳細な情報を得るためには
1．環境に関する専門学会やNGO

　環境社会学を学ぼうとするならば、環境社会学会が発行する『環境社会学研究』に目を通すことを推奨する。1992年に発足した日本の環境社会学会は、環境社会学に関係する学会の中で世界最大の会員数を誇り、その機関誌である『環境社会学研究』には、研究成果が集約されている。他に環境に関する人文社会科学系の学会が発行する機関誌には、『環境経済・政策研究』及び『Environmental Economics and Policy Studies』（環境経済・政策学会）、『環境法政策学会誌』（環境法政策学会）などがある。また、日本環境会議の準機関誌として1971年から発行されている『環境と公害』（1992年までは『公害研究』）は、環境問題に関する学際的な専門誌である。

他にも、廃棄物資源循環学会や野生生物保護学会、日本環境教育学会など、文系理系の枠を超えて、研究テーマごとに研究者が集う学際的な学会が存在し、それぞれ機関誌を発行している。

【環境に関する主な学会と機関誌】
　＊環境社会学会　『環境社会学研究』
　＊環境経済・政策学会　『環境経済・政策研究』
　　『Environmental Economics and Policy Studies』
　＊環境法政策学会　『環境法政策学会誌』
　＊日本環境会議　『環境と公害』
　＊廃棄物資源循環学会　『廃棄物資源循環学会誌』
　＊野生生物保護学会　『野生生物保護』
　＊日本環境教育学会　『環境教育』

　環境保全に取り組む国内外のNGOの活動やそれらの機関誌からも、有益な情報を得ることができる。世界には、会員数が数百万にのぼる環境NGOがあり、世界自然保護基金（WWF）や地球の友（Friends of the Earth）はその代表格である。日本国内では、日本自然保護協会の機関誌『自然保護』が1960年から発行され、国内外の自然保護の動向を紹介しているほか、地球温暖化問題に関しては気候ネットワークが、エネルギー政策に関しては原子力資料情報室や環境エネルギー政策研究所などが専門的な情報収集と発信を行っている。これらNGOは、紙媒体や電子メールニュースで、機関誌やニュースレターを発行している。

【国内外の主な環境NGO】
　＊世界自然保護基金（WWF）　http://www.wwf.org/
　＊地球の友（Friends of the Earth）　http://www.foe.org/
　＊ワールドウオッチ研究所（Worldwatch Institute）
　　http://www.worldwatch.org/
　＊ブラックスミス研究所（Blacksmith Institue）
　　http://www.blacksmithinstitute.org/
　＊グリーンピース(Greenpeace International)
　　http://www.greenpeace.org/
　＊再生可能エネルギー政策ネット(Renewable Energy Policy Network
　　for the 21st Century(REN21)）　http://www.ren21.net/
　＊イクレイ世界本部（International Council for Local Environmental
　　Initiatives）http://www.iclei.org/
　＊日本自然保護協会　http://www.nacsj.or.jp/
　＊気候ネットワーク　http://www.kikonet.org/
　＊原子力資料情報室　http://cnic.jp/
　＊環境エネルギー政策研究所　http://www.isep.or.jp/

2．環境に関する政府機関や国際機関

　環境政策について学ぶならば、政策や条約について、各国の政府機関や国際機関が公開している情報は基礎的な資料となる。

　政府や地方公共団体の政策形成に重要な役割を果たす審議会などは、配付資料から議事録まで、多くが公開されている。環境省に設置された中央環境審議会については、審議会、部会、小委員会等の資料・議事録を環境省のホームページで見ることができる。他に環境に関連するテーマを扱う審議会には、国土交通省に設置された社会資本整備審議会、交通政策審議会、経済産業省に設置された総合資源エネルギー調査会などがある。官庁統計資料は政府刊行物センターで購入することもできるが、白書や統計などは、近年のものはほとんどがホームページから入手できる。

　　＊環境省　　　　　http://www.env.go.jp/
　　＊国土交通省　　　http://www.mlit.go.jp/
　　＊経済産業省　　　http://www.meti.go.jp/

　諸外国において環境行政を担当する政府機関や、国連において環境分野を担う国連環境計画（UNEP）、1992年の地球サミットで採択された気候変動枠組条約、生物多様性条約などは、地球規模の環境問題や環境政策を学ぶ上で基本的な情報源となるだろう。これら機関は外国に本部があるため、ホームページに掲載されている資料は英語となるが、日本国内のみならず、諸外国の環境政策や先進事例を学んでいくことが、今後ますます必要になると思われるので、ぜひチャレンジしてみてほしい。

　　＊アメリカ合衆国環境保護庁　　http://www.epa.gov/
　　＊欧州連合環境庁　　　　　　　http://www.eea.europa.eu/
　　＊ドイツ環境省（BMU）　　　　http://www.bmu.de/english/　（英語版）
　　＊国連環境計画（UNEP）　　　 http://www.unep.org/
　　＊気候変動枠組条約　　　　　　http://unfccc.int/
　　＊生物多様性条約　　　　　　　http://www.cbd.int/

●環境に関する論文や書籍、報道の情報を得るには
1．雑誌論文や記事

　雑誌論文や記事のデータベースとして、無料で利用でき、もっとも網羅的なものは、国立国会図書館が提供するNDL-OPACの「雑誌記事索引検索」である。登録利用者となれば、インターネットを通じて（有料だが）コピーサービスを申し込むことができる。試しに「廃棄物」と「岩手」という検索用語で検索すると、39件がヒットした（2010年10月時点）。1969年以前のものまで検索対象に含んだが、もっとも古い記事が1991年で、特に1999年に青森・岩手県境で国内最大規模の産業廃棄物不法投棄問題が発覚してから記事が急増し、1990年代以前は、岩手県において産業廃棄物問題は社会問題として意識されていなかったのではないかというような仮説も見えてくる。他に、日外アソシエーツが提供するMAGAZINEPLUSも、網羅性という点ではNDL-OPACに肩を並べている。「廃棄物」と「岩手」で検索するとNDL-OPACよりも多い85件がヒットするが、こちらはキーワード検索であり、論文や記事のタイトルに検索用語を必ずしも含まないものもヒットするようになっている。

MAGAZINEPLUSは有料であるため、図書館などで利用するのがよいだろう。

【主な雑誌論文・記事データベース】
　＊国立国会図書館　NDL-OPAC　http://opac.ndl.go.jp/
　＊日外アソシエーツ　MAGAZINEPLUS　http://www.nichigai.co.jp/
　＊国立情報学研究所　論文情報ナビゲーターCiNii　http://ci.nii.ac.jp/
　＊Ingenta　http://www.ingentaconnect.com/

2．書籍

　書籍の場合は、入手先は図書館、または書店ということになる。

　図書館では、大学図書館や近隣の図書館が資料探索の拠点となるだろう。近年、大学図書館の多くは一般の人々にも開放されている。近隣の図書館で資料を探索するには県立図書館などできるだけ大きな図書館がよい。ひとつの図書館では蔵書に限界があるが、図書館同士の協力関係を活用して、他所の蔵書も利用できる。国立情報学研究所のWebcatは、大学図書館などが所蔵する書籍・雑誌を横断的に検索し、どの文献がどの大学図書館に所蔵されているかがわかる。取り寄せを行うこともでき、大学間の協定があれば他大学の学生が図書館を利用できる場合がある（山手線沿線私立大学図書館コンソーシアムなど）。国立国会図書館の「総合目録データベースシステム」は、国会図書館、都道府県立図書館、政令指定都市立図書館が所蔵する図書（和書）を検索できる。また、得意分野を持つ専門図書館を活用することも有益である。農業・食料関係ならば「農文協図書館」（東京都練馬区）が、日本国内の原子力エネルギー関係ならば「原子力公開資料センター」（東京都千代田区）、地方自治関係ならば「東京市政調査会市政専門図書館」（東京都中央区）などがあり、一般には手に入りにくい報告書などもそろっている。東京都内や大阪府内の専門図書館は、東京都立中央図書館や大阪府立図書館がホームページで網羅的に紹介している。なお、都道府県によっては庁舎内に情報センターを設置しており、インターネット上で行政資料の検索が行える場合がある。

　＊国立情報学研究所　総合データベースWebcat http://webcat.nii.ac.jp/
　＊山手線私立大学図書館コンソーシアム
　　http://www.meijigakuin.ac.jp/~tosho/opac/info.html
　＊国会図書館　総合目録データベースシステム
　　http://unicanet.ndl.go.jp/
　＊都立中央図書館専門図書館ガイド
　　http://metro.tokyo.opac.jp/tml/trui/
　＊府立図書館類縁機関案内
　　http://www.library.pref.osaka.jp/lib/ruien.html

　書店では、大都市圏に数十万冊の蔵書を構える大型店舗が増え、一カ所で書籍を網羅的に購入できるようになった。ジュンク堂書店、紀伊國屋書店、丸善、旭屋書店などはその代表格である。多くは店舗内に、コンピューターによる検索システムを設けていて、在庫の有無なども確認できる。インターネットで書籍の検索をする

には、日本書籍出版協会が「データベース日本書籍総目録」のうち、入手可能な85万点をBOOKSでデータベース化している。白書、統計、調査報告、官報など、政府が編集・発行する刊行物は、全国官報販売協同組合（全官報）のサイトで10万冊弱の刊行物から検索できる。絶版書は古書店で探すことが必要になるが、こちらもインターネットの普及で検索がたいへん容易になった。代表的なサイトは東京都古書籍商業協同組合が運営している「日本の古本屋」で、ここには全国各地の古書店が加盟し、書籍だけでなく報告書や古地図なども在庫している。またインターネット書店大手のアマゾンも、古書の販売の仲介を始めた。
  ＊日本書籍出版協会 Books　http://www.books.or.jp/
  ＊全国官報販売協同組合（全官報）　http://www.gov-book.or.jp/
  ＊日本の古本屋　http://www.kosho.or.jp/
  ＊アマゾン（日本版）　http://www.amazon.co.jp/

3．新聞記事

新聞記事は、最新の問題状況から過去の時事的情報を調査するのに役立ち、特に年表を作成するのに極めて有効な資料である。こちらもインターネットでの公開が進んでいるが、過去の記事は新聞社がオンラインデータベースの形で提供（販売）している場合が多い。また、新聞にも専門分野に特化した業界紙が存在し、環境分野では、『環境新聞』『電気新聞』『日刊木材新聞』『日本農業新聞』などがある。
  ＊朝日新聞　聞蔵Ⅱビジュアル　1945年以降の記事が収録されている
  ＊読売新聞　ヨミダス　歴史館と文書館を組み合わせ1874年の創刊からの紙面や記事が収録されている
  ＊毎日新聞　毎日Newsパック　1987年以降の記事が収録されている
  ＊日経新聞　日経テレコン21　1975年以降の記事が収録されている

●環境政策と環境運動に関するデータベース、アーカイブ

環境政策（ここでは、環境省の政策と同義であるが）に関して、環境省などで継続的に調査を実施し、または情報を更新している数値情報、地図情報、事例情報又は事典的情報を内容とするものをインターネットで公開している「環境総合データベース」がある。地方自治体レベルの環境政策に関する情報を網羅しようとしているのは、環境省と文部科学省が共同で運営している環境教育・環境学習データベースである「ECO学習ライブラリー」である。日本全国の自然環境や生物多様性の現状についてデータベースを有している機関に、環境省の「生物多様性センター」がある。
  ＊環境省　環境総合データベース　http://www.env.go.jp/sogodb/
  ＊環境省・文部科学省　ECO学習ライブラリー　http://www.eeel.go.jp/
  ＊環境省　生物多様性センター　http://www.biodic.go.jp/

環境運動は、体系的な資料収集がもっとも難しい対象である。それは、運営がボランティアベースで行われている環境運動が多く、そもそも原資料を体系的に保存

するということまで手が回らないというケースがほとんどで、過去の貴重な資料が散逸しているという場合が少なくない。住民運動に関する資料収集拠点として長く役割を果たしていた「住民図書館」は、2001年に埼玉大学共生社会教育研究センターが資料を引き継いだ。同センターではアジア太平洋資料センターが収集した資料をあわせて「市民活動資料データベース」（約232000件）としている。また、2007年に死去した宇井純氏が所蔵していた約43000件の資料もデータベース化している。2010年にはこれらの資料の管理に立教大学共生社会研究センターが加わり、今後は立教大学での管理・公開が進む予定とされている。2010年10月時点で、「宇井純公害問題資料データベース」は埼玉大学が所蔵し、埼玉大学のサイトで検索が可能である。

＊埼玉大学共生社会教育研究センター
　http://www.kyousei.saitama-u.ac.jp/top/
＊立教大学共生社会研究センター
　http://www.rikkyo.ac.jp/research/laboratory/RCCCS/

　環境社会学研究に関するデータベースとしては、故飯島伸子氏が調査研究を行った公害問題、環境問題を中心にした図書や資料が、富士常葉大学図書館に「飯島伸子文庫」として所蔵されている。この文庫の特徴は、故飯島氏が36年間及ぶ国内外の社会調査によって収集された環境問題の原資料類が多数含まれていることである。

＊飯島伸子文庫
　http://www1.fuji-tokoha-u.ac.jp/~lib/iijimabunkoannai.pdf

　環境に関するアーカイブズで新たな動きとして、法政大学サステイナビリティ研究教育機構が、2011年5月より「環境アーカイブズ」を法政大学多摩キャンパスに公開する予定である。同機構は、国内外における環境問題、環境政策、環境運動の資料収集を行っており、オンラインによるデータ公開も計画中である。

＊法政大学サステイナビリティ研究教育機構
　http://research.cms.k.hosei.ac.jp/sustainability/

●資料収集や調査方法についての参考文献
　資料収集や調査方法については、上記したこと以外にも、読者の導きとなるような参考情報が豊富に存在する。以下に、代表的な参考文献を紹介するので、参考にしてほしい。

＊宮内泰介，2004，『自分で調べる技術—市民のための調査入門』岩波アクティブ新書．
＊梅棹忠夫，1969，『知的生産の技術』岩波新書．
＊大谷信介他，2005，『社会調査へのアプローチ（第2版）』ミネルヴァ書房．

（茅野恒秀、舩橋晴俊）

索引

あ

Iターン者 …………………………………… 126
赤谷の森 ……………………………………… 100
赤谷プロジェクト …………………………… 104
悪循環 ………………………………………… 30
アクター ……………………………………… 188
アクターネットワーク理論 ………………… 188
アスベスト …………………………………… 44
アスベスト問題 ……………………………… 44
アセトアルデヒド製造工程 ………………… 36
アメニティ …………………………………… 200
綾町 …………………………………………… 210
アレルギー疾患 ……………………………… 188
安定供給の確保 ……………………………… 167
飯島伸子 ……………………………………… 11
飯田市 ………………………………………… 205
石綿健康被害救済法 ………………………… 44
石綿新法 ……………………………………… 44
一次エネルギー ……………………………… 168
イッシュー …………………………………… 84
遺伝子汚染 …………………………………… 122
遺伝子組み換え作物 …………………… 121,191
意図せざる随伴効果 ………………………… 61
イヌワシ ……………………………………… 103
ウラン ………………………………………… 175
上乗せ、横だし ……………………………… 200
運動の事業化 ………………………………… 18
運動文化 ……………………………………… 226
運輸部門 ……………………………………… 169
エートス ……………………………………… 39
エコ研究所 …………………………………… 207
エコロジー思想 ……………………………… 132
エコロジー的近代化 ………………………… 192
エコロジー的構造転換 ……………………… 193
エコロジカルな近代化 ……………………… 239
エネルギー基本計画 ………………………… 177
エネルギー自給率 …………………………… 167
エネルギー消費 ……………………………… 168
エネルギー政策 ……………………………… 167
エネルギー政策基本法 ……………………… 167
エネルギーの迂回生産 ……………………… 113
エネルギーフロー …………………………… 168
塩害 …………………………………………… 121
欧米型食生活 ………………………………… 112
O157 ………………………………………… 119

大阪泉南アスベスト国賠訴訟 ……………… 48
尾瀬 …………………………………………… 97
汚染者負担原則 ………………………… 8,59,248
温室効果ガス ………………………………… 170

か

カーボン・レジーム ………………………… 153
解決過程論 …………………………………… 16
解決協定 ……………………………………… 37
解決方法論 …………………………………… 16
解決論 ……………………………………… 10,16
開発規制 ……………………………………… 237
加害者 ………………………………………… 7
加害論 ……………………………………… 10,14
科学 …………………………………………… 187
科学技術 ………………………………… 185,187
科学技術社会学 ……………………………… 186
科学技術と社会の相互作用 ………………… 194
科学のサービス化・商業化 ………………… 197
科学の自律性 ………………………………… 192
化学物質過敏症 ……………………………… 184
化学物質リスク ……………………………… 189
学術研究 ……………………………………… 192
拡大生産者責任 ……………………………… 248
拡大造林政策 ………………………………… 101
核燃料サイクル ……………………………… 175
加工型畜産システム ………………………… 117
仮性の環境負財 ……………………………… 240
化石燃料 ……………………………………… 168
河川管理 ……………………………………… 194
価値 …………………………………………… 138
ガバナンス …………………………………… 181
鴨川市 ………………………………………… 209
環境ISO ……………………………………… 205
環境イノベーション ………………………… 192
環境運動 …………………………………… 17,217,242
環境運動論 …………………………………… 17
環境NGO …………………………………… 217
環境NPO …………………………………… 217
環境ガバナンス ………………………… 231,107
環境基準 ……………………………………… 237
環境金融 ……………………………………… 243
環境思想 ……………………………………… 160
環境自治体会議 ……………………………… 203
環境社会学 …………………………………… 10

266

『環境社会学研究』	12	熊本県漁業協同組合連合会	27
環境社会学会	12	熊本大学医学部	25
環境首都コンテスト	204	熊本水俣病第一次訴訟	33
環境省	99	グリーンコンシューマー運動	242
環境税	243	グリーン・ニューディール	159,239
環境正義	35	クリチバ	200
環境制御システム	235	グローバリゼーション	148
『環境総合年表―日本と世界』	21	経営システム	244
環境庁	7,34,199	経営システムと支配システムの両義性	244
環境調和型蓄積	240	経営問題	246
環境と文明の関係	5	経営問題としての環境問題	247
環境破壊型蓄積	240	経済産業省	177
環境負荷	16,244	経済成長	151
環境負荷の外部転嫁	9	経済的手法	243
環境負財	240	原因論	10,14
環境への適合	167	研究委託	191
環境への負荷	116	研究成果の使用に関する条件	30
環境ホルモン	118	研究の前提条件	30
環境問題	4	原子力	168
環境問題における社会的ジレンマ	16	原子力立国	174
環境問題の社会的構築	188	現場知	196
環境問題の発生メカニズム	10	公	162
環境問題の普遍化期	6	公害	174,237
環境容量	16,244	公害・開発問題期	6
環境リスク	62,185	公害国会	59
飢餓	113	公害反対運動	17,34,217
企業の社会的責任→CSR（企業の社会的責任）		公害病の認定	195
危険社会	54	公害防止協定	199
気候変動	148	公害防止条例	199
気候変動に関する政府間パネル→IPCC（気候変動に関する政府間パネル）		『公害・労災・職業病年表』	21
		公共圏	250
技術（テクノロジー）	187	公共圏の豊富化	251
技術決定論	193	公共性	77,176
規制科学（レギュラトリー・サイエンス）	191	公共政策	178
規制的手法	180	工業製品化した食料	111
帰農運動	127	講座環境社会学	12
規範的公準	247	耕作放棄地	111
逆連動	240	公衆感覚	252
逆連動型技術	249	厚生省	26
共	162	高速交通問題	217
共存	237	構築	191
京都議定書	148	交通公害	7
共有地の悲劇	15	高度経済成長	11
近代技術主義	17	合理性	250
近代農業	116	効率的利用	169
金融資本主義	150	高レベル放射性廃棄物	221
空間	106	公論形成の場	63,250
クボタ尼崎旧神崎工場	44	枯渇	172
クボタ・ショック	44	枯渇性の資源	244
クマタカ	103	国際自然保護連合	95

穀菜食	113	持続可能性の公準	244
国際有機ガイドライン	122	持続可能な開発	5
国有化	17	持続可能な社会	162,238
国有林	96	持続可能な発展	163
国立公園	95	自治	124
国連人間環境会議	7	シックハウス症候群	184
国家賠償法上の責任	37	実証を通しての理論形成	12
固定価格買い取り制度	179	自動車による大気汚染	193
古都保全法	200	自動車排気ガス規制	238
ごみゼロ社会をめざす長野県民検討委員会	66	支配システム	15,23,245
コモンズ	17,95	司法システム	38
コモンズ論	17	市民参加型の意思決定	194
コンセンサス会議	197	市民セクター	196
コンテクスト	84	市民風車運動・事業	222
コンビビアリティ	213	下川町	209
		地元学	205
		社会インフラ	176

さ

		社会学理論	11
サイクレーター	28	社会経済システム	161
最終エネルギー消費	168	社会調査	10
再処理	175	社会的意思決定	167
再生可能エネルギー	168,221,238	社会的ジレンマ論	15
再生産力	238	社会的ネットワーク	222
サスティナビリティ	161	社会的費用	61,62
サステナブル・シティ	203	社会的リンク論	106
里地里山	99	住宅建築	189
砂漠化	118	住民運動	7
差別	13	住民参加（コンセンサス）	82
産業公害	7	受益圏	14,77
産業災害	44	受益圏・受苦圏論	14,61
産業としての農業	115	受益圏と受苦圏の分離	14
産業部門	169	熟議民主主義	251
酸性雨	174	受苦圏	14,77
私	162	受苦の費用化	247
事業型 NPO	218	受苦の費用への転換	248
自区内処理の原則	61	主体連関図	21
資源枯渇	116	種の保存法	98
資源動員論	225	需要（消費）サイドと供給サイド	178
事後的な検証	197	循環	239
市場原理	17	循環型社会	60
市場原理の活用	167	循環型社会形成推進法	60
自然環境主義	17	循環型地域社会	124
自然環境保全基礎調査	99	省エネ	171
自然環境保全法	98	浄化能力	238
自然公園法	96	焼却主義	60
自然再生推進法	98	状況の定義のズレ	82
自然保護	217	照葉樹林	210
自然保護運動	17	昭和電工	32
自然保護区	106	職業病	43
自然保護問題	7,94	食品衛生法	27

食品公害	7
食料自給率	112
食料生産の国際分業	120
人材のネットワーク	178
人体被害	116
身土不二	114
親密圏	126
森林クラスター	209
森林生態系	133
森林の多面的機能	135
垂直統合	170
水平遺伝子伝達	122
水力	168
捨て作り	111
ストック公害	61
スマートグリッド	178
生活環境主義	16
生活クラブ生協	219
生活公害	217
生活知	196
制御中枢圏	250
政権交代	179
政策決定過程の閉鎖性	177
政策提言型のNPO	252
政治システム	15,245
政治的機会	225
生態系サービス	134
正当性	195
生物多様性	98,131
生物多様性基本法	98
生物多様性国家戦略	98
生物多様性条約	98,132
生物多様性の維持	131
制約条件の設定	237
正連動	241
正連動型の技術	243
世界金融危機	148
石炭	168
石油	168
石油ショック	170
ゼロ・エミッション	238
全国自然保護連合	97
選択的拡大	115
選択的誘因	229
泉南地域	47
専門家	186
専門家ネットワーク	190
専門知	186
専門知を使った切り捨て	195
総合資源エネルギー調査会	177
総合保養地域整備法(リゾート法)	102
存在問題	88

た

対案提示型の運動	227
大規模開発問題	217
胎児性水俣病	28
代理人運動	227
宅地開発規制要綱	200
立川町	208
脱原発	175
脱成長	161
縦割り行政	177
棚田オーナー制度	209
食べ方の基準	115
食べ物の汚染	116
地域エゴ	70
地域開発	8
地域自給	124
地域独占	170
地球温暖化問題	192
地球環境問題	8,148
地球サミット	148,203
地産地消	114
治水三法	81
地層処分	176
チッソ	25
中央公害対策本部	7
中央集権	177
中枢的内部化	238
中範囲の理論	13
長期エネルギー需給見通し	177
鳥獣保護法	98
追加的加害	37
追加的被害	37
提携	125
低公害車	238
低レベル放射性廃棄物	221
テクノクラート	65
テクノクラシー	194
テクノロジー→技術(テクノロジー)	
手続き的公正	70
典型7公害	4,199
電源三法	171
天然ガス	168
電力	168
電力産業	170
電力自由化	170
動員構造論	226

統括原価方式	170
東京ゴミ戦争	59
道理性	251
所沢ダイオキシン問題	60
都市・生活型公害	8
土壌流失	118
豊島事件	59

な

長良川河口堰	77
ナショナルトラスト	217
南北問題	155
新潟県民主団体水俣病対策会議	32
新潟水俣病	32
新潟水俣病第一次訴訟	33
肉食	113
二次エネルギー	168
日本型食生活	112
日本自然保護協会	96
認定審査委員会	37
ネオニコチノイド農薬	117
ネガワット	209
ネットワーク	126
年表	12
年表作成という方法	13
農業基本法	115
農業的な兼業	116
農業の工業化	115
農業の産業化	120
農業の多面的機能	121

は

廃棄物問題	117
排出権取引	243
配分的公正	70
場所	106
場所性	107
派生的被害	13,36,186
派生的加害	36
バーゼル条約	60
被害－加害構造	61
被害構造論	12
被害者	7
被害者運動	7,17,242
被害論	10
被格差・被排除・被支配問題	246
被格差問題	246
干潟	99

被支配問題	7,246
被支配問題としての環境問題	247
被排除問題	246
病因物質	29
貧困	13
ファーマーズ・マーケット	126
フードマイル	121
風力発電	208
富栄養化	118
不確実性	185
複合型ストック公害	44
複合型ストック災害	44
副次的内部化	238
不作為の役割・制度効果	32
物質循環	237
フライブルグ	206
プルトニウム	175
フレーミング	83,189
フレーミングの偏り	195
プロブレム	84
文化財保護法	96
紛争	178
分配問題	88
文明社会の存立基盤	5
閉鎖的受益圏の階層構造	15,23,245
閉塞	30
ベストミックス	178
ベック，U.	185
便益	141
防衛的被害隠し	13
放射性廃棄物	175
放射性物質	175
保護林	96
補償協定	34
ポストハーベスト農薬	121
保全生態学	133
ボランティア	217

ま

マスメディア	243
まちづくり	206
町並み保存	106
未然防止原則	249
緑の回廊	103
緑の党	217
水俣市	25,205
水俣食中毒特別部会	27
水俣病	23,205
水俣病患者家庭互助会	27,33

水俣病対策市民会議……………………33
水俣病の病因……………………………29
水俣病を告発する会……………………33
水俣湾……………………………………26
南信州いいむす21……………………205
未認定患者問題…………………………37
見舞金契約………………………………28
民生部門………………………………169
モノカルチャー………………………111
もやい直し……………………………205

や

薬害………………………………………7
役割・制度効果…………………………32
有機資源の地域循環システム………124
有機JAS…………………………………125
有機水銀…………………………………27
有機水銀化合物…………………………29
有機的関係……………………………126
有機農業…………………………126,210
有機農業運動…………………………121
誘導的手法……………………………179
容器包装リサイクル法…………………60
要求の（副次的）経営課題群への転換………247
淀川水系流域委員会…………………195
予防原則………………………………190
世論………………………………………35
四大公害訴訟……………………………35

ら

ライフスタイル………………………193

リサージェンス………………………117
リスク社会……………………………185
リゾート法→総合保養地整備法（リゾート法）
臨床環境医学…………………………188
林野庁……………………………………96
レインボープラン……………………123
歴史的環境……………………………106
レギュラトリー・サイエンス→規制科学（レギュラトリー・サイエンス）
連作……………………………………121
労災………………………………………43
ロス……………………………………168
六ヶ所村………………………………176

3R…………………………………………60
Climate Justice（気候の正義・公共性）………156
COP16…………………………………149
Coservation………………………………96
CSA……………………………………126
CSR（企業の社会的責任）…………218
Demand Side Management…………178
FIT………………………………………179
GATT…………………………………120
ICLEI…………………………………201
IFOAM…………………………………121
IPCC（気候変動に関する政府間パネル）………192
NGO……………………………………156
NIMBY（ニンビィ）…………………70
NPO……………………………………217
Protection………………………………96
WTO……………………………………120

271

著者紹介

【編者】
舩橋晴俊（ふなばし　はるとし）
　法政大学社会学部教授。1948 年神奈川県生まれ。東京大学大学院社会学研究科博士課程中退。社会学修士。東京大学文学部助手、法政大学社会学部専任講師、助教授を経て、現職。2009 年 8 月より法政大学サステイナビリティ研究教育機構機構長。専攻は、環境社会学、社会計画論、組織社会学、社会学理論。
　主要業績に、『組織の存立構造論と両義性論―社会学理論の重層的探究』（東信堂、2010 年）、『新幹線公害―高速文明の社会問題』（共著：有斐閣、1985 年）、『新潟水俣病問題―加害と被害の社会学』（共編著：東信堂、1999 年）、『政府の失敗』の社会学―整備新幹線建設と旧国鉄長期債務問題』（共著：ハーベスト社、2001 年）など。「教育と研究を重ねること」「実証を通しての理論形成」を社会学に取り組む際の信条にしている。　URL:http://prof.mt.tama.hosei.ac.jp/~hfunabas/

【本文執筆者】
堀畑まなみ（ほりはた　まなみ）
　桜美林大学総合科学系准教授。東京都立大学大学院社会科学研究科社会学専攻博士課程修了。修士（学術）。専攻は、環境社会学、労働社会学。博士課程入学と同時に 2001 年の閉所まで東京都立労働研究所にて研究員として勤務。産業廃棄物問題、大気汚染公害問題、公共交通問題をフィールドとしている。
　主要業績は、『地域と環境政策』（共著：勁草書房、2006 年）、『東京に働く人々―労働現場調査 20 年の成果から』（共著：法政大学出版、2005 年）。

土屋雄一郎（つちや　ゆういちろう）
　京都教育大学教育学部教員。1968 年生まれ。関西学院大学大学院社会学研究科博士後期課程満期退学。博士（社会学）。関西学院大学社会学研究科 COE 研究員を経て現職。専攻・関心は、環境社会学、NIMBY 論。
　主要業績に、『環境紛争と合意の社会学―NIMBY が問いかけるもの』（世界思想社、2008 年）、『屠場 みる・きく・たべる・かく―食肉センターで働く人びと』（共著：晃洋書房、2008 年）など。

金菱　清（かねびし　きよし）
　東北学院大学教養学部准教授。1975 年大阪府生まれ。関西学院大学大学院社会学研究科満期退学。博士（社会学）。東北学院大学専任講師を経て現職。専攻は環境社会学、公共性論、正義の社会学。
　主要業績に、『生きられた法の社会学―伊丹空港「不法占拠」はなぜ補償されたのか』（新曜社、2008 年：第 8 回日本社会学会奨励受賞作）、『体感する社会学―Oh! My Sociology』（新曜社、2010 年）。

茅野恒秀（ちの　つねひで）
　岩手県立大学総合政策学部講師。1978 年東京生まれ。法政大学大学院社会科学研究科博士後期課程単位取得満期退学。修士（政策科学）。日本自然保護協会勤務、東京学芸大学客員准教授を経て現職。専攻は環境社会学、環境政策論、社会運動論。
　主要業績に、「プロジェクト・マネジメントと環境社会学」（『環境社会学研究』第 15 号、2009 年）、「協働による渓流環境の復元の試み」（『土木学会誌』第 94 巻 7 号、2009 年）、「核燃料サイクル施設と住民意識」（『環境社会学研究』第 11 号、2005 年）など。

桝潟俊子（ますがた　としこ）
　淑徳大学大学院総合福祉研究科・コミュニティ政策学部教授。東京教育大学文学部社会学専攻卒業。博士（社会科学）。国民生活センター調査研究部研究員、淑徳大学社会学部助教授、教授を経て、現職。専攻は、環境社会学、産業社会学。

主要業績に、『有機農業運動と〈提携〉のネットワーク』（新曜社、2008 年）、『企業社会と余暇—働き方の社会学』（学陽書房、1995 年）、『食・農・からだの社会学』（共編著：新曜社、2002 年）、『離土離郷—中国沿海部農村の出稼ぎ女性』（共編著：南窓社、2002 年）、『多様化する有機農産物の流通』（共著：学陽書房、1992 年）、『地域自給と農の論理』（共著：学陽書房、1986 年）、『日本の有機農業運動』（共著：日本経済評論社、1981 年）など。

平野悠一郎（ひらの　ゆういちろう）
　（独）森林総合研究所林業経営・政策研究領域研究員。1977 年東京生まれ。東京大学大学院総合文化研究科博士課程修了。学術博士。東京大学新領域創成科学研究科特別研究員を経て、2008 年 4 月より現職。専攻は、中国現代史、森林政策研究、資源論研究、環境社会学。
　主要業績に、「現代中国における指導者層の森林認識」（『アジア研究』54(3)、2008 年）、『人々の資源論—開発と環境の統合に向けて』（共著：明石書店、2008 年）など。

古沢広祐（ふるさわ　こうゆう）
　国学院大学経済学部（経済ネットワーキング学科）教授。1950 年東京生まれ。大阪大学理学部生物学科卒業、京都大学大学院農学研究科（農林経済）修了、農学博士。目白学園女子短期大学生活科学科助教授等を経て現職。専攻は環境社会経済学。
　主要業績に、『地球文明ビジョン—環境が語る脱成長社会』（日本放送出版協会、1995 年）、『共生時代の食と農—生産者と消費者を結ぶ』（家の光協会、1990 年）、『共生社会の論理—いのちと暮らしの社会経済学』（学陽書房、1988 年）など。NGO 活動として（特活）「環境・持続社会」研究センター（JACSES）代表理事などを務める。URL：http://kuin.jp/fur/kaleido.html

平林祐子（ひらばやし　ゆうこ）
　都留文科大学社会学科准教授。1964 年東京都生まれ。東京都立大学大学院社会科学研究科社会学専攻博士課程単位取得退学。富士常葉大学専任講師、助教授を経て現職。関心領域は環境問題の政策過程、運動、ガバナンス。
　主要業績に『講座環境社会学第 4 巻　環境運動と政策のダイナミズム』（共著：有斐閣、2001 年）、『環境総合年表—日本と世界』（編集委員：すいれん社、2010 年）など。

立石裕二（たていし　ゆうじ）
　関西学院大学社会学部助教。1979 年千葉県生まれ。東京大学大学院人文社会系研究科博士課程修了。博士（社会学）。2009 年 4 月より現職。専攻は科学技術社会学、環境社会学。
　主要業績に、『環境問題の科学社会学』（世界思想社、2011 年刊行予定）、「環境問題の捉えかたの世代間差異と子どものころの記憶」（『環境社会学研究』第 14 号、2008 年）など。

中澤秀雄（なかざわ　ひでお）
　中央大学法学部教授。1971 年東京都生まれ。東京大学大学院人文社会系研究科博士課程修了、博士（社会学）。札幌学院大学社会情報学部講師、千葉大学文学部助教授を経て現職。専攻は地域社会学、政治社会学。
　主要業績に、『住民投票運動とローカルレジーム』（ハーベスト社、2005 年）、『環境の社会学』（共著：有斐閣、2009 年）、『講座社会学 3　村落と地域』（分担執筆：東京大学出版会、2007 年）など。

西城戸誠（にしきど　まこと）
　法政大学人間環境学部准教授。1972 年埼玉県生まれ。北海道大学大学院文学研究科修了。博士（行動科学）。北海道大学大学院文学研究科助手、京都教育大学教育学部講師、助教授を経て、現職。専攻・関心は社会運動論、環境社会学、地域社会学。
　主要業績に『抗いの条件—社会運動の文化的アプローチ』（人文書院、2008 年）。『用水のあるまち—

東京都日野市・水の郷づくりのゆくえ』（共編著：法政大学出版局、2010年）。『社会学入門』（分担執筆：弘文堂、2010年）など。

【コラム執筆者】
朝井志歩（あさい　しほ）
　法政大学社会学部兼任講師、都留文科大学文学部非常勤講師、法政大学サステイナビリティ研究教育機構リサーチ・アドミニストレータ。1974年神奈川県生まれ。法政大学大学院社会科学研究科社会学専攻博士後期課程修了。博士（社会学）。専攻は社会学、環境社会学。
　主要業績に、『基地騒音　厚木基地騒音問題の解決策と環境の公正』（法政大学出版局、2009年）、「『フロン回収・破壊法』制定へと至るNPOの果たした役割」（『環境社会学研究』第8号、2002年）など。

熊本博之（くまもと　ひろゆき）
　明星大学人文学部人間社会学科助教。1975年宮崎県生まれ。早稲田大学大学院文学研究科社会学専攻博士後期課程単位取得退学。博士（文学）。早稲田大学文化構想学部助手を経て現職。専攻は環境社会学、地域社会学、沖縄学。
　主要業績に、『沖縄の脱軍事化と地域的主体性―復帰後世代の「沖縄」』（共編著：西田書店、2006年）、「環境正義の観点から描き出される「不正義の連鎖」―米軍基地と名護市辺野古区」（『環境社会学研究』14号、2008年）、『沖縄学入門』（共著：昭和堂、2010年）など。

宇田和子（うだ　かずこ）
　法政大学大学院政策科学研究科政策科学専攻博士課程。1983年神奈川県生まれ。修士（政策科学）。専攻は環境社会学。
　主な業績に、「カネミ油症事件の発生前史―油症事件の前提を成す事実をめぐる考察」（『法政大学大学院紀要』第64号、2010年）、「『我們』的複数性―油症『問題』是什麼？」（『文化研究』第10号、2010年）など。

森久聡（もりひさ　さとし）
　東洋大学非常勤講師。1976年埼玉県生まれ。法政大学大学院社会学研究科博士後期課程満期退学。社会学修士。都留文科大学、大妻女子大学、成蹊大学などで非常勤講師を兼任。専攻は環境社会学、地域社会学、都市社会学。
　主要業績に「地域社会の紐帯と歴史的環境―鞆港保存運動における〈保存する根拠〉と〈保存のための戦略〉」（『環境社会学研究』第11号）、「地域政治における空間の刷新と存続―福山市・鞆の浦『鞆港保存問題』に関する空間と政治のモノグラフ」（『社会学評論』第234号）。

森明香（もり　さやか）
　一橋大学大学院社会学研究科総合社会科学専攻博士課程。1984年、愛知県生まれ。修士（社会学）。専攻は環境社会学、地域社会学。
　主要業績は、『環境総合年表』（環境総合年表編集委員会編、すいれん舎、2010年）「川辺川ダム問題」担当、「公共事業と環境破壊一般」共同担当など。

菊地直樹（きくち　なおき）
　兵庫県立大学自然・環境科学研究所講師／兵庫県立コウノトリの郷公園研究員。1969年香川県生まれ。創価大学大学院文学研究科修了。博士（社会学）。専攻・関心は環境社会学、コウノトリの野生復帰。
　主要業績に『蘇るコウノトリ―野生復帰から地域再生へ』（東京大学出版会、2006年）、『但馬のこうのとり』（共著：但馬文化協会、2006年）、「多元的現実としての生き物―兵庫県但馬地方におけるコウノトリをめぐる『語り』から」（『BIOSTORY』第1号、2004年）、「コウノトリの野生復帰における『野生』」（『環境社会学研究』第14号、2008年）、「コウノトリの野生復帰を軸にした地域資源化」（『地理科学』第65巻第3号、2010年）など。

堀田恭子（ほった　きょうこ）
　立正大学文学部准教授。1965年、埼玉県生まれ。法政大学大学院社会科学研究科博士課程修了。博士（社会学）。長野県自然保護研究所技師、長崎大学環境科学部准教授を経て、現職。専攻は環境社会学、地域社会学。
　主要業績に、『新潟水俣病問題の受容と克服』（東信堂、2002年）、『現代社会学のアジェンダ』（分担執筆：学文社、2009年）、「食品公害問題と行政の役割―長崎県におけるカネミ油症事件を事例に」（『立正大学文学部論叢』127号、2008年）など。

大倉季久（おおくら　すえひさ）
　桃山学院大学社会学部講師。1976年新潟県生まれ。法政大学大学院政策科学研究科博士後期課程修了。博士（政策科学）。専攻は、環境社会学、経済社会学。
　主な業績は、「林業問題の経済社会学的解明―徳島県下の林業経営者の取り組みを手がかりに」（『社会学評論』57巻3号、2006年）、「環境社会学としての『新しい経済社会学』―デフォレステーションの比較経済社会学に向けて」（『経済社会学会年報』第30号、2008年）など。

小田切大輔（おだぎり　だいすけ）
　東京都職員。1971年東京都生まれ。法政大学大学院政策科学研究科修士課程修了。修士（政策科学）。1995年東京都入庁。環境局総務部企画調整課、財務局財産運用部総合調整課等を経て、現在、財務局主計部公債課課務担当係長。環境プランナー。
　主要業績に、『環境総合年表』（環境総合年表編集委員会編、すいれん舎、2010年）「ヒートアイランド」の頁担当。

大門信也（だいもん　しんや）
　関西大学社会学部助教。1976年東京都生まれ。法政大学大学院社会学研究科政策科学専攻修了。博士（政策科学）。専攻は、環境社会学。
　主要業績に、「新幹線振動対策制度の硬直性と〈正統化の循環〉」（『社会学評論』第234号、2008年）、「責任実践としての近隣騒音問題―「被害を訴えることの意味」の規範理論的考察」（『環境社会学研究』第14号、2008年）など。

安田利枝（やすだ　りえ）
　嘉悦大学経営経済学部教授。1953年東京都生まれ。慶應義塾大学大学院法学研究科政治学専攻博士課程満期退学。政治学修士。作家の調査担当アシスタント、嘉悦女子短期大学専任講師、嘉悦大学助教授を経て現職。専攻は、国際関係論、国際協力論、政策科学。
　主要業績に、「南アジアの地方分権化と参加型開発―流水域管理におけるインドのNGO,MYRADAの経験から」（嘉悦大学研究論集、2001年）、「国連開発計画の民主的統治および地方分権化支援―ネパールの地方分権化を題材に」（同、2004年）など。

水谷衣里（みずたに　えり）
　三菱UFJリサーチ＆コンサルティング株式会社　副主任研究員。都留文科大学、東京都立大学大学院社会科学研究科卒業後、現職。社会学修士。主な研究分野は民間非営利活動の基盤強化にかかる調査研究、地域再生・地域活性化、企業の社会貢献活動に関する調査研究等。NPO法人まちづくり情報センターかながわ（アリスセンター）理事。市民参加と市民協働に関する審議会委員（東京都狛江市）、エコシティたかつ推進会議委員（川崎市高津区）等。
　著作は、「市民活動団体に対する資金支援制度の多様化と団体に求められる戦略性」（ボランティア白書、2007年）、「グリーンファンドスキームにみる環境問題解決に向けた新たな資金循環システム」（ゆうちょ財団、2010年）など。

環境社会学

平成23年3月30日　初版1刷発行

編　者　舩橋　晴俊
発行者　鯉渕　友南
発行所　株式会社　弘文堂　101-0062　東京都千代田区神田駿河台1の7
　　　　　　　　　　　　　　TEL 03(3294)4801　振替 00120-6-53909
　　　　　　　　　　　　　　http://www.koubundou.co.jp
装　丁　笠井亞子
印　刷　三美印刷
製　本　牧製本印刷

© 2011 Harutoshi Funabashi.　Printed in Japan
JCOPY <(社) 出版者著作権管理機構 委託出版物>
本書の無断複写は著作権法上での例外を除き禁じられています。複写される場合は、そのつど事前に、(社) 出版者著作権管理機構（電話 03-3513-6969、FAX 03-3513-6979、e-mail:info@jcopy.or.jp）の許諾を得てください。

ISBN978-4-335-55143-7